DER WELTSINN DER TECHNIK

ALS SCHLÜSSEL ZU IHRER KULTURBEDEUTUNG

VON

PAUL KRANNHALS

MÜNCHEN UND BERLIN 1932

VERLAG VON R. OLDENBOURG

Druck von R. Oldenbourg, München und Berlin

VORWORT.

Die nachfolgenden Untersuchungen sind von der Auffassung getragen, daß eine philosophische Behandlung der Technik notwendig einseitig bleiben muß, wenn sie, wie gemeiniglich, nur die menschliche Technik im engeren Sinne, insbesondere die Maschinen- oder Ingenieurtechnik, im Auge hat. Anderseits sind es aber gerade die Beziehungen zwischen Mensch und Maschine, welche die Kräfte des Lebens veranlassen, in der Technik so etwas wie ein Problem unserer Kultur zu sehen.

Dieses Problem existiert in der Tat. Allein der spezifisch philosophische Versuch, es zu klären, muß sich notwendig zunächst die Frage vorlegen, ob denn die menschliche Technik im engeren Sinne, aus der die Problemstellung erwächst, überhaupt eine klar abgegrenzte Erscheinung, einen Gegenstand für sich darstellt, dessen Wesen ohne Beziehung auf andere Erscheinungen erschöpft werden kann. Ist dieses nicht der Fall, erscheint vielmehr die menschliche Technik im engeren Sinne nur als die Ansicht eines allgemeineren Gegenstandes von einer bestimmten Seite aus, so wird die philosophische Erörterung notwendig danach trachten müssen, dieses allgemeinere oder gar allgemeinste Wesen der Technik zu erfassen. Denn es ist offenkundig, daß die Teilansicht eines Ganzen erst von dem Bewußtsein dieses Ganzen aus in ihrem Wesen klar erfaßt werden kann.

Um nun zu diesem Ganzen zu gelangen, war die vorliegende Untersuchung bestrebt, das allgemeine Wesen der Technik von seinen verschiedenen Erscheinungsseiten her zu erfassen, es gleichsam zu umwandern. Das so erlangte Bewußtsein vom allgemeinen Wesen der Technik offenbart uns nun u. a. Zusammenhänge zwischen der menschlichen Technik und der Technik der Natur, fordert also hinsichtlich der Technik eine Zusammmenschau von Natur und Kultur.

Nun ist eine Zusammenschau von Natur und Kultur, die sich in ihrer allgemeinsten Form als Weltanschauung darstellt, von zwei entgegengesetzt gerichteten geistig-seelischen Einstellungen aus möglich. Entweder bringt dieses In-Beziehung-setzen von Natur und Kultur den Gedanken einer notwendigen Überwindung der Natur durch die Kultur zum Ausdruck oder den entgegengesetzten der notwendigen Sinnerfüllung der Natur in der menschlichen Kultur. Die nachstehenden Darlegungen stellen ein Bekenntnis zu dieser zweiten Denkrichtung dar. Insbesondere verdeutlichen sie auch den Gedanken, daß der Mensch in seinem Erkennen, Werten und Handeln, also in seiner Kultur, die Bau- und Funktionsideen schöpferisch nachdenken soll, die sich in der Organisation der Natur manifestieren.

Offenbart nun die Technik in allen ihren Erscheinungsseiten den gleichen Sinn, so ist es auch einleuchtend, daß die auf dem Gebiete der menschlichen Technik im engeren Sinne, insbesondere aus den Beziehungen zwischen Mensch und Maschine, erwachende Problemstellung allein in dem gemeinsamen Weltsinn der Technik den Schlüssel zu ihrer Lösung finden kann. Der Weltsinn der Technik ist so die wertende, richtende Instanz, die über die positive oder negative Kulturbedeutung der jeweiligen Wirkungsweisen der menschlichen Technik entscheidet und zugleich die Richtungen angibt, in denen die Technik ihre Stellung im Kulturleben sinngemäß ausprägt.

* * *

Das Erscheinen des Buches trotz der allgemeinen wirtschaftlichen Notzeit verdanke ich neben dem Verlage insbesondere auch der tatkräftigen Unterstützung durch die nachfolgend genannten Herren: Generaldirektor Dr.-Ing. h. c. Köttgen, Vorsitzender des Vereins deutscher Ingenieure; Generaldirektor Dr.-Ing. h. c. Vögler, Vorsitzender des Vereins deutscher Eisenhüttenleute; Bergwerksdirektor Dr.-Ing. h. c. Brandi, Vorsitzender des Vereins für die bergbaulichen Interessen; Geh. Kommerzienrat Dr.-Ing. h. c. Kirdorf; Dr. Krupp v. Bohlen und Halbach; Generaldirektor a. D. R. Pierre; Generaldirektor Dr.-Ing. h. c. Knepper;

Dr.-Ing. Koppers; Dr. Reismann-Grone, Verleger der Rheinisch-Westfälische Zeitung; Bergwerksdirektor a. D. Karl Russell.

Wenn ich hiermit auch an dieser Stelle meinen Dank für die geleistete Hilfe ausspreche, so geschieht es zugleich in der Hoffnung, einen Teil meiner Dankesschuld durch den Charakter des Werkes selbst abtragen zu dürfen. Möge der hier unternommene Versuch, den allgemeinen dienenden Weltsinn der Technik herauszustellen und damit zugleich unberechtigten Angriffen auf das Wesen der Technik zu begegnen, eine Aufnahme finden, die geeignet ist, die bedeutungsvolle Position gerade auch des Technikers in der Neugestaltung unserer Kultur mitverdeutlichen zu helfen.

Gräfelfing bei München, Dezember 1931.

PAUL KRANNHALS.

INHALT.

Die menschliche Technik im engeren Sinne.

1. Der Funktionsgedanke als Zentralbegriff.

Die menschliche Technik im engeren Sinne befaßt sich mit der planmäßigen Gestaltung von Leistungsformen, welche als Verfahren und Vorrichtungen die Natur in den Dienst der Festigung und Erweiterung des Wirkungsbereiches menschlichen Lebens stellen. Als Ausdruck eines bewußt zweckmäßigen Handelns ist technisches Schaffen somit ein geistiges Schaffen, von den Uranfängen der Technik, wie sie sich in den primitiven Steinwerkzeugen, den Dolmenbauten usw. ausprägen, bis hinauf zu den heutigen komplizierten Verfahren und Vorrichtungen der Maschinentechnik. Ja, man wird gerade diejenigen schöpferischen Leistungen, welche die Uranfänge menschlicher Technik begründeten, recht hoch veranschlagen müssen, weil sie sich von vielen späteren darin prinzipiell unterscheiden, daß sie eben ein erster Anfang waren, kein fortgesetztes Weiterbauen auf schon vorhandenen technischen und naturwissenschaftlichen Grundlagen.

Freilich wird man anderseits hinsichtlich der ersten technischen Erfindungen oft im Zweifel sein, ob sie einer zweckbewußten Fragestellung an die Natur entsprangen, ob ihnen wirklich eine technische Idee zugrunde lag oder ob sie mehr auf unbeabsichtigten Entdeckungen beruhten. So bringt z. B. das Reibfeuerzeug der Urzeit den Gedanken zum Ausdruck, durch quirlende Bewegung eines harten Stabes in einem weichen Holzstück Späne zu erzeugen, die sich infolge der gebildeten Wärme entzünden. In diesem Reibfeuerzeug der Urzeit sieht man heute den Vorläufer des Bohrers. Näher liegend scheint aber der Gedanke, daß die quirlende Bewegung des harten Stabes im weichen Holze ursprünglich die Funktion des Bohrens bezweckte und daß man während dieses Vorganges die Erscheinungen beobachtete, die dann dazu führten, auf diesem Wege Feuer zu erzeugen.

Am Anfange jedes wesentlich neuen technischen Gebildes oder Vorganges steht jedenfalls die technische Idee, die planmäßige Vorstellung eines bestimmten zu erfüllenden menschlichen Zweckes. Die technischen Ideen sind Ausdruck des schöpferischen menschlichen Erfindungsgeistes (ingenium-Ingenieur) und werden entweder von der Natur oder von der bereits vorhandenen Technik angeregt. Oft gibt die Natur die erste Anregung, ein bestimmter Entwicklungsstand der Naturwissenschaft und Technik aber erst die Möglichkeit, die vorher gleichsam nur schemenhaft vorschwebende Idee planmäßig auszugestalten, konstruktiv durchzuführen und in der Praxis zu realisieren. Die Idee des menschlichen Fliegens, erstmalig vom Vogelflug angeregt, bewegte schon einen Ikarus, aber erst die Erfindung des Motors mit innerer Verbrennung ermöglichte das Flugzeug, gestattete den Menschenflug in einem der Idee des Vogelfluges entsprechenden Sinne zu verwirklichen. Die Vorbereitung der Wattschen Dampfmaschine (1765) geht zum Teil schon auf Galileis theoretische Forschungen, zum Teil auf Torricellis Untersuchungen zurück, während die Dampfkraft als solche schon der Antike bekannt war (Heronsball usw.)[1]. Auf Torricellis Schultern steht Otto von Guericke, der in seinem berühmten Experiment mit den Magdeburger Halbkugeln die ungeheure Kraft des atmosphärischen Druckes nachwies (1650). Boyle zeigte dann als erster den gesetzmäßigen Zusammenhang zwischen Druck und Volumen der Gase (1662). Auf diesen und anderen physikalischen Grundlagen fußte Papin, ebenfalls Physiker und eigentlicher Erfinder der Dampfmaschine, der an Stelle der von Guericke benutzten Pumpe die Kondensation von Wasserdampf in einem geschlossenen Zylinder zur Luftverdünnung und damit zur Erzeugung von Druckunterschieden verwandte (1696). Als unmittelbarer Vorläufer der Wattschen Dampfmaschine erscheint schließlich die mit Wasserdampf betriebene Wasserhebungsmaschine von Newcomen (1709). Letzten Endes ist aber auch das Grundprinzip der Dampfmaschine nichts

[1]) Näheres über die Geschichte der Verwendung der Dampfkraft bei F. M. Müller-Feldhaus: Ruhmesblätter der Technik (Leipzig 1910).

anderes als eine Umkehrung des schon längst bekannten Pumpenprinzips nur mit dem Unterschiede, daß die hier ursprünglich vom Menschen gelieferte mechanische Energie dort durch die Naturkräfte ersetzt wird. Während nämlich beim Pumpenprinzip die Bewegung des Kolbens das Mittel ist, das Wasser auf ein höheres Niveau zu heben bzw. auszupressen, ist bei der Dampfmaschine umgekehrt der Dampf das Mittel, den Kolben zu bewegen, ist die Kolbenbewegung, die dann weiter auf die Arbeit leistende Maschine übertragen wird, der eigentliche Zweck.

Ganz allgemein läßt sich sagen, daß die Anregung, Konzeption und Verwirklichung neuer technischer Ideen in sachlicher Hinsicht meist durch zahlreiche verschiedenartige Umstände — nicht selten in Gestalt zufälliger Entdeckungen — bedingt ist, unter denen der jeweilige Entwicklungsstand der Naturwissenschaften und Technik die Hauptrolle spielt. Wie der einzelne Mensch das Endglied einer langen Entwicklungskette ist, an dessen Verwirklichung die Natur zahlreicher Generationen bildend mitgewirkt hat und wie er doch zugleich eine Individualität für sich darstellt, so haben unbewußt zahlreiche vergangene Generationen an jeder neuen Erfindung mitgearbeitet und ist zugleich ihre einzigartige Prägung das Werk ihres unmittelbaren Schöpfers. Die technischen Erfindungen erweisen sich ebenso als zeitgebunden, vom Charakter des Zeitgeistes wie von dem sachlichen Entwicklungsstande seiner Zivilisation und Kultur abhängig wie etwa der Charakter des künstlerischen oder wissenschaftlichen Gepräges einer bestimmten Zeit. Ein besonders charakteristisches Beispiel hierfür ist das Erwachen des die Scholastik überwindenden Renaissancemenschen, die grundsätzliche Wendung der geistigen Haltung jener Zeit, die eine Reihe von Erfindungen und Entdeckungen hervorrief.

Mit der objektiven sachlichen Seite, dem Stande der naturwissenschaftlichen Erkenntnis und der Technik einer Zeit, steht zweifellos die subjektive Bedürfnisseite in ständiger Wechselwirkung. Jede praktisch-nützliche Erfindung entspricht auch dem Bedürfnisstande einer Zeit, und umgekehrt ruft auch das ökonomische Bedürfnis zeitgemäße neue Erfindungen hervor. Diese Beziehungen zwischen Bedürfnis und Erfindung prägen sich in derjenigen Erfinderklasse am klarsten aus, die ihrer theoretischen wie praktischen Schulung nach einem bestimmten Zweige der industriellen Erzeugung verhaftet ist und die insbesondere auch auf praktische Verbesserungen in dieser und jener Hinsicht sinnt. Das Gegenstück zu ihr bilden die wissenschaftlichen Forscher, die sich nur vom Erkenntnistrieb leiten lassen und die in der Wahl ihrer Forschungsmethoden, in der Art der experimentellen Befragung der Natur oft zu bedeutsamen Erfindungen kommen, die ihnen selbst aber nur Mittel sind, um tiefer in die Struktur der Natur einzudringen. Als eine dritte Hauptklasse von Erfindern sind die weder der Technik noch der Naturwissenschaft verhafteten Amateur-Erfinder zu nennen, die — man denke nur an das Fahrrad (1817) und die Tastenschreibmaschine (1820) des Jagdjunkers Drais, an den Gummireifen des Zahnarztes Dunlop (1880) usw. — oft sehr bedeutsames geleistet haben. Anderseits wachsen gerade hier die zahllosen unverwirklichten Erfinderträume besonders üppig empor. Es liegt dieses daran, daß praktisch wertvolle neue technische Ideen, für die ein echtes Bedürfnis vorliegt oder die selbst ein solches zu erzeugen vermögen, eben nicht allein aus dem Luftgebilde der Phantasie heraus verwirklicht werden können. Ganz abgesehen von der Frage der Wirtschaftlichkeit, setzt ihre Konzeption zumeist eine gründliche Kenntnis der bisherigen naturwissenschaftlichen und technischen Errungenschaften auf dem betreffenden Gebiete voraus.

Der spezifisch schöpferische Denkakt, der zur ursprünglichen Konzeption einer neuen technischen Idee führt, ist zweifellos dem intuitiven Erfassen künstlerischer Ideen verwandt. Der schöpferische Erfindergeist vermag sich, zum Unterschiede von dem rein konstruierenden, rechnerisch kombinierenden, also wesentlich ordnenden technischen Handwerkergeist ebensowenig von dem Hergange der Konzeption seiner Ideen Rechenschaft zu geben wie etwa der wahre Dichter im Unterschied vom Reimschmied oder dramatischen Techniker. Hingegen muß sich das der Konzeption folgende Nachprüfen und Durcharbeiten der technischen Idee schon in der Kombination der zu verwendenden Faktoren eng an die erfahrbare gesetzmäßige Wirklichkeit halten, um schließlich durch Berechnungen, Zeichnungen, Konstruktionen, Modelle die ursprüngliche Idee mehr und mehr zu materialisieren.

Wir können nun mit Max Eyth[1]) vier Klassen von Erfindungen wie folgt unterscheiden:

1. Erfindungen, die neue Mittel zu neuen Zwecken darstellen, z. B. die Montgolfieres, die Dampfmaschine, das Spektroskop, der Wattsche Regulator.

2. Erfindungen, welche ein neues Ziel durch bekannte Mittel erreichen, z. B. das Unterseeboot, das lenkbare Luftschiff und viele chemische Erfindungen.

3. Erfindungen, die darauf ausgehen, bekannte Ergebnisse mit neuen Mitteln zu gewinnen, z. B. neue Verfahren des Buchdruckes, neue Wasserräder, Gerbverfahren.

4. Erfindungen, welche ein bekanntes Mittel oder Werkzeug zu einem bekannten Zweck zum erstenmal verwenden. Hier ist die Grenze zwischen wirklichem Erfinden und bloßem Konstruieren und Kombinieren durchaus labil. Als Beispiel sei das Eisenbahnwesen (Lokomotive von Stephenson) genannt; denn Schiene und Dampfmaschine waren bekannt, nur die Kombination beider Gebilde war neu.

Von diesen Erfindungsklassen zeigt die erste die Schöpferkraft des Menschen naturgemäß am reinsten ausgeprägt, während — wie schon angedeutet — die 4. Klasse schon den rein logischen Charakter ordnender geistiger Tätigkeit zum Ausdruck bringt. Sie entspricht so in etwa der wirtschaftlichen Auswertung technischer Erfindungen, also dem eigentlichen Arbeitsgebiet des Unternehmers, das hierin ganz überwiegend den Charakter einer rein organisatorischen, rechnerisch ordnenden Tätigkeit hat, analog wie die wissenschaftliche Betriebsführung, die beide von den Gesetzen der ökonomischen Logik geleitet werden.

Die entschiedene Höherwertigkeit einer praktisch brauchbaren neuen technischen Idee gegenüber den wechselnden Formen ihrer materiellen Nutzung ist ebenso unbestreitbar wie die Höherwertigkeit der dem menschlichen Organismus zugrunde liegenden Bauidee gegenüber den oft recht unvoll-

[1]) „Lebendige Kräfte" (Verlag J. Springer, Berlin 1908).

kommenen, von den einzelnen Individuen repräsentierten Materialisationen dieser Bauidee. Die eine Erfindung erster Klasse repräsentierende technische Idee stellt die gleichsam unvergängliche Grundlage, die Voraussetzung ihrer ökonomischen Nutzung dar. Ihre konstruktive Verwirklichung kann und wird, sowohl in technischer wie ökonomischer Hinsicht, viele Wandlungen und Verbesserungen, Modifikationen und Differenzierungen erfahren. Die einmal gefaßte Grundidee wird aber davon nicht berührt, sondern erweist sich als ein unerschöpflicher Born immer neuer Ausnutzungen. Die neue technische Idee, die Erfindung erster Klasse, ist so gleichsam der Stammvater einer neuen Art technischer Gebilde in all ihren Variationen und individuellen Prägungen. Damit erscheint aber ganz allgemein die Technik als eine Voraussetzung der Wirtschaft, eine Anmerkung, die im Zeitalter des Hochkapitalismus nicht überflüssig erscheint. Denn zweifellos vermögen auch noch so große Kapitalmassen keine neue technische Idee zu erzeugen.

Gewiß besitzen auch die organisatorischen Kräfte, welche die neuen technischen Ideen praktisch verwerten, den Rang schöpferischer Geister auf wirtschaftlichem Gebiete. Im Hinblick aber auf die technische Idee, die ihnen die Regel gibt, die Grundrichtung weist, stellen sie die oberste Stufe des ordnenden Prinzips dar, das sich weiterhin in der Gliederung des technischen Beamtentums industrieller Betriebe verkörpert. Wie der in technischer Hinsicht gesetzgebenden Kraft die ordnenden Mächte untergeordnet sind, so diesen wiederum die technisch ausführenden, die von der Industriearbeiterschaft bzw. den Maschinen verkörpert werden. Wir begegnen hier also derselben natürlichen Dreigliederung, wie sie in jeder zweckbewußten menschlichen Handlung — und analog in den gesetzgebenden, ordnenden und ausführenden Gewalten des Staatswesens zutage tritt: Das menschliche Gehirn faßt den Plan und gibt seine Direktiven dem ordnenden Zentralnervensystem, das gemäß dem gefaßten Plan die Regel der Ausführung durch die motorischen Organe bestimmt.

* * *

Die Verwirklichung einer technischen Idee offenbart uns einen bestimmten Zweck, den die Form des technischen Gebildes unmittelbar zum Ausdruck bringt. Diese Form ist selbst wieder Mittel für bestimmte menschliche Zwecke. So ist das Flugzeug ein Mittel zum Fliegen, die Eisenbahn, das Fahrrad sind Mittel zum Fahren, alle drei sind Mittel menschlicher Ortsveränderung oder Raumüberwindung. Die technischen Gebilde, von den ältesten primitiven Steinwerkzeugen bis zu den komplizierten Maschinen, sind also als qualitative wie quantitative Größen von bestimmten, nicht in ihnen selbst liegenden Zwecken abhängig und haben in dieser ihrer *Mittelhaftigkeit* eine bestimmte Aufgabe, ein Amt, eine *Funktion* zu erfüllen. Diese Funktionen können wiederum — wie z. B. eine Eisenbahnbrücke — statischer oder — wie ein Motor — dynamischer Art sein und zur Erreichung eines und desselben Zweckes für sich allein oder mit anderen Funktionen kombiniert, in Wirksamkeit treten. Die Art, der *Charakter der Funktionen kommt in der Form der technischen Gebilde zum Ausdruck, die sich gesetzmäßig mit der Funktion ändert.* Das Mittel aber zur Erreichung der Funktionsformen technischer Gebilde ist das in geistigen wie materiellen Arbeitsleistungen bestehende *technische Verfahren*, das im Prinzip in der konstruierenden Durchführung (Zeichnungen, Modelle usw.) der projektierten technischen Idee festgelegt wird. Das technische Verfahren bedarf wiederum des geeigneten natürlichen oder künstlichen *Materials*, welches zu der beabsichtigten technischen Funktionsform umgestaltet werden soll sowie der geeigneten *Hilfsmittel*, welche als Werkzeuge, Maschinen, ungeformte und geformte Materie, Energieformen, Zeit und Raum den technischen Prozeß teils unterstützen, teils überhaupt erst ermöglichen.

Bedenkt man ferner, daß das technische Verfahren von der Beschaffung des Rohmaterials bis zum Fertigfabrikat oft in einer ganzen Reihe zeitlich hinter- oder nebeneinandergeschalteter, räumlich oft weit getrennter Teilprozesse besteht, die miteinander in Wechselwirkung stehen, so leuchtet es ein, daß oft ein ganz kompliziertes System von ideellen und reellen Leistungen und ihren Hilfsmitteln zur Verwirklichung technischer Funktionsformen in Wirksamkeit treten muß. Diese komplizierten Systeme werden durch die nach technischen wie ökonomischen Gesichtspunkten durchgeführte Organisation industriellen Betriebe und ihrer Beziehungen zueinander festgelegt und bringen die ideelle wie materielle, die statische und dynamische Struktur des technischen Arbeitsverfahrens zum Ausdruck. Die Veranschaulichung solcher Funktionssysteme durch Strukturbilder, welche nicht nur die Organisation der Herstellung vom Rohmaterial bis zum Fertigfabrikat, sondern auch die Arbeits- oder Funktionsbilder der einzelnen spezifischen Leistungen, wie etwa des Formers oder Drehers oder Bergmanns usw. sowie die Beziehungen zwischen diesen Leistungen festlegen, würde nicht nur die Werksangehörigen den Sinn ihrer Tätigkeit erleben lassen, sondern darüber hinaus auch die Verwandtschaft mit den technischen Funktionssystemen der Natur offenbaren, worauf wir später noch zurückkommen.

Zweck, technisches Verfahren und Material im weitesten Sinne (einschließlich Energieformen, Raum und Zeit) sind somit die drei Grundfaktoren technischen Gestaltens, wobei ohne weiteres einleuchtet, daß nicht nur das technische Verfahren, sondern auch der Charakter des zu verwendenden Materials von dem zu erfüllenden technischen Zweck unmittelbar abhängt. Die Bedeutung der Wahl des für den jeweiligen Zweck geeignetsten Materials wurzelt in der Grundtatsache, daß auch jede Art sog. roher Materie ihre ganz bestimmte Struktur besitzt und hierin der Struktur des zu fertigenden technischen Gebildes vergleichbar ist. Denn kraft ihrer Struktur übt die Materie latent schon bestimmte Funktionen aus, weist sie darauf hin, daß die Funktionen des zu fertigenden technischen Gebildes mit den in ihrer Struktur ausgeprägten Funktionen in Übereinstimmung stehen müssen. Besäße z. B. das Eisen nicht seine große magnetische Permeabilität, so hätte die Dynamomaschine nicht ihren Siegeszug über die Welt antreten können. Und so hat jedes Metall, jede Metallegierung, jede Holz- oder Glassorte usw. auf Grund ihrer spezifischen Struktur ihre Sonderverwertung für ganz bestimmte Funktionsleistungen der aus ihnen verfertigten technischen Gebilde. Das Lindenholz hat andere plastische Qualitäten als das Eichenholz oder der Sandstein, die Ankertaue des Riesendampfers beanspruchen eine Zugfestigkeit, der wohl das Drahtseil, nicht aber das Seil aus Baumwolle oder Stroh gewachsen ist, usw. So ist es auch verständlich, daß neue Materialien, wie in jüngster Zeit das Eisenbeton, das Aluminium, der Kautschuk auf Grund ihres strukturellen Charakters die Entwicklung ganz neuer Funktionsformen veranlassen. Geht man hierin geschichtlich ganz weit zurück, etwa bis zur Erfindung des Glases und der Entdeckung des Eisens, so tritt dieser organische Zusammenhang zwischen Material und Funktionsformen besonders eindringlich hervor. Man vergleiche nur die beschränkte Zahl der Werkformen der Steinzeit mit den technischen Möglichkeiten, die das Eisen schon vor dem Beginn des Maschinenzeitalters gewährte. Es liegt so auf der Hand, daß schon unmittelbar vom Material aus die Anregung technischer Probleme ergehen kann.

Hiernach gibt es im Grunde genommen auch keine sog. echten oder unechten Materialien, sondern nur Übereinstimmung oder Mißstimmung zwischen der Struktur eines Materials und der in ihm verwirklichten technischen Form. Die Natur selbst ist uns auch hierin der vollkommenste Lehrmeister, denn niemals wird sie ihre Formen aus einem Material fertigen, dessen Struktur dem beabsichtigten Zweck nicht völlig entspricht. Und sie erreicht ihre Zwecke so vollkommen, daß die Struktur des Baumaterials selbst restlos in die Struktur der beabsichtigten Gebilde eingeht. So ist der kolloidale Stoff, aus dem der Körper der Tierformen besteht, restlos in die beabsichtigte Form eingegangen. Hier erfüllt sich die Forderung, die Schiller an den Künstler stellt, nämlich den Stoff in der Form zu vernichten. Die technischen Gebilde der Menschen hingegen werden trotz aller Materialersparnis, wie sie z. B. die modernen Eisenkonstruktionen ermöglichen, doch immer viel ungefügtes Material aufweisen.

Die Funktionen technischer Gebilde stellen das die ungeformte Materie gleichsam belebende Prinzip dar. In ihnen prägt sich der Geist ihres ideellen Schöpfers unmittelbar aus. Kraft dieses menschlichen

Schöpfergeistes erhalten die technischen Gebilde besonders in ihren dynamischen Funktionen ein scheinbares Leben, das gleichsam danach strebt, der Aktivität menschlichen Lebens nahe zu kommen, das aber zum andern in seiner unerbittlichen, gefühllosen Monotonie und mathematischen Exaktheit unheimlich seltsam mit der leichten Anpassungsfähigkeit und der unfaßbaren Variabilität der Bewegungsmöglichkeiten des organischen Lebens kontrastiert. Zweifellos ist es vor allem das Urphänomen der selbständigen Fortbewegung, was nicht nur von den Menschen, sondern von allen Tierformen als ein Hauptcharakteristikum des Lebens empfunden wird. Geht doch auch das Bewegungssehen im Tierreich entwicklungsgeschichtlich dem Formensehen voraus und erkennen viele niederen Tiere nur an der Bewegung von Gegenständen die nahe Gefahr. Daher werden auch diejenigen technischen Gebilde, welche, wie unsere maschinellen Verkehrsmittel Eisenbahn, Automobil, Flugzeug usw., eine gleichsam selbständige Fortbewegung offenbaren, am ehesten den Eindruck von Lebewesen erwecken. Die durch das Prinzip der Wärmekraftmaschine erstmalig ermöglichte selbständige Fortbewegung konstruierter technischer Gebilde erscheint eben deshalb so „unheimlich", weil sie ihrer Funktionsidee nach die Ablösung einer Grundfunktion des tierischen Organismus vom Organismus selbst darstellt, die als solche auch instinktiv von Mensch und Tier empfunden wird.

Gleich den dynamischen offenbart aber auch jede statische technische Funktionsform in ihrer Zweckmäßigkeit den zweckbewußten Geist ihres ideellen Schöpfers und damit einen Schein des Lebens. Insbesondere auch dadurch, daß sie in ihrer Form eine Gegenleistung verheißt, die sie dem Menschen, dem sie dient, unmittelbar verbindet. Das Beil des Holzhackers ist nicht derart leblos wie das danebenliegende unförmige Stück Roheisen oder das Holzstück, das mit ihm gespalten werden soll, eben weil es sich, kraft seiner Funktionsform, mit der Lebenstätigkeit des Menschen organisch verbindet, weil es eine Leistungsfähigkeit verspricht und der Begriff der Leistung für die Lebensformen eminent charakteristisch ist. Diese lebendigen Beziehungen zwischen den Menschen und ihren technischen Werken, diese Wechselwirkungen zwischen Leistung und Gegenleistung, finden denn auch im sozialen Leben ihre Würdigung, bezeichnenderweise gerade in dem Zeitabschnitt, da das Menschenwerk eben vollendet und die Gegenleistung des technischen Gebildes ihren Anfang nehmen soll. Alle Einweihungen neuer Bauwerke und Eröffnungen neuer Verkehrswege oder Ausstellungen usw. — der Stapellauf eines Schiffes, die Grundsteinlegung, das Richtfest, das Segnen des Ackergerätes usw. — geben hiervon ein ebenso beredtes Zeugnis wie in vorgeschichtlicher Zeit die animistischen Vorstellungen, die sich an die Wirkungskraft der menschlichen Werkzeuge knüpfen.

Diese lebendigen Beziehungen des Menschen zu seinen technischen Werken vertiefen sich noch, wenn man die Geschichte, die Entwicklungsstufen der gegenwärtig gebräuchlichen technischen Gebilde verfolgt, wie sie für viele Zweige der Technik in sehr anschaulicher Weise z. B. im Deutschen Museum zutage tritt. Nicht minder reizvoll ist aber auch die Vorgeschichte technischer Gebilde oder Materialien, das oft sehr verwickelte und nicht selten bis in unkontrollierbare, vorgeschichtliche Zeiten hinabreichende Netz von Bedingungen, das ihrer Verwirklichung vorausgeht.

* * *

Diese geschichtliche Einstellung vergegenwärtigt uns auch das ständige Wechselspiel, in dem die Erfindungen und Entdeckungen zueinander stehen. Die Entdeckungen, die immer nur auf Erkenntnis von Naturtatsachen gehen und hierbei das den Sinnen unmittelbar Verborgene durch das Experiment enthüllen, werden immer Resultate zeitigen, die zu Erfindungen Anlaß geben und umgekehrt führen Erfindungen wieder zu neuen Entdeckungen. Dem geschichtlichen Rückblick erscheint es nun oft, als müßten den und jenen Entdeckungen logischerweise die und jene Erfindungen unmittelbar folgen. Allein die Geschichte verfährt auch hierin nicht streng logisch, weil das Bedürfnis der Zeit, ihre totale geistige Physiognomie, zugleich in ihrer Abhängigkeit von Rasse, Landschaft und Klima das entscheidende Wort haben, weil das Ganze auch hier den Teil bestimmt. Und zum andern erscheint eine Erfindung auch dann nicht als logische Folge von Entdeckungen, wenn zur Zeit die technischen Möglichkeiten ihrer Verwirklichung fehlen.

Die Antike kannte z. B. wie den Hebel und die Schraube, so auch die Presse, aber sie erfand trotzdem nicht den anscheinend so naheliegenden Druck mit beweglichen Lettern, weil der Charakter des geistigen Verkehrs dieses Bedürfnis nicht erweckte Die Ägypter betrieben schon in den ältesten Epochen ihrer Kultur Glasfabriken und vermittelten u. a. auch den Phöniziern die Bekanntschaft mit dem Glase. Aber erst Jahrtausende später, im 11. Jahrhundert nach Christi, machte der in Spanien lebende arabische Physiker Alhazen erstmalig auf die vergrößernde Kraft gläserner Kugelsegmente aufmerksam. Damit schlug die Geburtsstunde der Brille. Und wieder verging ein halbes Jahrtausend, bis der holländische Glasschleifer Jansen (um 1590) durch seine Kombination einer Bikonvexlinse als Objektiv mit einer Bikonkavlinse als Okular der Erfinder des Mikroskopes wurde. Jetzt lag auch das Fernrohr dem geistigen Bedürfnis und den technischen Möglichkeiten der Zeit nahe, und 1608 wurde es erstmalig von dem holländischen Brillenmacher Lippershey und nur ein Jahr später, durchaus ganz selbständig, auch von Galilei ebenfalls durch Kombination einer Sammellinse mit einer Zerstreuungslinse verwirklicht. Gerade diese prinzipiell unabhängige Gleichzeitigkeit in der Verwirklichung des gleichen Funktionsgedankens ist ein Kennzeichen dafür, daß eine Erfindung erst hervortritt, wenn sie sowohl dem Geist, dem Bedürfnis einer Zeit, wie auch deren technischen Möglichkeiten durchaus entspricht. Die Geschichte der Technik weiß auch sonst von derartigen Gleichzeitigkeiten zu berichten, man denke nur an die Erfindung der Pendeluhr durch Huygens und Newton, des Telephons durch Reis und Bell. Hierauf beruhen ja auch die bekannten Prioritätsstreitigkeiten, die für unser technisches Zeitalter besonders charakteristisch sind.

Die Wechselwirkungen zwischen Entdeckungen und Erfindungen oder allgemein zwischen Naturwissenschaft und Technik lassen drei Grundmöglichkeiten erkennen: entweder basiert eine Erfindung auf bestimmten Entdeckungen, eilt die

Wissenschaft der Technik voraus oder es führen umgekehrt Erfindungen zu neuen Entdeckungen, wissenschaftlichen Theorien, die Technik eilt der Wissenschaft voraus oder eine Entdeckung führt unmittelbar zu einer ihr entsprechenden Erfindung; so wies z. B. Torricelli den Luftdruck nach und erfand zugleich das Barometer. Den umgekehrten Fall zeigt Galilei, der mit dem selbsterfundenen Fernrohr seine astronomischen Entdeckungen machte.

Charakteristisch für die Anregung technischer Erfindungen durch die naturwissenschaftliche Forschung ist vor allem das die Natur befragende Experiment. Denn abgesehen davon, daß es die wissenschaftlichen (physikalischen und chemischen) Grundlagen technischer Erfindungen schafft, führt es auch unmittelbar zu Erfindungen, wie z. B. Guerickes Luftpumpe und die Elektrisiermaschine zeigen. Daher verwendet denn auch die Technik im Laufe der Zeit mehr und mehr die experimentelle Forschung und gelangt damit selbst ebenfalls zu wichtigen Entdeckungen auf naturwissenschaftlichem Gebiete. So ist z. B. die mechanische Wärmetheorie in durchgreifender Weise gerade von Ingenieuren gefördert worden (Carnot, Joule, Regnault usw.). Analoges gilt von der Förderung der wissenschaftlichen Chemie durch die Laboratoriumstätigkeit der chemischen, elektrochemischen und metallurgischen Industrie, von den Anregungen, welche die Meteorologie der Luftschiff-Flugzeugtechnik verdankt, von der Erweiterung der wissenschaftlichen Grundlagen der Elektrotechnik infolge der Aufstellung des dynamoelektrischen Prinzips durch Werner v. Siemens usw.

Die ständigen Wechselwirkungen zwischen den Entdeckungen auf dem Gebiete der exakten Naturwissenschaften (Physik und Chemie) und den technischen Erfindungen ergeben sich aus und beruhen auf der Tatsache, daß eben die technische Erfindung kein anderes Material für ihre schöpferischen Kombinationen besitzt als dasjenige, welches ihr das Wissen um die Gesetzmäßigkeiten der (erfahrbaren) Natur liefert. Dieses Wissen braucht keineswegs von der wissenschaftlichen Theorie geliefert zu werden, wie alle technischen Errungenschaften des vorwissenschaftlichen Weltbildes zeigen, sondern kann teilweise oder ganz aus der Anschauung der

Natur im praktischen Leben erworben sein. Hier erscheint eben der Wesensunterschied zwischen Probieren und Studieren, Können-Wissen, worauf wir im nächsten Abschnitt im Zusammenhang zurückkommen.

* * *

Legt man durch die geschichtliche Entwicklung der menschlichen Technik zahlreiche Niveauflächen, welche die jeweilige Struktur der Technik charakterisieren, so läßt sich — im Unterschiede zu dem sonstigen periodischen Auf und Ab der menschlichen Kulturen — eine ständig, wenn auch zeitlich unregelmäßig, fortschreitende Differenzierung feststellen. Es fragt sich nun: steht diese fortschreitende Differenzierung der Technik in irgendeiner Analogie zur fortschreitenden Differenzierung im System der Lebensformen oder fehlt jede organische Beziehung, z. B. zwischen den modernen maschinellen Gebilden und den technischen Formen der Urzeit? Scheinbar vermissen wir solche Beziehungen zwischen dem Riesendampfer, der mit fast 30 Knoten Geschwindigkeit den Ozean durchfurcht, und dem mühsam ausgehöhlten Einbaum oder gar dem sich schwerfällig fortbewegenden Floß, zwischen dem Speerwerfer der Urzeit und einem modernen 42-cm-Geschütz, zwischen dem Stafettenläufer und dem Telegraph, der dieselbe Nachricht im Bruchteil einer Sekunde über den Erdball schickt, zwischen der primitiven, vor ca. 7000 Jahren verwendeten Hacke und dem modernen Motorpflug, zwischen dem als Hebel wirkenden Baumstamm und dem gigantischen elektrischen Drehkranen, zwischen der Sand- oder Wasseruhr und der modernen Taschenuhr, zwischen dem tierischen Stoffwechsel und dem Motor mit innerer Verbrennung usw.

Und doch zeigen sich in diesen Gegenüberstellungen von Gebilden moderner und antiker Technik sehr wesentliche Beziehungen, die zugleich den Weg zum Weltsinn der Technik eröffnen und ohne welche die moderne Technik gar nicht denkbar wäre. Diese Gemeinsamkeiten bestehen nun in nichts anderem als in den gleichen oder verwandten Funktionsgedanken, die, wie obige Gegenüberstellungen lehren, in den mannigfachsten physischen Gestaltungen auftreten können. Der Einbaum verwirklicht prinzipiell den gleichen Funktionsgedanken wie der moderne Ozeandampfer, nämlich den der menschlichen Ortsveränderung auf dem Wasser. Dieser Funktionsgedanke bestimmt auch unmittelbar den prinzipiellen Charakter der beiden anderen von ihm abhängigen Grundfaktoren technischen Schaffens, des Materials und des technischen Verfahrens, die mit ihm zusammen die Funktionsform zum Ausdruck bringen. So fordert er hier wie dort, daß das Gesamtgebilde spezifisch leichter als Wasser und zugleich wasserdicht ist. Es muß ferner auch befähigt sein, die die Ortsveränderung beabsichtigenden Menschen zu tragen und muß ihnen prinzipiell auch die Möglichkeit geben, die gewollte Richtung mit dem Fahrzeug einzuschlagen. Zweifellos würde das Floß diese Forderung in weit unzulänglicherer Weise als der Einbaum erfüllen, der mit dem Dampfschiff sowohl die Höhlung wie die längliche, für die Durchschneidung des Wassers zweckmäßigere Form gemein hat. Daher ist auch das Floß nur beschränkt ein technisches Mittel zur Ortsveränderung von Personen auf dem Wasser, nämlich ausschließlich in der Richtung des Flußlaufes abwärts, an dessen Geschwindigkeit es gebunden ist, und zur Lastenbeförderung, ebenfalls nur in dieser Richtung, wobei es als Holzmaterial oft selbst die Last darstellt.

Nun enthält aber die technische Idee, die zur Verwirklichung eines modernen Ozeandampfers führt, in sich eine große Fülle von Teilideen, die in der technischen Idee, die zum Einbaum führt, nicht enthalten sind. Das allgemeine Schema, das beiden gemeinsam ist, erscheint also beim Ozeandampfer in sich noch vielfach differenziert. Die Teilideen, die in dieser Differenzierung zum Ausdruck kommen, bilden den Plan zur Verwirklichung all der Sonderfunktionen, die das Dampfschiff im Unterschied zum Einbaum in seiner allgemeinen Funktion noch enthält. Zugleich werden aber auch die dem Einbaum und dem Dampfschiff gemeinsamen Sonderfunktionen — hinsichtlich des technischen Verfahrens wie des verwendeten Materials — hier in einer anderen, weit vollkommeneren Weise verwirklicht. Die Funktion der Fortbewegung leistet nicht mehr das durch die mechanische Energie des Menschen bewegte Ruder — das selbst wieder eine längere Entwicklungsgeschichte hat und ursprünglich wohl von den gestreckten Armen der Insassen repräsentiert wurde —, sondern die Dampfkraft. Das ursprünglich aus einem Holzstück verfertigte Fahrzeug wird nunmehr aus zahlreichen Einzelteilen zusammengefügt usw.

Wie die Gegenüberstellung von Einbaum und Dampfschiff, so lassen auch die anderen Beispiele hier wie dort die prinzipiell gleiche Hauptfunktion erkennen. Der Speer — oder noch weit primitiver der unbehauene Stein — und die Kanone sind beide Schleuderwaffen, die den gleichen Zweck der Tötung des Feindes verfolgen. Nur ersetzt hier die Energie der Pulverexplosion die menschliche Energieleistung, analog wie die schon in der griechisch-römischen Kriegstechnik gebrauchten armbrustartigen Wurfmaschinen (Katapulte) einen „Ersatz" der menschlichen Energie und ihre Speicherung in der mechanischen Torsionskraft darstellten. Solcher Ersatz tierischen Organismus als Kraftquelle durch physikalische des und chemische Naturkräfte führt selbstverständlich, entsprechend der hierdurch weit gesteigerten Wirkung zu durchgreifenden Umgestaltungen der technischen Gebilde. Allein auch die größten Quantitätsunterschiede der Wirkung ändern nichts an dem prinzipiellen Charakter der Hauptfunktion, wie sich der Leser auch an anderen Beispielen leicht selbst überzeugen kann. Die Gestaltänderungen aller ein und dieselbe Hauptfunktion verwirklichenden technischen Gebilde sind — von den Sonderfunktionen abgesehen — allein durch die bezweckte Steigerung der Wirkungskraft bedingt.

Wie der Einbaum oder etwa die primitiven Steinwerkzeuge der Vorzeit zeigen, ist es für alle, auch für die einfachen technischen Gebilde die Regel, daß sie mehrere Funktionen in sich vereinigen. So vereinigt das Beil die Hauptfunktion der Schneide mit der Nebenfunktion des Griffes, ja man muß in diesem Falle auch das Gewicht des Ganzen als eine Nebenfunktion bezeichnen, da es für die Spaltung des Holzes durchaus seine Bedeutung hat. Manche komplizierte technische Gebilde, wie z. B. Werkzeugmaschinen, vereinigen zuweilen in sich mehrere einander gleichgeordnete Funktionen, die zudem von Nebenfunktionen unterstützt werden. In manchen Fällen bilden die Nebenfunktionen eines technischen

Gebildes Stufen eines Fertigungsprozesses, der über die Hauptfunktion hinausgeht. Die Rotationspresse der Zeitungsdruckereien erfüllt nicht nur die Hauptfunktion des Druckens, sondern sie wickelt auch ab, feuchtet an, schneidet, falzt und legt die Zeitung versandfähig ab. Selbst ein so einfaches, technisches Gebilde wie der Federhalter stellt schon ein Funktionssystem dar. Die Feder leistet die Hauptfunktion, bedarf aber eines Halters, um ihren Zweck bequem zu erfüllen. Feder und Halter bedürfen wiederum eines vermittelnden Mechanismus, der sie miteinander verbindet, der also sowohl der Form der Feder wie der des Halters angepaßt sein muß.

So stellt jedes technische Gebilde ein mehr oder weniger differenziertes System von Mitteln dar, die als Haupt- und Nebenfunktionen ebenso einen Integrationsstufenbau zum Ausdruck bringen wie der menschliche Organismus, ja wie alle Erscheinungen der Natur oder Kultur, auf die der Begriff der Organisation anwendbar ist. Im eben genannten Beispiel ist die Stufenordnung sofort zu übersehen. Am ehesten wäre der die Feder und den Halter verbindende Mechanismus — wie dieses auch oft geschieht — durch eine Einkerbung des Halters zu ersetzen. Ferner ließe sich denken, daß ein und derselbe Teil sowohl die Funktion der Feder wie die des Halters übernimmt. Diese Erscheinung finden wir nun tatsächlich im Vorbild des Federhalters, im Gänsekiel. In analoger Weise stellt der Bleistift eine technische Differenzierung des Griffels dar, der selbst wieder in der Struktur der Natur, nämlich im gestreckten Zeigefinger, sein Urbild hat.

Überschauen wir so das Reich der technischen Gebilde, die in ihren Haupt- und Nebenfunktionen die Verhältnisse der Über-, Unter- und Gleichordnung zum Ausdruck bringen, und erinnern wir uns zugleich der Gegenüberstellungen aus der primitiven und modernen Technik, so drängt sich uns die Frage nach den bestmöglichen oder optimalen Funktionsformen auf, zumal die Leistungssteigerung durch die modernen Methoden der Kraftgewinnung und Kraftverteilung heute früher ungeahnte Dimensionen erlangt hat. Es ist nun offenbar, daß ein in all seinen Einzelheiten sowohl qualitativ wie quantitativ erschöpfend charakte-

risierter Funktionsgedanke nur in einer ganz bestimmten eindeutigen technischen Form *optimal verwirklicht werden kann.* Der Einbaum z. B. hat zwar die Funktion der Raumüberwindung auf dem Wasser, allein seine Form erfüllt diese Funktion keineswegs in der bestmöglichen Weise. Aber was heißt in diesem Beispiel die bestmögliche Funktionsform? Ist sie gemeint im Hinblick auf die Schnelligkeit oder auf die Menge der zu befördernden Personen oder auf die Dauerhaftigkeit oder im Hinblick auf die Widerstandsfähigkeit gegenüber den Gefahren des Meeres usw.? Zweifellos verstehen wir hier unter optimaler Funktionsform diejenige, welche allen nur irgend in Betracht kommenden Bedingungen der Raumüberwindung auf dem Wasser in einer der menschlichen Technik erreichbaren Vollkommenheit genügt. Allein auch die Erfüllung dieser Bedingungen würde nicht genügen. Eine weitere Hauptforderung ist die vom Prinzip des kleinsten Kraftmaßes bestimmte *ökonomische Gestaltung* der technischen Gebilde. Eine Funktionsform ist auch dann nicht optimal zu nennen, wenn sie zu ihrer Leistung mehr Material, Energie, Zeit und Raum verwendet, als unbedingt erforderlich ist, um die höchstmögliche Leistungsfähigkeit zu erreichen. Diese ökonomische Höchstwirkung gehört notwendig zur Charakteristik optimaler technischer Funktionsformen. Sie findet auch, worauf wir später noch zurückkommen, in den Funktionsformen der Natur weitestgehende Entsprechung, ja im Grunde genommen ihr Vorbild.

Wie die Leistung der Funktionsform, so muß auch ihre *Herstellung* vom Prinzip des kleinsten Kraftmaßes bestimmt sein. Der Herstellungsprozeß besteht ja ebenfalls in technischen Leistungen, die miteinander ein ganz bestimmtes System technischer Wechselwirkungsketten bilden. Und es ist die Aufgabe einer *wissenschaftlichen Betriebsführung,* diesem Leistungssystem, gemäß dem Prinzip des kleinsten Kraftmaßes, eine möglichst optimale Form zu geben. Würde man also im technischen Prozeß die Erfüllung des Prinzips höchster ökonomischer Wirkung nicht anstreben, so widerspräche man damit auch dem Prinzip optimaler Leistung technischer Gebilde. Im Hinblick auf die zu fertigende

Funktionsform, deren optimale Leistung erstrebt wird, ist das hierzu führende technische Verfahren freilich nur ein Mittel und wird auch für den Fall, daß es unwirtschaftlich gehandhabt wird, zur gleichen Funktionsform hinführen. Allein für sich betrachtet bringt das technische Verfahren ebenso Leistungen bestimmter Funktionsformen zum Ausdruck, wie von dem zu fertigenden Gegenstand erwartet wird. Warum sollte also für diese Funktionsform die optimale Leistung angestrebt werden und für jene nicht? Dieser innere Widerspruch ist um so offenbarer, als ja das zu fertigende technische Gebilde meistens selbst wieder Mittel zu anderen technischen Leistungen ist.

Technisches Verfahren und die durch dasselbe zu verwirklichende Funktionsform stehen zudem zueinander in dem Verhältnis von Leistung und Gegenleistung, die einander äquivalent sein müßten. Zweifellos wird diese Äquivalenz auch angestrebt, ein Streben, das z. B. darin zum Ausdruck kommt, daß sich der Preis eines Gegenstandes im Prinzip nach seinen Herstellungskosten richtet.[1]) Damit ist aber auch schon angedeutet, daß sich die Äquivalenz von Leistung und Gegenleistung nur auf errechenbare, mathematisch faßbare materielle oder „Tausch"-werte beziehen kann, nicht aber auf die mathematisch unfaßbaren ideellen Werte. Der Herstellungswert eines Buches und sein Preis können einander äquivalent sein, der ideelle Wert des Buches bleibt davon aber unberührt. Wenn trotzdem die ideellen (geistigen) Leistungen errechnet werden, einen Marktpreis haben — der zudem meist sehr niedrig im Kurse steht —, so liegt dieses einfach daran, daß der Mensch vom Geist allein nicht leben kann und daher seine geistigen Leistungen gegen seinen materiellen Lebensbedarf umtauscht. Der geistige Arbeiter ist so gezwungen, einer scheinbaren Äquivalenz seiner Leistungen mit materiellen Werten zuzustimmen.

[1]) Selbstverständlich wirken bei der Preisbildung noch viele andere Faktoren mit, so die Marktlage (das Verhältnis von Angebot und Nachfrage), die Transportkosten, die Bedarfsgröße (Lebensnotwendigkeit der gangbarsten Nahrungsmittel usw.), die Spekulation, das Monopolwesen usw. Diese Faktoren gehören entweder zu den Herstellungskosten im weiteren Sinne oder können als Variationen in diesem Zusammenhang unberücksichtigt bleiben.

Die naheliegende Frage, ob die menschliche Technik bereits über optimale Funktionsformen und Herstellungsverfahren verfügt, muß im allgemeinen mit einem Nein beantwortet werden. Schon der besonders in der Gegenwart sehr intensive technische Wettbewerb zwischen den Nationen wie auch den einzelnen Volksgenossen belehrt uns, daß der technische Geist der Zeit vollauf mit der Lösung zahlreicher neuer technischer Probleme sowie mit der Vervollkommnung der Funktionsformen und Herstellungsverfahren beschäftigt ist, daß hier sozusagen alles noch im lebendigen Fluß ist. Was bedeutet demgegenüber die Möglichkeit, daß einzelne Funktionsformen, isoliert für sich betrachtet, bereits ihre optimale Gestalt erhalten haben könnten? Es würde sich hierbei allenfalls um Werkzeuge handeln, die für ihre optimale Funktion nur äußerst wenigen Bedingungen zu genügen hätten. Allein wer wollte im Hinblick auf den rastlosen Fluß der Erfindungen und Entdeckungen, der Vervollkommnung der Herstellungs- und Prüfungsmethoden die Garantie hierfür übernehmen? Einfache Werkzeuge aus Eisen, wie z. B. das Beil, der Hammer usw., hat es schon lange gegeben und dem Anschein nach wäre es nicht schwierig, ihnen ihre optimale Form zu verleihen. Allein zur optimalen Form gehört nicht zuletzt auch die Dauerhaftigkeit und das Abnutzen der Werkzeuge, wie Verschleißen, Stumpfwerden, Rosten, das Faulen und Verquellen der Holzteile usw. sind normale Erscheinungen, die auch die fortgeschrittene Gegenwartstechnik nur teilweise beheben konnte.

Hier ist insbesondere auch zu berücksichtigen, daß das wissenschaftliche Materialprüfungswesen, wie es sich u. a. in der Untersuchung der Feinstruktur der Metalle und anderen Materialien durch Röntgenstrahlen ausprägt, gerade kürzlich erst seinen verheißungsvollen Anfang genommen hat. Die hohe Bedeutung der wissenschaftlichen Materialprüfung — die z. B. den früher unbekannten Begriff der Ermüdung des Eisens zu einem sehr wesentlichen Faktor technischer Berechnung erhoben hat — für die Zuverlässigkeit und Dauerhaftigkeit der technischen Funktionsformen leuchtet angesichts der Tatsache ein, daß eben der Charakter des Materials bei der optimalen Formgebung sehr wesentlich mitzusprechen hat. Die Funktionsform in ihrer Leistungsfähigkeit, das technische Verfahren ihrer Verwirklichung und das Material, in dem sie sich ausprägt, sind eben die drei Hauptfaktoren, die alle dem Begriff des Optimums genügen müssen.

Ferner ist zu berücksichtigen, daß mit der Zahl der Bedingungen optimaler Gestaltung und Leistungsfähigkeit das Optimum natürlich immer weiter hinausrückt. Es ist nun aber gerade ein Charakteristikum des technischen Fortschritts, daß er zur Erkenntnis immer neuer Systembedingungen führt. Je komplizierter ein technisches Gebilde sowohl seinen Funktionsformen wie seiner Materialbeschaffenheit und Herstellungsart nach ist, je mehr es, wie z. B. ein moderner Ozeanriese oder ein Zeppelinluftschiff, ein ganzes System von technischen Funktionsformen für sich bildet, um so mehr wachsen natürlich die Schwierigkeiten optimaler Gestaltung, da schließlich jede einzelne von den vielen tausend Funktionen — insbesondere auch in ihrer Wechselwirkung mit den anderen Funktionen im einheitlichen Funktionssystem des Ganzen — eine Reihe von Bedingungen zu erfüllen hat.

Die Vervollkommnung technischer Funktionsformen besteht nun nicht selten darin, daß der Hauptfunktion nach und nach ein System sie unterstützender, ihre Leistungsfähigkeit steigernder neuer Nebenfunktionen untergeordnet wird. So rief die Erfindung des Telephons das Mikrophon auf den Plan, ferner ganz neue Schaltersysteme, Ruf- und Überwachungsvorrichtungen, neuerdings den automatischen Selbstwähler und was schließlich alles zur Verwirklichung und Instandhaltung unserer komplizierten Telephonnetze gehört. Auf die Entwicklung der Drahttelephonie folgt nunmehr die Entwicklungsperiode der drahtlosen Telephonie in Kombination mit dem Fernsehen usw. Hieraus ersieht man auch deutlich, daß die Verwirklichung neuer technischer Ideen wieder ganz neue Entwicklungswege eröffnet, die vorher dem Blick noch verschlossen waren. Diese neuen Entwicklungswege gehen nun keineswegs nur vom Charakter der betreffenden Funktionsformen aus, die weiter vervollkommnet werden sollen, sondern von dem ganzen jeweiligen Stande der naturwissenschaftlichen und technischen Errungenschaften, die in dieser oder jener Hinsicht anregend, befruchtend auf die einzelnen Funktionsformen wirken. So entwickelte sich die Telegraphie mit Draht keineswegs aus sich heraus zur Telegraphie ohne Draht, sondern diese Wendung, die Marconi erstmalig praktisch einleitete, kam von außen, beruhte auf der Hertzschen Entdeckung der elektrischen Wellen, auf der Erzeugung rascher elektrischer Schwingungen.

Nicht selten findet man auch, daß die technische Fortentwicklung einer Funktionshandlung durch die Übernahme von Funktionsgedanken ermöglicht wird, die eigentlich auf einem anderen Gebiete zu Hause sind. So bringt die Schreibmaschine, dieser technische Ersatz des Federhalters, die zu einer neuen technischen Einheit kombinierten Prinzipien der Setzmaschine und der Druckmaschine zum Ausdruck. Aber zweifellos liegt in ihrer heutigen Gestalt ebensowenig eine optimale Funktionsform vor wie im üblichen Druckereiverfahren. Sowohl der Federhalter wie die Druckerei- und Schreibmaschine sind technische Mittel, um die in der menschlichen Sprache zum Ausdruck gebrachten Gedanken zu materialisieren und sie in dieser sinnlich wahrnehmbaren Form allgemein mitteilbar zu machen. Es ist nun offensichtlich, daß alle drei technischen Mittel in einer nur unvollkommenen Weise zu diesem Ziele führen. Der Federhalter überläßt die Hauptarbeit dem Menschen selbst, der bei dieser mechanischen Tätigkeit bald ermüdet und sich zudem einer kalligraphischen Schrift, zu der nicht jeder befähigt ist, befleißigen muß, um allgemein gelesen werden zu können. Die Schreibmaschine — die ein Werkzeug und keine Maschine im eigentlichen Sinne ist, da sie die menschliche Schreibtätigkeit nicht ersetzt, sondern nur unterstützt — schreibt zwar weit schneller und mit allgemein leicht lesbaren Druckbuchstaben, doch stellt sie — abgesehen von der notwendigen Einübung auf den Mechanismus — große Anforderungen an die Augen- und Nervenkraft (Konzentrationsfähigkeit) sowie an eine angespannte Körperhaltung des Menschen. Der auf die Rotationsmaschine eingestellte Druckereibetrieb leistet wiederum unvergleichlich mehr als die Schreibmaschine, beansprucht aber für die Vorbereitung des eigentlichen Druckverfahrens eine ganze Reihe technischer Vorgänge, wie den Hand- und Maschinensatz, das Zusammenstellen der Druckseiten, das

Matern, das Gießen der Druckplatten usw., die eine beträchtliche Anzahl von Arbeitern in Tätigkeit setzen. Das Optimum der technischen Verwirklichung des genannten Funktionsgedankens wäre eine automatisch arbeitende Maschine, welche das gesprochene Wort auch auf weite Entfernungen hin unmittelbar druckt. Es ist hier nicht der Ort, darauf hinzuweisen, in welchen technischen Funktionsformen und Vorgängen bereits Ansätze zu dem Entwicklungswege vorhanden sind, der zur automatischen Schreibmaschine führt. Denn wir stellen hier nur das Problem der optimalen Funktionsformen als solches zur Erörterung und die willkürlichen Beispiele sollen nur den Charakter des Problems klarer veranschaulichen.

Ein besonderes Kapitel bilden die von der wissenschaftlichen Theorie festgelegten Grenzen optimaler Leistungsfähigkeit technischer Gebilde. Diese werden ganz allgemein von der gesetzmäßigen statischen wie dynamischen Struktur der anorganischen Natur bestimmt. Deren wissenschaftliche Erkenntnis findet dann in der Grenzbestimmung der Leistungsfähigkeit technischer Gebilde, etwa des theoretischen Nutzeffektes einer Dampf- oder Dynamomaschine, der Reichweite des Fernrohres usw. ihre praktische Anwendung. Diese wissenschaftliche Forschung wird nun in ausgedehntem Maße auch aus dem Milieu der Technik selbst heraus betrieben und führt mehr und mehr zum systematischen Ausbau eines theoretischen Ingenieurwesens, einer wissenschaftlichen Technik oder technischen Wissenschaft. Man denke nur an das technische Materialprüfungswesen, überhaupt an die ganze angewandte Mechanik, an die Leistungen der technischen Chemie oder des theoretischen Ingenieurs auf den Gebieten der Elektrizitätslehre, der mechanischen Wärmetheorie, der Hydrodynamik usw. Auf jedem technischen Hauptgebiet finden wir heute Prüf- und Versuchsabteilungen, Einrichtungen, die um so verständlicher sind, als — wie schon betont — die Technik, die in ihrem wissenschaftlichen Anfangsstadium oft nur als eine praktische Anwendung naturwissenschaftlicher Erkenntnisse hingestellt wurde, der naturwissenschaftlichen Theorie häufig vorauseilt. So werden in dem Streben nach optimaler Gestaltung technische Funktionsformen Theorie und Praxis, Wissen und Können immer zusammen wirken müssen. Ja, die Tatsache, daß die theoretische Naturwissenschaft nicht wenige technische Errungenschaften — man denke nur an die Eisenbahn — vor ihrer Verwirklichung als wissenschaftlich unmöglich erklärt hat, ferner die Tatsache, daß die Theorie neuer technischer Gebilde ihrer praktischen Verwirklichung oft erst nachhinkte, bringen uns das scheinbar paradoxe Goethewort in Erinnerung: „Auch in den Wissenschaften kann man eigentlich nichts wissen, es will immer getan sein."

Einen weiteren sehr verheißungsvollen Weg in der Richtung auf optimale technische Funktionsformen bilden, wie schon angedeutet, die Vorbilder der Natur, insbesondere der Lebensformen, worauf wir später im Zusammenhange zurückkommen. Aber wie sich mit dem Fortschreiten der Naturerkenntnis das Gebiet der zu lösenden Probleme nicht verengert, sondern immer mehr erweitert, so führen auch die technischen Errungenschaften immer neue Gesamt- und Teilprobleme herauf. Und so gilt auch hinsichtlich der Technik, die in der schöpferischen Gestaltung der gesetzmäßigen anorganischen Natur zu einem optimalen System von Mitteln für menschliche Zwecke ihr Ziel erreichen würde, das für die Wissenschaft geprägte Wort Karl Ernst von Baers, daß sie „ewig in ihrem Quell, unermeßlich in ihrem Umfang, endlos in ihrer Aufgabe, unerreichbar in ihrem Ziel" ist. Niemand, insonderheit nicht der schöpferische Erfindergeist, dürfte es beklagen, daß dem menschlichen Leben, wie auf allen Gebieten so auch hierin, eine unendliche Aufgabe gestellt ist. Denn der schöpferische Akt ist das Hauptcharakteristikum des Lebens, das sich selbst nicht verkünden könnte, wenn ihm nicht immer wieder neue Aufgaben gestellt, die Überwindung immer neuer Widerstände zur Pflicht gemacht werden.

* * *

Die allgemeine Erkenntnis des Funktionsgedankens als des zentralen Faktors technischen Schaffens dürfte insbesondere auch entscheidend dazu beitragen, der überaus häufigen Verwendung rein wirtschaftlicher Faktoren zur

Erklärung des Wesens der Technik vorzubeugen. So hört und liest man z. B. nicht selten, auch von ernst zu nehmenden Schriftstellern, daß die Massenanfertigung das Ziel der Technik sei. Der Begriff der Masse ist hier aber ein rein wirtschaftlicher, denn Wirtschaft ist ganz allgemein die Versorgung der Menschen mit Sachgütern. Gegenüber diesem Was und seiner Quantität ist die Frage nach dem Wie, nach der Art und Weise der Erzeugung und Verwertung der Sachgüter eine spezifisch technische Angelegenheit. Die Beziehungen der Technik, besonders der Maschinentechnik, zur Massenanfertigung sind die mechanischen des Grundes zu seiner Folge, nicht die organischen des Mittels zum Zweck. Seit Jahrtausenden sind eine Reihe von Sachgütern in Gebrauch, mit denen der Mensch wirtschaftet, aber die Formen dieser Wirtschaft mit den gleichen Gütern wechseln mit dem Stande der Technik. Dieser bedingt eben auch die für die Wirtschaft eminent wichtige Frage der Quantität dieser Sachgüter in analoger Weise wie diese Sachgüter wieder das Tauschmittel des Geldes bedingen. Und wie es offenbar ungereimt wäre zu erklären, das Geld charakterisiere das Wesen der Sachgüter oder sei das Ziel derselben, so ist auch die Behauptung ungereimt, die Massenproduktion von Sachgütern charakterisiere als solche das Wesen der Technik oder sei ihr Ziel.

Selbstverständlich bilden Technik und Wirtschaft, wie schon das Wesen der Industrie kennzeichnet, im praktischen Leben auch eine praktische Einheit und auch die bedeutendsten Erfindungen bleiben nur Theorie, wenn die wirtschaftlichen Möglichkeiten ihrer praktischen Verwertung nicht gegeben sind. Hier soll auch gar nicht das notwendige Aufeinanderangewiesensein von Technik und Wirtschaft eingeschränkt, sondern nur das allgemeine Ziel dieses Werkes, die Klärung des Weltsinnes der Technik, verfolgt werden. Hierzu muß eben vor allem auch das Wesen der menschlichen Technik im engeren Sinne rein und unverfälscht dastehen. Es wird aber dadurch verfälscht, daß die praktische Einheit von Technik und Wirtschaft dazu verführt, das Wesen der Technik und das Wesen der Wirtschaft nicht reinlich voneinander zu scheiden.

Das rein qualitative Wesen der technischen Funktionsform sagt also nichts darüber aus, wie oft der von ihr zu leistende Zweck erfüllt werden soll. Über die Häufigkeit der Wiederholungen einer und derselben Leistung entscheiden allein wirtschaftliche Erwägungen. Wohl offenbart die Maschine in ihrer Konstruktion auch die mögliche Quantität ihrer spezifischen Leistung, aber wirklich wird diese erst auf wirtschaftlichem Gebiet.

Auch der Mensch kann eine und dieselbe Zweckhandlung in einem gegebenen Zeitraum öfters wiederholen. Er wird es aber nicht tun, wenn ihm diese häufige Wiederholung als sinn- und zwecklos erscheint. Auch für die Maschine tritt dieser Fall ein, wenn ihre Leistungen keinen Absatz finden, wenn ihr Funktionsgedanke überholt ist usw. Wenn man also erklärt, sie müsse restlos ausgenutzt werden, darin liege eben ihr Sinn, so ist das unrichtig, denn ihr technischer Sinn ist rein qualitativer Art und stellt nur einen Ersatz des Sinnes menschlicher Funktionshandlungen dar. Der quantitative Sinn wird der Maschine allein aus wirtschaftlichen Gründen beigelegt, und das gelingt um so eher, als die Maschine kein fühlendes Wesen ist und der Mensch daher überzeugt sein kann, sie ohne Gewissensbisse ausnützen zu dürfen, sofern nur — und hier entscheiden wieder allein Rentabilitätsgründe — das Material die Beanspruchung aushält. So gelangen wir zu der heute sehr verbreiteten Auffassung der Technik als Magd der Wirtschaft, als unermüdliches Mittel zum Geldverdienen. Eine Auffassung, bei der die Qualität der Leistung nur ein Weg zu möglichst großer Quantität ist, eine Auffassung, bei der es gleichgültig ist, was man fabriziert, wenn es nur genügend Absatz findet und damit Geld in den Beutel bringt, also auch, wenn ein selbst schädlicher Bedarf künstlich hervorgerufen werden kann.

Zweifellos gibt die billige Massenanfertigung — dieses Charakteristikum des Maschinenzeitalters — der doppelten oder dreifachen Menschenmasse als ehedem Existenzmöglichkeit. Allein diese Massenanfertigung ist auch insofern kein selbständiger Faktor, als sie ganz und gar vom menschlichen Erfindergeist abhängt. Er ist es, der die Art und Menge der Erzeugnisse dadurch bestimmt, daß er das Bedürfnis nach seinen Leistungen erweckt. Ist der Bedarf an diesen oder jenen Leistungen z. B. gedeckt, so wäre zweifellos die Existenzmöglichkeit vieler Arbeiter wieder in Frage gestellt, wenn nicht der menschliche Erfindergeist als regulatives Prinzip neue Leistungen auf den Markt brächte, die wieder neue Beschäftigungsmöglichkeiten eröffnen. Dasselbe gilt für die Verdrängung früherer Leistungen durch solche, die dem Streben nach bestmöglicher Gestaltung der Funktionsgedanken mehr entgegenkommen. Hier wie dort müssen sich die arbeitenden Menschen bzw. Maschinen sowohl hinsichtlich der Qualität wie auch hinsichtlich der Quantität der Erzeugung den Forderungen der neuen technischen Erfindungen anpassen, sofern diese wirklich einen Fortschritt bedeuten. Eine Anpassung, die mit Naturnotwendigkeit erfolgt und die somit eine tiefe Analogie zu der Anpassung der Lebewesen an ihre natürliche Umwelt darstellt.

Nun ist es zweifellos ein Charakteristikum unserer Zeit, daß sich heute der menschliche Erfindergeist sehr häufig allein vom geldwirtschaftlichen Massenprinzip statt vom Willen zum Gemeinschaftsdienst bestimmen läßt, daß er zahllose Erzeugnisse auf den Markt wirft, für die kein eigentlicher Bedarf besteht. Hier wird das Bedürfnis durch zahlreiche Suggestionsmittel künstlich erregt, nur damit Erfinder und Erzeuger daran verdienen können. Dieses Verhalten widerspricht zweifellos dem technischen Prinzip ökonomischen Gestaltens, da hierdurch zahlreiche technische Leistungen hintenangestellt werden, die zwar weit weniger „abwerfen" würden, aber dem eigentlichen Zweck der menschlichen Technik im engeren Sinne, dem menschlichen Leben die möglichste materielle Freiheit gegenüber den Widerständen der natürlichen Umwelt zu verschaffen, mehr entsprechen würden. Ja, dieses Verfahren der Markterzeugung, das den Sinn der Erzeugung, der technischen Leistung dem Handel, dem Händlergeist unterordnet, widerspricht direkt dem Lebenssinn der menschlichen Technik. In dem hier zum Ausdruck kommenden Geiste liegt auch einer der wesentlichsten Gründe, warum heute die Technik vom kulturellen Standpunkt aus mit einem Odium behaftet ist, das ihrem reinen, unverfälschten Wesen von Rechts wegen niemals anhaften könnte. Denn dieser dem Weltsinn der Technik entgegengesetzte händlerische Geist erhebt das Mittel zum Selbstzweck, löst die Qualität in Quantität, die Form in Stoff auf und begründet die Tyrannei der Zahl. Die technische Leistung wird hier nur vom Handelsstandpunkt gewertet oder verfällt dem Rekordteufel oder erscheint als Mittel, nicht zur Sicherung und Entfaltung des menschlichen Lebens, sondern zu seiner Vernichtung; sie dient nur dem Zwecke der Kapitalhäufung ohne Rücksicht auf den Schaden für die Menschheit und widerspricht damit dem reinen Sinn der Technik als einer Helferin der Menschheit zur Erleichterung ihres Daseins.

Nicht zum wenigsten ist es Aufgabe gerade des Technikers, der entgegengesetzten geistig-seelischen Einstellung wieder zum Siege zu verhelfen, die nicht nur der Planmäßigkeit und Zielstrebigkeit der Natur, sondern auch dem vernünftigen Selbstbewußtsein allein gemäß ist. Auch an ihm liegt es, allgemein zu verlebendigen, daß sich die Technik zur Wirtschaft, wie die Qualität zur Quantität verhält und daß die Masse, insonderheit auch des Geldes, keine qualitativen Leistungen zu erzeugen vermag. Diese Leistung war da, ehe es den Begriff des Geldes gab, und es gilt wieder die Ehrfurcht vor der Leistung, die das Gelddenken vernichtet hat, allgemein zu verlebendigen. Wir existieren nicht ohne diese qualitativen Leistungen, die uns die Natur in all ihren Erscheinungen offenbart, im Zusammenwirken der Milliarden von Zellen zum menschlichen Organismus nicht minder wie in der unermeßlichen Mannigfaltigkeit der Bau- und Funktionsgedanken unserer Umwelt. Nicht das Geld, sondern allein die qualitativen Leistungen, die der Mensch von Urbeginn an vollbringen mußte, um sich mit Hilfe seiner technischen Mittel, die selbst wiederum qualitative Leistungen sind, das Leben zu sichern und zu entfalten, haben einen eigenen Lebenswert.

Auch an dem Techniker liegt es, der charakteristischen Einstellung des Zeitgeistes zu begegnen, als sei die Leistung nur das Mittel zum Gelderwerb, als entspräche es dem Sinne der Technik, daß die Quantität die Qualität, der Stoff die Form beherrschen. Auch an ihm liegt es, diese Wendung vom Leben zum Unleben, vom Organischen zum Mechanischen, diese Umkehrung der natürlichen Ordnung zu bekämpfen, um den eigentlichen Sinn seiner Berufstätigkeit wieder zu verlebendigen: nämlich dadurch Gemeindienst zu leisten, daß er der Menschheit die technischen Hilfsmittel für ihre fortschreitende Unabhängigkeit von den Widerständen der physischen Natur verschafft und dadurch der Sicherung und Entfaltung des menschlichen Lebens dient. Als Magd aber einer nur vom Gelddenken beherrschten Wirtschaftsordnung führt die Technik den Menschen in eine immer größere physische Abhängigkeit, führt sie ihn in den Sumpf des Materialismus, der leider das Wahrzeichen unserer Zeit ist.

Es ist leicht ersichtlich, daß sowohl der Charakter der Leistungen wie auch ihre Bewertung recht verschieden ausfallen, je nachdem sie der Dienststandpunkt oder Gewinnstandpunkt mitgestaltet. Der Dienststandpunkt ist derselbe, den auch die ganze Natur in ihren Leistungen zum Ausdruck bringt. Die Leistung des menschlichen Herzens steht z. B. ebenso im Dienste des Gemeinwohles, des Lebensganzen, wie etwa die Leistung der Sonnenenergie oder der Erdrotation oder des Technikers, der den Menschen mehr und mehr aus dem Sklavenzustand nur mechanischer Verrichtungen befreit, der ihm durch die Verkehrsmittel, durch die Hilfsmittel der Bodenbearbeitung neue Ernährungsquellen erschließt, neue Siedlungsmöglichkeiten schafft usw. Sind wir also in der Bewertung menschlicher technischer Leistungen an der Analogie orientiert, in der sie zu diesen oder jenen Funktionsleistungen der Natur stehen, die ja immer im Dienste eines höheren Ganzen wirksam sind, so werden wir auch in den technischen Leistungen des Menschen eine Fortsetzung der Planmäßigkeit und Zielstrebigkeit der Natur erblicken und sie darum auch durchaus positiv bewerten müssen. Hier stände auch — ebenso wie überall in der Natur, worauf wir noch zurückkommen — die Quantität, die Massenerzeugung, im Dienste des Qualitätsgedankens.

Anders verhält es sich mit den technischen Leistungen, deren Erzeugung und Absatz wesentlich nur vom Gewinnstreben diktiert werden. Hierfür besitzen wir keine Analogie in der Natur, denn es widerspricht der Naturordnung, die Qualität in den Dienst der Quantität zu stellen. Vielmehr verfährt die Natur gerade umgekehrt, stellt sie die ganze Welt der anorganischen Erscheinungen als Mittel und Werkzeug der organischen Welt der Lebensformen dar. Und ebenso ist ihr die Quantität eines und desselben Qualitativen ein wesentliches Mittel der Qualitätssteigerung. So streut sie z. B. verschwenderisch die Lebenskeime aus, um die Gattung, trotz dem Zugrundegehen zahlreicher Individuen zu erhalten und zu steigern, benutzt sie sowohl in der anorganischen wie in der organischen Welt die Quantität der Einzelformen, der Atome oder Zellen als ein Mittel, um zu differenzierteren Gestalten zu gelangen.

Wird nun die Erzeugung technischer Leistungen nur vom Gewinnstreben bestimmt, so brauchten die Erzeugnisse — sofern sie nur durch irgendwelche Mittel Absatz finden — dem Menschen keine wahrhafte Unterstützung als Gegenleistung für sein Geld zu gewähren Hier genügt es, den Menschen zu suggerieren, sie brauchten diese Erzeugnisse und wären anderfalls rückständig, nicht gesellschaftsfähig, nicht auf der Höhe der Zeit usw. Es bedarf wohl keiner Erörterung, daß wir heute mit derartigen technischen Leistungen überschwemmt werden. Hier ist es gerade auch eine Aufgabe für den Techniker, das Publikum über den Funktionssinn und den Wert der technischen Leistungen aufzuklären, es im eigenen Interesse dazu zu erziehen, daß es das Echte vom Unechten, das Erzeugnis, das wahrhaft und ehrlich dienen will, vom Spekulationserzeugnis unterscheiden lernt. Gerade die für das deutsche Volk so notwendige ökonomische Lebensgestaltung sollte uns hier bewußt machen, daß hier unendlich viel körperliche wie geistige — ja auch sittliche — Kraft sowie Material und Energie vergeudet werden, statt sie notwendigeren Mitteln und Zwecken nutzbar zu machen. Aber vielleicht gibt es kein anderes Mittel — auf jeden Fall kein radikaleres —, um im deutschen Volk wieder die Ehrfurcht vor dem eigentlichen Menschensinn aller technischen Leistungen, sei es der Natur oder des Menschen, zu erwecken, als seine drohende Verarmung. Diese zwingt uns unerbittlich auf die Bahn ökonomischer Lebensgestaltung, zwingt uns zur Anerkennung und Bewertung der Technik als Gemeindienst am ganzen Volke, zwingt uns, der Geldwirtschaft ihre natürliche Rolle als Dienerin und Wegbereiterin der wahrhaft gemeinnützigen technischen Leistung auch dort zuzuweisen, wo sie dieselbe kraft des herrschenden Händlergeistes mit der unnatürlichen Rolle einer Beherrscherin der Technik vertauscht hat.

Die für den hochkapitalistischen Zeitgeist charakteristische Auffassung der technischen Leistung nur als Mittel zur Rentabilität des Geldkapitals hat zweifellos auch einen starken Einfluß auf das Tempo technischer Neuschöpfungen und Verbesserungen. Für den Verdienststandpunkt sind die technischen Verbesserungen auf irgendwelchen Gebieten ein sehr wirksames Mittel der, wenn auch nur vorübergehenden, Marktbeherrschung. Gewiß liegt die Auswirkung des Verdienststandpunktes, die dem Wettbewerb neue Impulse gibt, durchaus in der Linie der fortschreitenden Entfaltung der Lebensmöglichkeiten. Und aller Kampf der Tradition gegen solche technischen Neuerungen, welche die Lebensmöglichkeit wahrhaft steigern, muß — wie das klassische Beispiel des Weberaufstandes zeigt — auf die Dauer erfolglos sein. Denn es ist im Grunde ein Kampf gegen die zielstrebige Schöpferkraft des Lebens selbst, das sich hiermit neue Möglichkeiten der Daseinsbehauptung schafft. Wohl aber wird, wie gesagt, das Tempo der technischen Umgestaltung durch die Auffassung der technischen Verbesserungen einzig als Mittel zum Gelderwerb künstlich derart forciert, daß sich die Lebenshaltung des Menschen nicht im gleichen Tempo den neuen Umweltsbedingungen anzupassen vermag. Daraus entstehen schwere Wirtschaftskrisen, die ganze Völker mit dem Untergang bedrohen. Kaum erfolgt die Anpassung an neue technische Bedingungen, so erweisen sich diese schon als „veraltet", als rückständig. Die Leistungsfähigkeit etwa von Maschinen und damit auch ihr Wert bleibt zum Teil unausgeschöpft. Damit wird die von den Maschinen zu verwirklichende Ersparung von Menschenarbeit zum Teil illusorisch.

Dennoch sollte man gerade im Hinblick auf den Charakter des Lebens diese Wertvergeudung nicht allzu tragisch nehmen.

Denn diese „veralteten“ technischen Vorrichtungen und Verfahren sind ja nicht Selbstzweck. Der Wert, der in den Maschinen als den Hilfsmitteln der Menschenkraft aufgespeichert ist, stellt ja keinen Wert an sich dar, sondern nur im Hinblick auf den Dienst an der Erhaltung und Entfaltung des menschlichen Lebens. Wenn nun Verfahren und Vorrichtungen diesen Dienst besser und ökonomischer zu verrichten vermögen, so soll man das Alte nicht halten wollen, auch wenn es noch leistungsfähig, an sich noch wertvoll ist. Auch im Leben der Natur geht vieles vorzeitig zugrunde und kann unausgeschöpft zugrunde gehen, weil es der Natur weniger um die individuelle Einzelerscheinung als um die Erhaltung der Art, überhaupt der Lebenseinheit höherer Ordnung zu tun ist.

Die technischen Umwälzungen sind ja auch meist nicht derartig einschneidend und vollziehen sich auch nicht so sprunghaft, daß nicht das Bisherige doch noch hier und dort — beispielsweise in technisch weniger fortgeschrittenen Ländern — nützliche Verwendung finden kann. Auch hier bildet sich ein Stufenreich von Möglichkeiten aus, vollzieht sich der Übergang vom Alten zum Neuen meist mehr in der Form der Evolution als der Revolution. Hier sollte insbesondere auch der Gedanke der nationalen Bedeutung neuer technischer Errungenschaften, die das Gewinnstreben immer wieder verwischt, mehr als bisher praktischen Schutz erhalten.

Gerade die Gegenwart und nächste Zukunft sind ja in technischer Hinsicht mehr ein Zeitalter der stufenweisen technischen Ausgestaltung, Vervollkommnung des errungenen prinzipiellen Neuen. Die ganz große Wendung vom Handwerk zum Maschinenzeitalter, das Aufkommen von Dampf und Elektrizität liegen ja schon hinter uns. Die Neuanpassung, die damals gefordert wurde, war unvergleichlich einschneidender und ist im tiefsten Grunde heute noch nicht vollendet. Anderseits drängt die Entwicklung auf eine grundsätzliche Reform des ganzen Wirtschaftsdenkens, insbesondere der Geldauffassung hin. Diese sich schon vorbereitende Reform wird ihrerseits die Grundlagen dafür schaffen, daß das Tempo der technischen Umgestaltung auf ein gesünderes Maß zurückgeführt wird. Denn dieses ungesunde Tempo, das besonders die mittleren und Kleinbetriebe bedroht, liegt, wie gesagt, nicht im Wesen der Technik selbst, sondern wurzelt in der herrschenden, am Gelddenken orientierten individualistischen Wirtschaftsauffassung.

* * *

Die Aufgabe der einzelnen technischen Funktionsformen, Gemeindienst zu leisten, erleben wir besonders instruktiv, wenn wir den Weg sehen, durch den auch die komplizierte moderne Technik noch mit den Urverrichtungen des vorgeschichtlichen Menschen verbunden bleibt, dem noch keine oder nur sehr unbeholfene Werkzeuge zur Verfügung standen. Dieser in der Geschichte der Technik zum Ausdruck kommende, vom menschlichen Erfindergeist selbst herbeigeführte Weg fortschreitender Arbeitsteilung läßt uns erkennen, daß die ursprünglich vom Menschen selbst, durch seine eigenen Organe als Werkzeuge vollzogenen Funktionshandlungen mehr und mehr von technischen Formen geleistet werden, die im Prinzip nur eine Hauptfunktion — wie schneiden, drehen, pressen, walzen — erfüllen. So erscheint die ursprüngliche organische Einheit menschlicher Arbeitsprozesse durch den Erfinderverstand gleichsam prismatisch in zahlreiche Einzelstrahlen gebrochen, von denen jede eine Sonderfunktion ausübt. Alle diese Strahlen müßten sich aber naturgemäß, nach dem Prinzip von Leistung und Gegenleistung, wieder im Menschen zusammenfinden und ihm das zurückgeben, was sie ihm in ihrer sinnvollen Tätigkeit an Leistungsarten abgenommen haben. Mit anderen Worten: der Mensch, der die technischen Leistungen ursprünglich in seiner eigenen Person alle vereinigte, ist auch der alleinige Zweck, auf den die zahlreichen Einzelleistungen der modernen Technik, auf den alle prismatisch zerlegten Strahlen als ihren gemeinsamen Brennpunkt oder Sammelpunkt hinzielen müssen.

Ist nun der Mensch oder, genauer charakterisiert, die möglichste materielle oder praktische Unabhängigkeit des Menschen von den natürlichen Widerständen der Außenwelt der Zweck der menschlichen Technik, diese selbst also nur Mittel, so erscheint hier die Natur wieder als Mittel der durch die Technik repräsentierten Mittel. Aber diese Mittelhaftigkeit der Natur gegenüber der Technik steht nicht in demselben Verhältnis wie die der Technik dem Menschen gegenüber. Die menschliche Technik erhält ihren Sinn erst dadurch, daß sie den menschlichen Zwecken dient. Die Natur aber besitzt ihren Sinn, auch ohne der menschlichen Technik zu dienen. Aber vielleicht erfüllt sie ihren Sinn zum Teil erst dadurch, daß sie auch der Entfaltung der menschlichen Technik dient? Wir können die endgültige Antwort auf diese Frage erst am Schlusse des Werkes geben, hier sei nur kurz auf die Art und Weise hingewiesen, in der die Natur unmittelbar dem technischen Schaffen dient.

Zunächst ist die sehr wesentliche Wahrheit anzumerken, daß die Natur den Charakter ihrer Dienste selbst bestimmt, daß sie in ihrem Dienen zugleich herrscht. Der technische Erfindergeist wie überhaupt der menschliche Verstand können von ihr schlechterdings nur solche Dienste verlangen, die ihren gesetzmäßigen Charakter zum Ausdruck bringen. Alle technische Umformung der uns sinnlich erfaßbaren Naturwirklichkeit ist keine Umgestaltung ihres Grundcharakters, sondern nur eine andersartige Kombination von Einzelerscheinungen der Natur im Rahmen der Gesetzmäßigkeit des Ganzen und der ihr gemäßen gesetzmäßigen Beziehungen aller Teile zueinander. Das Verhalten der vom menschlichen Erfindergeist kombinierten Teile zueinander ist also schon von vornherein in der Gesetzmäßigkeit der Natur festgelegt. Aufgabe der Techniker ist es, sich die Art dieser Gesetzmäßigkeit durch wissenschaftlich technische Überlegungen, durch das Experiment usw. klar bewußt zu machen.

Ja, wir können noch einen Schritt weitergehen und sagen: das menschliche Leben existierte gar nicht, wenn die Natur demselben nicht schon vor aller menschlichen Technik in der prinzipiell gleichen Richtung gedient hätte, wie sie in der Technik zum Ausdruck kommt. Der Grundcharakter dieser Richtung offenbart sich uns als das harmonische Zusammenwirken der Funktionsformen des menschlichen Organismus mit den Funktionsformen seiner natürlichen Umwelt. In diesem Zusammenwirken erscheint die anorganische Gesetzmäßigkeit der Natur als das technische Mittel zu den gesetzmäßigen Funktionshandlungen des menschlichen Organismus und ist so als Mittel den Zwecken des Lebens untergeordnet. Die Zwischenschaltung der menschlichen Technik zwischen der anorganischen Natur als dem natürlichen technischen Mittel und dem Menschen kann nun — sofern sie sinnvoll ist — offenbar nur die Bedeutung haben, diese technische Mittelhaftigkeit der anorganischen Natur für die Zwecke des menschlichen Lebens weiter auszunutzen, als es der (tierische) Naturzustand des Menschen ermöglicht. Diese weitere Ausnutzung ist an die Bedingung geknüpft, daß die instinktive oder unbewußt zweckmäßige Verwendung der mechanischen Gesetzmäßigkeit der Natur, wie sie der Mensch im Naturzustande zeigt, allmählich zu einer bewußt zweckmäßigen wird, wie sie eben der Mensch im Kulturzustande offenbart. Die Möglichkeit hierfür ist in der allmählichen Entwicklung des menschlichen Selbstbewußtseins gegeben, das sich in seinen zentrifugal, nach außen gerichteten Verstandeskräften das geeignete Organ für eine zweckbewußte Auseinandersetzung mit der Außenwelt schuf. Der analysierende Verstand, der „Geist" des Menschen im Unterschiede zur mütterlichen „Seele" löste allmählich den Menschen aus seiner instinktiven, gleichsam unbewußten kosmischen Verbundenheit, schuf das Gegenüber von Mensch und Außenwelt, Subjekt und Objekt und bereitete damit der willenlosen „Betrachtung" den Boden, die Schopenhauer mit Recht als das erste liberale Verhältnis des Menschen zu dem ihn umgebenden Weltall bezeichnet. Denn in dieser Betrachtung erkennt der Mensch sich selber als etwas Gesondertes, das der ganzen übrigen Welt gegenübersteht, wird er sich seiner selbst als eines Subjekts, eines Zentrums der Aktivität bewußt, erwacht der Erkenntnistrieb, das Sinnen und Suchen von Mitteln und Wegen, um auf dieses Gegenüber, auf die Welt im Sinne der Erhaltung eigener Lebensgesetzlichkeit bewußt einzuwirken, erwacht der Mensch als Baumeister seiner Welt.

Die natürliche Stellung der menschlichen Technik ist ihre Mittlerrolle zwischen den Zwecken der Natur und den Zwecken des Menschen. Da nun aber der Mensch sein vernünftiges Dasein als den Zweck der Natur, sein materielles, physisches Dasein als das allgemeine

Mittel zu diesem Zweck betrachtet, so ist es die Rolle der menschlichen Technik, dieses allgemeine Mittel in seinem ganzen Umfange und Gehalt praktisch wirksam zu machen. Die Natur stellt von diesem Mittel nur so viel freiwillig zur Verfügung, als zur Erhaltung des menschlichen Naturzustandes hinreicht. Dem menschlichen Geist aber ist es aufgegeben, die darüber hinaus in der Natur als Anlage, als Möglichkeit liegenden materiellen Mittel durch seine Schöpferkraft zu verwirklichen und so in den Dienst der menschlichen Zwecke zu stellen. Diese Tatsache, daß die technischen Gebilde und Vorgänge ihrer Anlage nach schon in der gesetzmäßigen Struktur der Natur liegen, führt zu der allgemeinen Forderung, daß die technischen Gebilde wie ihre Herstellungsprozesse bei aller Freiheit in der Kombination natürlicher Elemente oder Gesetzmäßigkeiten mit den Bau- und Funktionsgedanken der Natur in Einklang stehen müssen. Diese Forderung, die insbesondere die Unterordnung des Mechanischen unter das Organische zum Ausdruck bringt, besitzt für uns den Charakter innerer Notwendigkeit, weil sie zugleich auch die Forderung unserer eigenen Organisation ist. Ihre Nichterfüllung zeigt sich als Widerspruch des einseitigen, seine Leistung als Selbstzweck darstellenden menschlichen Verstandes gegen die Planmäßigkeit und Zielstrebigkeit der Naturordnung überhaupt und führt damit — wie wir im Verlauf dieser Erörterungen noch näher sehen werden — zur Beschränkung oder zum Verlust der Kulturmöglichkeit. Denn die Naturordnung im metaphysischen Sinne ist die einzige wirklich tragfähige Grundlage der Kulturordnung. Steht das Gebäude der Kultur im Widerspruch zu den Forderungen seines Fundamentes, so muß dieser Widerspruch behoben werden, andernfalls droht der Einsturz, der Verfall des Gebäudes der Kultur.

2. Zur Philosophie der organischen und mechanischen Technik.

Die Tatsache, daß die menschliche Gestaltungskraft — das Können im Unterschied vom Wissen — die Technik und die *Kunst* gleichermaßen charakterisiert, veranlaßte bekanntlich das Griechentum, beide Gestaltungsgebiete in demselben Begriff „τεχνη" zusammenzufassen. So wurde denn auch Dädalus von den Griechen zugleich als Erfinder der schönen wie der nützlichen Künste verehrt. Auch Plato macht hier keinen Unterschied, wenn er erklärt: „Auf die Idee hinschauend, verfertigt der Tischler seine Bettstelle, der Künstler sein Werk." Auch heute werden wir gewisse Beziehungen zwischen Technik und Kunst nicht ableugnen können, mögen diese beiden Gestaltungsgebiete in ihrer Eigenart auch noch so erschöpfend gegeneinander abgegrenzt werden. Schon die Mittelstellung des Kunsthandwerks weist darauf hin, ganz abgesehen davon, daß auch jede reine Kunst ohne eine gewisse Technik undenkbar ist.

Es liegt nun im Wesen aller technischen Gebilde, daß ihrer Entstehung die Vorstellung bestimmter nützlicher Zwecke vorausgeht, denen sie als Mittel dienen sollen. Sie haben die bestimmte Aufgabe, das Amt, die Funktion, kraft ihrer Wesensgestalt die Erfüllung der vorgestellten Zwecke zu ermöglichen. Dieses gemeinsame Charakteristikum aller technischen Gebilde läßt nun die technische Gestaltung gegenüber der künstlerischen deshalb als die *primärere* erscheinen, weil sie als Ausdruck der lebensnotwendigen Auseinandersetzung des Menschen mit der Außenwelt unmittelbar der Lebenserhaltung dient. *Alle künstlerische Betätigung entspringt aber, psychologisch gesehen, dem Bewußtsein einer gewissen Sicherung des Lebens, einer zeitweilig möglichen Entspannung der dem Daseinskampfe sich widmenden Kräfte, dem Lebensgefühl der gesicherten Freiheit.*

Diese Sicherung der materiellen, auf die Erhaltung des physischen Organismus gerichteten Freiheit ermöglicht aber erst die Technik des Lebenskampfes, deren Ursprung keineswegs erst durch die primitivsten Werkzeuge gekennzeichnet ist. Sie kommt vielmehr bereits in alledem zum Ausdruck, wie der menschliche Organismus seine eigenen Organe, etwa die Hand — dieses Werkzeug der Werkzeuge, wie Aristoteles sie nannte —, als Mittel zu technischen Leistungen gebraucht. Der wilde Mensch im Naturzustande, der einen rohen Stein oder Baumast ergreift, um sie seinem Angreifer als Waffe entgegenzuschleudern, unterscheidet sich hierin nicht im geringsten vom Affen, der dasselbe tut. Wohl aber unterscheidet er sich von ihm, wenn er für denselben Zweck besonders geeignete Steine zielbewußt und zugleich vorsorglich auswählt und noch mehr, wenn er ihnen eine für diesen Zweck geeignete Form zu geben sucht und sich so erstmalig als der „Werkzeugschaffende" offenbart, wie Carlyle den Menschen im Unterschied zum Tier charakterisiert. Liegt so die menschliche Technik vor aller Gestaltung besonderer technischer Gebilde schon im instinktiven Gebrauch alles dessen gegründet, was die eigene Natur und die der Umwelt an natürlichen Werkzeugen zu bieten vermöchten, so werden wir ihr um so mehr die Priorität gegenüber der menschlichen Kunst im eigentlichen Sinne zuerkennen, als hiernach der Ursprung der menschlichen Technik in der Organisation der Natur überhaupt wurzelt.

Aber noch eine andere Überlegung weist auf die Priorität der Technik gegenüber der Kunst hin. Alle Technik ist immer nur Mittel und Weg zur Freiheit, alle Kunst aber ist Selbstzweck und Ausdruck der Freiheit selbst. Das Mittel geht aber dem Zweck, der Weg dem Ziel, zu dem er hinführt, notwendig voraus. Der bildende Künstler kann der technischen Grundlagen des Handwerks nicht entbehren, ja, zweifellos hat alle bildende Kunst ihren unmittelbaren Vorläufer im Kunsthandwerk, und dieses wiederum wurzelt im reinen oder technischen Handwerk, das aber auch schon die organischen Beziehungen zwischen der beseelten Hand und ihrem Werk verkündet. Die beseelende Hand stellt um so mehr eine organische Verbindung zwischen Kunst und Technik her, als die Technik des Altertums wie auch noch unseres Mittelalters im Grunde nur Handwerkstechnik war und anderseits die Kunst der Hand von der technischen Leistung der Hand untrennbar ist. So gibt uns auch die Geschichte der mittelalterlichen Baukunst zahlreiche Beispiele dafür, wie die Begriffe Kunst und Handwerk noch zu dieser Zeit durchaus fließende waren, ineinander kontinuierlich übergingen und wie insbesondere auch der seelische Kontakt zwischen dem gesetzgebenden Künstler und dem ausführenden Handwerker ein sehr inniger war.

Wie schon angedeutet, prägt sich aber auch im ausführenden Handwerk nicht nur die Möglichkeit, sondern die organische Notwendigkeit einer gewissen Beseeltheit der Leistung aus. In jedem technischen Vorgange oder Erzeugnis, bei denen die menschliche Hand die „Führung" hat, offenbart sich uns das organische, rational, mathematisch unfaßbare Leben dessen, dem die Hand als integrierender Bestandteil seines Lebensganzen gehört. Dieser in zahlreichen Gradabstufungen zutage tretende organische Charakter reiht das in weitestem Sinne aufzufassende Handwerk in die Kategorie der individuellen Leistungen oder der „Handlungen" ein. Der vom Begriff der Hand abgeleitete Begriff der Handlung weist auch dann immer auf Leistungen hin, die in organischer Beziehung zum menschlichen Leben stehen, wenn die Handlung — etwa eines Schauspiels — nicht mehr die unmittelbare Beziehung zur Hand offenbart wie im Handwerk.

Im Gegensatz zu den unterschiedlichen individuellen Leistungen oder Handlungen verstehen wir unter den typischen solche Leistungen, welche durch ihre Gleichartigkeit, Gleichförmigkeit gekennzeichnet sind, wie denn ganz allgemein das Typische der Repräsentant des Gleichartigen ist. Das Sprechen ist z. B. keine nur individuelle, sondern eine allgemeine und als solche eine typisch-menschliche Leistung. Allein alle solche organischen typischen Handlungen oder auch Merkmale existieren im Grunde nur im klassifizierenden Begriff, sind rationale Abstraktionen von der immer individuellen Lebenswirklichkeit. Denn sobald wir dieses allen Menschen gemeinsame Sprechen in der Wirklichkeit aufzeigen, somit näher charakterisieren wollen, müssen wir es notwendig individualisieren, d. h. die Art der Sprache und die besondere Sprechweise des Sprechenden selbst charakterisieren. Das organisch Typische ist also immer nur ein begriffliches Verständigungsmittel, um Analogien der Erfahrung als solche durch einen gemeinsamen Begriff zu kennzeichnen.

Im Unterschied zur organischen, typischen Handlung oder Leistung zeigt sich die mechanische typische Leistung, der mechanische Vorgang niemals als unmittelbare Ausdrucksform des organischen Lebens, sondern kündet unmittelbar immer nur die anorganische Gesetzmäßigkeit. Diese zeigt sich z. B. in der Mechanik der Himmelsbewegungen, in den Gesetzen des freien Falles und der schiefen Ebene, in der Umwandlung der Energieformen ineinander, kurz, in allen mechanischen Vorgängen, die als solche mathematisch faßbar, berechenbar sind, also keinen Freiheitsgrad haben, der sie der Berechnung oder Wiederholbarkeit durch das Experiment prinzipiell zu entziehen vermöchte. Der hier allgemein geltende Grundsatz lautet etwa: Sind die Bedingungen eines anorganischen Systems genau erkannt und mathematisch festgelegt, so wird seine Leistung auch die und die mathematisch exakt berechenbare Form zeigen. Hat das System eine bestimmte Leistung zu vollbringen, die von ihm zugleich wiederholt werden soll, so wird diese Leistung auch genau in der gleichen Form wiederholt werden, sofern sich die Systembedingungen nicht geändert haben. Ein solches errechenbares anorganisches System kann als Vorbild für andere gleichartige Systeme dienen, welche genau die gleichen Bedingungen erfüllen. In diesem Falle ist die Form und Leistung dieses Systems typisch, stellen die ihm nachgebildeten Systeme denselben Typus dar. Solche typischen Leistungen vollbringt nun, im Gegensatz zum Handwerk das Maschinenwerk. Freilich wird auch hier die Wirklichkeit individuelle Unterschiede der anorganischen Typen registrieren können, aber praktisch sind sie im Vergleich zu den individuellen Unterschieden innerhalb der organischen Typen belanglos.

* * *

Kehren wir nach diesem ersten Hinweis auf den unterschiedlichen Charakter der handwerklichen und maschinellen Leistung zur Handwerkstechnik zurück. Ihre Bedeutung für die Erhaltung, Festigung, Verlebendigung des Persönlichkeitsbewußtseins wird uns gerade im Maschinenzeitalter alle jene Bestrebungen begrüßen lassen, die — unbeschadet der ökonomischen Gestaltung technischer Prozesse — darauf hinzielen, der persönlichen Initiative des Arbeiters mehr Spielraum zu gewähren. „Nicht jeder Hammerschlag, nicht jeder Feilstrich, nicht jedes Maß kann vorgeschrieben werden;

wo immer ein Schöpferdrang sich betätigt, da hebt er auch den Menschen und steigert seine Persönlichkeit[1])." Es liegt nahe, hier nach Mitteln und Wegen zu suchen, welche diese Verlebendigung oder Festigung des Persönlichkeitsbewußtseins nicht der zufälligen Konstellation der Umstände überlassen, sondern planmäßig auf eine Organisation des Persönlichkeitsbewußtseins hinzielen. Die Möglichkeit hierfür ergibt sich zum Teil sogar aus der Tendenz des Maschinenzeitalters selbst, die dahin geht, dem Menschen seine mechanischen Leistungen mehr und mehr abzunehmen und sie auf die automatisch arbeitenden Maschinen zu übertragen. Wir kommen auf diese Tendenz — der ja u. a. auch das im allgemeinen stark entwickelte Persönlichkeitsbewußtsein des Kraftwagenführers, dieses charakteristischen Repräsentanten unserer Zeit, entspricht — noch im Zusammenhang zurück. Allein letzten Endes vermöchte nur die ethische Durchdringung der technischen Leistungen eine radikale Wendung vom heutigen Massenbewußtsein zum Persönlichkeitsbewußtsein herbeizuführen und in dieser Richtung vom Mechanischen zum Organischen den Weg zu neuer Kulturmöglichkeit zu weisen. Aus dem Milieu der Technik selbst heraus vermögen wir zu diesem ethischen Standpunkt allein im Erlebnis des Weltsinnes der Technik zu gelangen, dessen Bedeutung darin liegt, daß er die Technik mit unseren kulturellen Werten, insbesondere auch mit dem religiösen Bewußtsein unmittelbar organisch verknüpft.

Das in der Handwerkstechnik zum Ausdruck kommende organische Verhältnis zwischen dem Schaffenden und dem Geschaffenen wird sich allgemein überall dort ausprägen, wo der Arbeitende im lebendigen Bewußtsein des Sinnes seiner Tätigkeit wirkt, wo er „im inneren Herzen spüret, was er erschafft mit seiner Hand." Die technischen Regeln, nach denen der Handwerker gestaltet, sind unmittelbare Erfahrungsregeln, die, aus erlebter Anschauung geschöpft, den Charakter, die Abfolge und Verbindung der einzelnen Arbeitsvorgänge und Materialien nicht durch Studieren, sondern durch Probieren festlegen und im Laufe der Generationen immer

[1]) Weihe: „Der Kulturwert der Technik". (Technik und Wirtschaft 1918.)

weiter vervollkommnen. Mag auch der Meister den Lehrling in seine „Kunst" einweihen, ihm seine Erfahrungsregeln bekanntgeben, so nützt dem Lehrling dieses Wissen wenig, wenn es nicht zu einem Können führt, das — wie im Meisterstück des Gesellen — selbst der betreffenden „Kunst" die Regel zu geben vermöchte. Denn das innerste Wesen all dieser praktischen Erfahrungsregeln erscheint nicht als ein Mechanismus, der ein für allemal feststeht, der von der individuellen Veranlagung (Geschicklichkeit usw.) abstrahiert und so von jedem Menschen restlos erlernt werden könnte. Sondern es liegt eben im Geheimnis des Könnens, daß es in seinen zahlreichen individuellen Schattierungen und Modifikationen etwas rational nicht restlos Erfaßbares darstellt, einer organischen Eignung zum Charakter der Leistung Ausdruck gibt und so immer einen Persönlichkeitswert besitzt. Es gab berühmte und unberühmte Glockengießer oder Schuhmacher oder Baumeister oder Schmiede usw., der erlernbare Mechanismus der Fertigungsregeln ihres Handwerks stand allen Genossen der gleichen Zunft zur Verfügung, aber trotzdem waren ihre Leistungen nicht gleichwertig, weil die schöpferische Persönlichkeit als Träger der Leistungen verschieden beanlagt ist.

Im Grunde verhält es sich heute genau so, und zwar im Hinblick auf alle diejenigen Leistungen, die nicht im mechanischen Sinne typisch sind, die wir in irgendeiner Hinsicht als Qualitätsarbeit bezeichnen. Mag es sich z. B. um Werkstatterfahrungen, wie beim Zeppelinbau, beim Bau der Ozeanriesen oder Schnellzugslokomotiven handeln, das „Made in Germany", das sie dem Auslande gegenüber in ihrer Unnachahmlichkeit kennzeichnet, immer deutet es auf den irrationalen, nicht erlernbaren Persönlichkeitswert hin, den alle Qualitätsarbeit ausprägt. Jedes bedeutsame Ingenieurwerk, etwa auf den Gebieten der Straßen-, Brücken- oder Kanalanlagen, der Siedlungstechnik usw., jede Fabrikanlage ist nicht allein errechnet, sondern legt zugleich Zeugnis von der Persönlichkeit seines Schöpfers ab.[1]) „Es gibt Stücke am Unterbau der Berliner Hochbahn", ruft Friedrich Naumann aus, „die in ihrer freien Wuchtigkeit besser wirken als Salo-

[1]) Als ein Beispiel aus jüngster Zeit sei nur die Unnachahmlichkeit des deutschen Zeppelinbaus genannt.

monis Sprüche." Und was hier, in der organischen Qualitätsarbeit die Persönlichkeit von sich der Leistung mitteilt, das wirkt wiederum von der Leistung auf die Persönlichkeit zurück. Das Werk lobt den Meister, klärt und festigt sein Standesbewußtsein sowie das Gefühl seines ureigensten Wertes.

In dieser Selbstdarstellung des Schaffenden, Gestaltenden erhält alle Arbeit, alle Leistung ihren eigentlichen Lebenssinn und alle Philosophie der Arbeit muß hierin den zentralen Kern sehen, aus dem sie ihre Vergleiche zwischen dem Seienden und dem Seinsollenden entwickelt. Denn der „Anthropromorphismus", den der entwurzelte, rationale Geist der objektiven exakten Wissenschaft so oft verspottet hat, ist für unser Denken, Werten und Handeln, ist für unser Leben im ureigentlichsten Sinne innerste Notwendigkeit. Wir sind das Subjekt unserer Leistungen, der Baumeister unserer Welt, unser Kopf und unsere Hand, unsere Sinne sind es, die sich mit der Außenwelt auseinandersetzen, sie erkennend, wertend, handelnd meistern und umgestalten. Die Welt ist für uns ein sinnloses Chaos von Empfindungen ohne unsere Organisation, die ihr erst Sinn und Gestalt gibt, die sie anthropomorphisiert. Leben als Zentrum der Aktivität ist nichts anderes als Sinngebung des an und für sich Sinnlosen, Belebung, Beseelung des an und für sich Leblosen. So wie aber die leblosen Gegenstände nicht mehr in dieser organischen Abhängigkeit von unserem Leben stehen, sondern umgekehrt unserem Leben erst seinen Sinn geben wollen, es beherrschen statt von ihm beherrscht zu werden, gehen wir den Weg vom Organischen zum Mechanischen, vom Leben zum Tode, verliert das Leben als der Sinngeber seinen Ursinn, der nicht nur dem Menschen, sondern allen Lebensformen eigentümlich ist.

Wir besitzen also ein organisches Verhältnis zu den technischen Leistungen, wenn unser Denken, Werten und Handeln, wenn unser Wissen und Können dieselben geistig-seelisch beherrscht. Umgekehrt ist unser Verhältnis zu den technischen Leistungen ein mechanisches, wenn unser Denken, Werten und Handeln, wenn unser Wissen und Können von den Gegenständen beherrscht wird. Nun kommen alle diejenigen technischen Arbeitsmittel und Leistungen, welche die unmittelbare menschliche Gestaltungskraft unterstützen, im allgemeinen auch einem lebendigen organischen Verhältnis des Menschen zu seiner Arbeit entgegen. Denn diese Unterstützung entspricht der Lebensgesetzlichkeit, aus der heraus der Mensch erkennt, wertet und schöpferisch gestaltet. Das Fernrohr oder das Mikroskop unterstützen die Sehkraft unserer Augen und steigern damit die auf der Anschauung beruhende menschliche Erkenntnisfähigkeit. Die Geschichte der Technik der Musikinstrumente — z. B. die Entwicklung der heutigen Orgel aus der antiken Wasserorgel, des Klaviers aus dem Clavicord, das wieder das antike Monocord zur Grundlage hat — ist ebenfalls ein instruktives Beispiel dafür, wie die menschliche Ausdrucks- und Gestaltungskraft durch technische Leistungen in früher ungeahntem Maße erweitert und gesteigert werden kann.

Das organische Verhältnis zwischen dem Schaffenden und Geschaffenen zeigt sich aber nicht nur in der dienenden Unterstützung, welche die Werkzeuge unserem Erkennen, Werten und schöpferischen Handeln gewähren, sondern das Geschaffene übt auch seinerseits einen erzieherischen Einfluß auf uns selbst aus. Dieser Einfluß kommt in der Technik ganz allgemein darin zum Ausdruck, daß der gesetzmäßige Charakter des Materials, wie überhaupt die anorganischen Erscheinungen und Vorgänge, die ja die sachliche Quelle technischer Leistungen bilden, zum Wirklichkeitssinn und zugleich zum Verantwortlichkeitsbewußtsein erziehen. Wir können hier nicht unserer Willkür folgen, sondern diese objektive Gesetzmäßigkeit fordert uns auf, sie zu studieren und ihr gemäß zu handeln. Denn nur dadurch erlangen wir die innere Freiheit, die anorganische Welt zu beherrschen, daß wir ihre Gesetzmäßigkeit auch für uns zum Gesetz machen, denn ohne freiwillige Anerkennung der Gesetzmäßigkeit gibt es keine wahre Freiheit, sondern nur Willkür. So erkennen wir letzten Endes in der Gesetzmäßigkeit der Außenwelt auch unser eigenes Wesen und es liegt eine tiefe Wahrheit darin, die uns in anderem Zusammenhange noch beschäftigen wird, wenn der Mystiker

Ekkehard ausruft: „Der Mensch holt aus der ganzen Natur sich selbst zusammen."

Dieses Einbeziehen der Außenwelt in das eigene Sein und Werden tritt selbstverständlich um so reiner zutage, je mehr der Mensch selbst über den Charakter seiner Leistungen, seiner Auseinandersetzung mit der Außenwelt zu verfügen und so sich selbst in ihnen zu finden vermag. Die umgekehrte Erscheinung der rein passiven mechanischen Abhängigkeit der menschlichen Leistungen von den Vorgängen der Außenwelt kann zweifellos diese erzieherische Wirkung nicht ausüben. Denn hier übernimmt ja allein die Außenwelt die Verantwortung für die Leistungen und muß so das Persönlichkeitsbewußtsein um so mehr untergraben, je zwangsläufiger sich die von ihr bestimmten mechanischen Leistungen des Menschen abwickeln.

Im selbständigen Handwerk hingegen ist auch mit Maschinenbetrieb noch der ursprüngliche schöpferische Sinn der menschlichen Technik lebendig, wie ihn der griechische Begriff der Technik vermittelt, der deshalb keine prinzipielle Scheidung zwischen Handwerk und Künstler kennt, weil letzten Endes auch der Handwerker ein Künstler und der Künstler ein Handwerker sein muß, der irrationale Charakter des organischen Lebens sich in beiden ausprägt. Chronologisch betrachtet ist das Handwerk gleichsam der Prototyp des organischen technischen Schaffens, das aber über diese Handwerkstechnik im engeren Sinne weit hinausweist und letzten Endes alle in technischer Hinsicht schöpferische Tätigkeit, also alle technischen Leistungen in sich begreift, die über die rein mechanische Anwendung allgemein erlernbarer Verrichtungen hinausgehen, die irgendwie den menschlichen Schöpfergeist, seine rein persönliche Initiative offenbaren, also von der Lebensgesetzlichkeit des Schaffenden bestimmt werden.

So sind in erster Linie alle technischen Erfindungen gemäß ihrer erörterten Klassifizierung mehr oder weniger Ausdruck organischen technischen Schaffens. Aber auch alle konstruktiven Entwürfe neuer technischer Anlagen, die also prinzipiell schon bekannte Erfindungen praktisch anwenden, gehören in das Gebiet des organischen technischen Schaffens.

Hat doch auf Grund der immer wechselnden Umweltsbedingungen jede neue technische Anlage ihr individuelles Sondergepräge, und ihre Verwirklichung setzt organisatorische und kombinatorische, also in dieser ihrer ordnenden Tätigkeit schöpferische Kräfte der Persönlichkeit voraus. Jeder zeichnerische Entwurf, jedes Modell zeigt die organische Wechselwirkung zwischen Kopf- und Handarbeit und ist hierin Ausdruck organischen technischen Schaffens. Wie die Verwirklichung industrieller Betriebe das organische technische Schaffen zur Grundlage hat, so können diese auch in ihrem Fertigungsgang des handwerklichen technischen Schaffens nicht entbehren, wie dieses besonders instruktiv in der Schlosserei, Bau- und Möbelindustrie usw. zutage tritt. Handwerkliche Erfahrungen und Methoden werden überhaupt immer neben der wissenschaftlichen Technik eine Grundlage technischen Schaffens bilden, zumal eben die Maschine meist nur als Fortsetzung, weitere Differenzierung und Mechanisierung des früheren Handwerkszeuges verständlich ist. Und wie gesagt zeigt schließlich jede Möglichkeit die persönliche Initiative innerhalb technischer Vorgänge zu verwerten den organischen Charakter des technischen Schaffens an. Im weiteren soll die Notwendigkeit und Fruchtbarkeit dieses Begriffes noch weiter beleuchtet, insbesondere auch sein umfassender Sinn näher gekennzeichnet werden.

* * *

Es liegt, wie schon angedeutet, nahe, der organischen Technik die mechanische gegenüberzustellen und diese dort zu suchen, wo unser Verhältnis zu den technischen Leistungen ein mechanisches ist, d. h. wo unser Denken, Werten und Handeln, wo unser Wissen und Können von ihnen, von dem Wesen der Gegenstände beherrscht wird. Und zweifellos kommt gerade der eigentümliche Charakter der Maschine im Unterschied zum Werkzeug einem mechanischen Verhältnis des Menschen zu den technischen Leistungen entgegen. Die Maschine handelt gleichsam selbständig auf Grund einer ihr eigentümlichen Gesetzlichkeit, deren Auswirkungen in gar keiner inneren Beziehung zur Lebensgesetzlichkeit des Menschen zu stehen brauchen. Die Ausschaltung der physischen menschlichen Betätigung, der unmittelbaren oder mittelbaren, durch das Werkzeug unterstützten Handarbeit, ist eine Grundtendenz des Maschinenwesens. Dieser „Ersatz" der menschlichen technischen Leistung durch die Arbeit der Maschine läßt nun gerade den irrationalen, in der Lebensgesetzlichkeit des Menschen gegründeten Charakter der technischen Leistungen völlig verschwinden. Dasselbe gilt von der Differenzierung dieser menschlichen Leistungen. Alles das, was wir unter der unterschiedlichen Qualität, der Eignung und Geschicklichkeit des Menschen zu diesen oder jenen Leistungen begreifen und was sich im objektiven Charakter dieser ihrer individuellen Leistungen ausprägt, vermag selbstverständlich nicht in den Wirkungsbereich der Maschine einzugehen, würde ihrem mechanischen Wesen direkt widersprechen. Die Maschine vermag nicht ihren Leistungscharakter zu variieren, sie ist unfähig, individuelle Erfahrungen zu sammeln wie der Mensch es tut und auf Grund derselben ihren Leistungen ein anderes Gepräge zu geben. Sie besitzt nur bewegende Energie, keine bildende Kraft, wie sie die Lebensenergie im allgemeinen, die des Menschen im besonderen charakterisiert. Und diese bewegende Kraft ist im Grunde passiver Art, weil sie von außen in die Maschine hineingelegt ist und des äußeren Anstoßes bedarf, um genau in der wieder von außen her berechneten und bestimmten Richtung und Form zu wirken. Der ideelle Beweger bleibt auch hier der Mensch, allein er vermag mit der Maschine nicht seine bildende Kraft zum Ausdruck zu bringen, weil Mensch und Maschine keine organische Leistungseinheit von Geist und Materie künden, wie sie sich in den Beziehungen zwischen dem Menschen und seinem Werkzeuge ausprägt. Der wirkende Geist und die wirkende Materie sind hier voneinander isoliert, und will der Geist die Wirkungsweise der Materie bestimmen oder abändern, so muß er sich auf Grund dieser Isolation zuvor genau in dem Sinne in der Materie manifestieren, verkörpern, in welchem diese wirken soll. Wenn das Werkzeug gleichsam nur als Medium der unmittelbaren Lebenstätigkeit des Menschen fungiert, so zeigt es hierin eine tiefe Verwandtschaft zu den als Werkzeug dienenden Organen des menschlichen Organismus, insbesondere zur Hand als dem Werkzeug der Werkzeuge. Die Maschine hingegen dient nicht als ein derartiges Medium, ihre Beziehung zur menschlichen Lebenstätigkeit ist keine unmittelbare, sondern wird allein durch den in ihr materialisierten Geist des Menschen vermittelt, dem sie allein unmittelbar folgt. So vermag der Mensch mit ihrer Hilfe nur diejenigen, mathematisch genau festgelegten Absichten zu erreichen, die sein Geist vorher in sie hineingelegt hat. Diese Ausschaltung der unmittelbaren, aus sich heraus wirkenden schöpferischen Lebenstätigkeit des Menschen bei den mit Hilfe der Maschine vollzogenen technischen Leistungen offenbart den abgrundtiefen Zwiespalt zwischen dem Organischen und Mechanischen, erweist das Problem Mensch und Maschine als das kulturelle Grundproblem des Verhältnisses zwischen dem Organischen und Mechanischen. Die Lösung aber dieses heute so brennenden Problems kann — wie wir später noch sehen werden — in ihrer Wurzel nur von einem Bewußtsein aus erfaßt werden, das zuvor den allgemeinen sowie den spezifisch menschlichen Sinn des Verhältnisses zwischen dem Mechanischen und Organischen der Natur in sich erlebt hat.

Erscheint es so nicht als die Aufgabe der Maschine, die lebendigen organischen Kräfte des Menschen, die das Werkzeug ihrer eigenen Lebensgesetzlichkeit gemäß formen und handhaben, durch die errechenbare Wirkungskraft eines Mechanismus zu ersetzen? Allein wie könnte das Mechanische das Organische ersetzen, außer in dem, worin das Organische eben nicht organisch, sondern mechanisch ist und wirkt? Der Ersatz des Menschen durch die Maschine ist so im Grunde gar kein Ersatz der spezifisch menschlichen Leistungen, insbesondere nicht seiner schöpferischen Bildungskraft. Die Maschine vermag also den Menschen nur in seinen eben nicht spezifisch menschlichen mechanischen Wirkungsmöglichkeiten zu ersetzen. Sie vertritt gleichsam den Mechanismus, dessen sich jeder lebendige Organismus — nicht nur der menschliche — als Mittel und Werkzeug zu seiner Erhaltung und Entfaltung bedient. Ja, wir sind überhaupt erst vom Bewußtsein der mechanisch-physischen Leistungen der Lebensformen zum Begriff der mechanischen Leistungen der Maschine gekommen, nicht umgekehrt. Allbekannt ist z. B. der Vergleich des Nutzeffektes einer Kraftmaschine mit der Leistung von so und so vielen „Pferdekräften". Dieser Vergleich ist aber rein willkürlich und unzulänglich wie jeder Versuch, uns mechanische Vorgänge und Leistungen durch eigene Leistungsmöglichkeiten bildlich näher zu bringen. Ebenso gut oder schlecht könnten wir den Nutzeffekt einer Kraftmaschine mit der Leistung von so und soviel Menschen- oder Elefantenkräften vergleichen. Denn da der Mechanismus, dessen sich der lebende Organismus als Mittel zu seiner Erhaltung bedient, von dem jeweiligen Charakter der organischen Individualität abhängig ist, kann sowohl die Pferdestärke wie die Menschen- oder Elefantenstärke keine feststehende, sondern nur eine variable Größe sein. Will man also die mathematisch faßbare Leistung einer Kraftmaschine mit der mechanischen Kraftleistung eines Organismus, etwa der Pferdekraft, vergleichen, so muß man der letzteren erst willkürlich eine feststehende Größe zuerkennen. Dieser Akt ist wiederum nur dadurch möglich, daß man die mechanische Kraft des Organismus von ihrer Voraussetzung, dem individuellen Charakter ihres organischen Trägers loslöst und verselbständigt. So enthält der Begriff einer Pferdekraft, die der mechanischen Leistung von 75 Meterkilogramm in der Sekunde gleichgesetzt wird, kein einziges organisches Moment mehr, sondern erscheint als ein rein rechnerisches Symbol, das über die individuelle Leistung eines wirklichen Pferdes gar nichts auszumachen vermag.

So stellt jede Maschine im Unterschiede zur organischen Individualität einen mechanischen Typus dar, der nur ganz bestimmte einseitige und rechnerisch erfaßbare Leistungen verwirklicht. Und alle Vergleiche maschineller Leistungen mit den mechanischen Leistungen der Lebensformen, insbesondere des Menschen, haben die Zerstörung des irrationalen individuellen Verhältnisses zwischen Organismus und Mechanismus innerhalb der Lebensform zur notwendigen Voraussetzung. Das mechanisch Wirkende innerhalb des Organismus ist, wie gesagt, nur Mittel, dienendes Werkzeug des organischen Lebens, das sich selbst diesen Mechanismus seiner Erhaltung und Entfaltung schafft. Trennen wir diesen physischen Mechanismus innerhalb der Lebensform von seinem Träger und Beherrscher, dem organischen Leben, und betrachten wir ihn als ein gleichsam selbständiges Gebilde, so führt uns diese einseitige Einstellung zu der bekannten, schon von de Lamettrie vertretenen Auffassung des Menschen als Maschine.

Es ist nun zweifellos, daß der mechanisch-maschinelle Charakter menschlicher Betätigung, wie er sich nicht nur in der Sklavenarbeit der Antike ausprägte, oft als „nicht menschenwürdig" empfunden wird. Die Begründung solcher Verurteilungen trifft aber selten den Kern der Sache. Man begnügt sich häufig damit, aus einem dunklen Gefühl heraus zu erklären, der Mensch sei doch kein Tier, sondern zu etwas Höherem geboren. Der innerste und zugleich allgemeinste Grund der instinktiven Ablehnung einer rein mechanisch-maschinenmäßigen Betätigung des Menschen liegt nun in nichts anderem als im Charakter der Naturordnung überhaupt. Ihr gemäß stehen überall Mechanismus und Organismus, Unleben und Leben im Verhältnis von Mittel und Zweck, Werkzeug und Werk, dienendes und herrschendes Prinzip. Sofern nun der Mensch als Träger der schöpferisch bildenden Lebenskräfte in seiner Tätigkeit nur dem mechanischen Prinzip Ausdruck gibt, erscheint er selbst nur als dienendes Werkzeug, nicht als der Werkzeugschaffende, als Mittel, nicht als Selbstzweck. Man wird daher mit Recht dem Begriff der Sklavenarbeit eine weit allgemeinere Bedeutung als üblich zuerkennen müssen. Er erstreckt sich auf alle rein mechanischen Betätigungen, denen der Mensch, im Bewußtsein, hierbei nur Mittel und Werkzeug zu sein und im Gefühl der Autonomie seiner schöpferischen bildenden Lebenskräfte innerlich widerspricht. Wesentlich für die Charakterisierung einer mechanischen Betätigung als Sklavenarbeit ist also die Art der Einstellung des Menschen zu seiner Arbeit, nicht allein der objektive Charakter der Arbeit als solche. Für diese Charakterisierung ist es auch gleichgültig, ob und inwiefern eine Zeitlage diese Sklaventätigkeit für einen bestimmten Prozentsatz des Menschen als notwendig erscheinen läßt oder nicht.

Es liegt hiernach also durchaus **im Sinne der Naturordnung, wenn rein mechanische Leistungen des Menschen durch die Leistung von Maschinen ersetzt werden.** „Es soll allmählich", so forderte schon Fichte in seiner „Bestimmung des Menschen", „keines größeren Aufwandes an mechanischer Arbeit bedürfen, als ihrer der menschliche Körper bedarf zu seiner Entwicklung, Ausbildung und Gesundheit, und diese Arbeit soll aufhören, Last zu sein; denn das vernünftige Wesen ist nicht zum Lastträger bestimmt." Ja, wir können sagen: dieser Ersatz des Menschen durch die Maschine ist darum möglich und wirklich, weil er der Anlage nach schon in der Planmäßigkeit der Naturordnung liegt, weil das Maschinenwesen an und für sich als mechanisches Hilfsmittel des Menschen dem Sinn der Naturordnung entspricht. Auch hier wird ersichtlich — was ich des näheren im „Organischen Weltbilde" begründet habe —, daß sich die notwendige Richtung, ja der Sinn und Zweck der menschlichen Kulturgestaltung schon in den Bauideen und Funktionsgedanken der Natur enthüllt, daß dem Menschen im Grunde nichts anderes obliegt, als in seinem Erkennen, Werten und Handeln, in seiner Kultur, die Ideen der Natur schöpferisch nachzudenken.

Die Geschichte der Technik zeigt uns, daß die Entwicklung des Maschinenwesens nicht nur — den Menschen entlastend — die Quantität und Exaktheit mechanischer Leistungen in früher ungeahnter Weise gesteigert hat, sondern daß sie auch, auf Grund der Erfindungen und Entdeckungen, die Herstellung zahlreicher neuer technischer Gebilde ermöglichte, die als Mittel dazu dienen, den Bereich der materiellen Freiheit immer mehr zu erweitern und auszugestalten. Einen Begriff vom Umfange der Entlastung der Menschen durch die Maschine gibt z. B. die Vorstellung, daß an Stelle der Motorenkraft, die heute unsere Fabriken, Kraftwerke, Eisenbahnen, Dampfschiffe usw. bedient, mindestens zwei Milliarden Menschen ihr ganzes Leben lang pausenlos mit Drehen von Antriebsrädern, Heben und Schleppen von Lasten usw. zubringen müßten, um die gleiche Arbeitsmenge zu leisten. Da die Tagesleistung eines kräftigen Menschen im Höchstfalle 1½ Kilowattstunden ausmacht, die den Handelswert von kaum 5 Pf. besitzen, so erkennen wir auch hieran die relative Wertlosigkeit des Menschen als Quelle der mechanischen Energie.

Im Gegensatz hierzu steht der absolute unersetzbare Wert der mechanischen Energie des Menschen in der Antike, etwa zur Zeit des Baues der Cheopspyramide. Aber an der zu bewältigenden Gesamtleistung gemessen, wird auch damals der Wert des einzelnen Sklaven relativ nicht viel höher als gegenwärtig eingeschätzt worden sein. War doch die mechanische Leistung des einzelnen gegenüber dem erstrebten Gesamteffekt ziemlich belanglos. Der einzelne erhielt hier nur als Bruchteil der mechanischen Energie einer ungeheuren, im Gleichtakt wirkenden Gesamtmasse Mensch seinen bescheidenen Wert. Nach Herodot haben bei diesem Bau der Cheopspyramide zehnmal 10000 Mann drei Monate lang die Steine vom Gewinnungsort zum Nil gezogen, während die gleiche Anzahl das über den Fluß gebrachte Baumaterial zum Bauplatz schaffte. Dieselbe Sklavenmasse soll erst zehn Jahre an dem Wege gebaut haben, auf dem sie das Baumaterial zur Baustelle zog. Diese vom Handwerk erbaute Cheopspyramide hatte denselben Grundzweck, ein Schauspiel damaliger Leistungsfähigkeit zu bieten, wie es die moderne Pyramidenwelt des Eiffelturms darstellt. Allein während hier ein gleichsam masseloser architektonischer Monumentalbau nach allen Prinzipien der wissenschaftlich-technischen Ökonomie errichtet ist, der ca. 20000 zeichnerische Entwürfe als Vorarbeit benötigte, wirkte im Gegenteil dort im Grunde die gigantische Masse in der ganzen Wucht ihrer dem Mutterboden verhafteten Erdenschwere.

Als weiteres Beispiel vom Umfang der Ersatzmöglichkeit der mechanischen menschlichen Betätigung durch die Maschine erwähnen wir die Tatsache, daß es gegenwärtig in Europa mehr als 100 Millionen Spindeln gibt, welche die Arbeit von 1200—1500 Millionen primitiver Spinnerinnen — also der dreifachen Gesamtbevölkerung Europas — leisten. Zweifellos würde nun die große Entlastung der mechanischen Arbeitskraft des Menschen durch die Maschine eine bedeutende Verringerung der gesamten menschlichen Arbeitsintensität bewirken, wenn nicht jede neue technische Erfindung und die auf ihr beruhende maschinelle Massenanfertigung die Bedürfnisse der Menschen immer mehr erweitern und differenzieren würden. Die notwendige Befriedigung der menschlichen Bedürfnisse, die gleichsam Folgeerscheinungen des Bedürfnisses der neuen Erfindung, der neuen Maschinen nach Verwertung sind, schafft zahlreiche neue Arbeitsmöglichkeiten und ruft so zahlreiche neue Menschen auf den Plan. So hat sich die Gesamtarbeitsintensität, trotz Verdreifachung der europäischen Bevölkerung, im bisherigen Verlauf des Maschinenzeitalters keineswegs verringert. Im Gegenteil hat das Zeitalter der Maschine die Arbeitsteilung ins Ungemessene gesteigert. So werden — um nur ein Beispiel zu nennen — für die Fabrikation eines relativ sehr einfachen Gebildes wie es das Streichholz darstellt, 19 verschiedenartige Maschinen benötigt, die alle ihre besondere Bedienung erheischen.

Der allgemeinste Charakter dieser vom Wesen der Maschine bestimmten Arbeitsteilung zwischen Mensch und Maschine läßt sich — wie wir noch sehen werden — grundsätzlich dahin zusammenfassen, daß die Entlastung der physischen menschlichen Energie seitens der Maschine durch Belastung seiner geistigen Energie mehr und mehr kompensiert wird. Zur Zeit befinden wir uns jedoch noch in einem Übergangsstadium, das diesen vom Wesen der Maschine geforderten allgemeinen Grundcharakter der Arbeitsteilung zwischen Mensch und Maschine nur in den ersten Ansätzen zeigt. Charakteristisch für diese Übergangszeit ist einmal der Arbeiter als Handlanger, Sklave oder Werkzeug der Maschine, zum andern die weit allgemeinere Erscheinung der Beherrschung unseres ganzen geistig-seelischen Lebens durch das Maschinenwesen. Wir wollen zunächst hierauf kurz eingehen, um sodann in der Gegenüberstellung von Wissen und Können sowie in den Beziehungen zwischen geistiger und physischer Leistung die allgemeinsten Orientierungsmittel hinsichtlich der Unterschiedlichkeit des organischen und mechanischen technischen Schaffens kennen zu lernen.

* * *

Die für den herrschenden Zeitgeist charakteristische Mechanisierung des Lebens kann vom spezifisch menschlichen

Standpunkt aus nur als eine kulturelle Desorganisation bezeichnet werden. Ihr allgemeiner Grund kommt darin zum Ausdruck, daß der ungeheuer rapide Fortschritt in der Differenzierung der sachlichen Leistungen noch nicht die geistig-seelische Durchdringung, die organisatorische Beherrschung der gegenwärtigen Gesamtstruktur unseres technischen Wirtschaftslebens ermöglichte. Die fortschreitende sachliche Differenzierung führt ohne ihr Gegengewicht der geistigen Integration zu einer immer weitergehenden Lockerung der naturgemäßen Zusammenhänge der Einzelleistungen und damit zu ihrer Atomisierung. In dieser Atomisierung erscheint der Mensch immer mehr an die Einzelleistung gekettet und von ihr bestimmt und verliert um so mehr das Bewußtsein ihres Lebenssinnes für das Leistungsganze, als dieses Leistungsganze auf Grund des mangelnden inneren Zusammenhanges zwischen den differenzierten Teilen, auf Grund der mangelnden Über- und Unterordnung oder Zusammenfassung der Teile zu natürlichen organischen Einheiten praktisch gar nicht existiert.

Wie die Maschine stets einseitigen materiellen Zwecken dient, so ist die ganze heutige Organisation unseres technischen Wirtschaftslebens analog durch einseitige Zweckverbände charakterisiert, die einander in ihrer einseitigen Richtung auf Einzelzwecke notwendig auch widerstreiten müssen. Es liegt auf der Hand, daß ein derartiger, wesentlich nur die Differenzierung, nicht aber die Integration, die organische Zusammenfassung der differenzierten Teile betonender technischer Mechanismus in dem Widerstreit der Teile dem organischen Leben widerspricht, statt ihm zu dienen, wie es der Mechanismus tut, dessen sich die Lebensformen zu ihrer Erhaltung bedienen. Denn hier findet auch die größte Differenzierung doch immer die ihr entsprechende Integration, erscheinen die Einzelleistungen zu organischen Einheiten immer höherer Ordnung zusammengefaßt. Hier stehen die differenzierten Teile nicht als einseitige, das Gleiche isolierende, Zweckverbindungen in sachlichem Widerstreit zueinander, sondern wirken harmonisch zum Ganzen zusammen. Wie unendlich differenziert hinsichtlich der Mannigfaltigkeit seiner Funktionsformen ist doch der menschliche Organismus gegenüber der relativ einfachen Struktur des Einzellers! Allein diese ungeheure Differenzierung ergäbe keine organische Ganzheit, wenn sie nicht ihren Halt in der organischen Integration besäße. Diese organische Zusammenfassung, dieser innere Halt fehlt nicht nur dem technisch wirtschaftlichen Leben, sondern dem Lebensganzen des Volkes überhaupt in jeglicher Richtung. Darum herrscht heute gerade angesichts der ungeheuer sachlichen Differenzierung das Chaos des Verfalls und nicht die Ordnung des Kosmos. Aber vielleicht wird dieses Bewußtsein einmal Allgemeingut der geistigen Führer sein, daß die Organisation unseres eigenen Organismus die einzig wahre *universitas literarum* darstellt, deren praktische Anwendung auf das menschliche Zusammenleben eine Forderung ist, die in der Planmäßigkeit der Natur gegründet liegt.

Die einseitige Verfolgung der sachlichen Differenzierung, die in ihr liegende mechanische Verknüpfung des Gleichartigen zu einseitigen Zweckverbindungen charakterisiert nicht nur unser technisches Wirtschaftsleben im Großen, sondern findet auch im Arbeitsmilieu des Industriearbeiters ihr Abbild im kleinen. Die Spezialmaschine ruft die einseitige isolierte Zwecktätigkeit hervor und fordert die Atomisierung des früher organischen Arbeitsprozesses, seine Zerlegung in zahlreiche mechanische Einzelprozesse, die voneinander räumlich isoliert und durch die Zweckverbindung von so und so viel gleichsinnig wirkenden Maschinen repräsentiert werden. So wird der angelernte Arbeiter z. B. entweder in einer Stanzerei oder Fräserei oder Bohrerei oder Dreherei usw. beschäftigt oder kann diese isolierten mechanischen Verrichtungen in willkürlichem Wechsel absolvieren oder er nimmt sonst an allen möglichen industriellen Arbeitsprozessen durch Bedienung dieser oder jener Maschine teil, immer bleibt er jedoch nur dem isolierten mechanischen Einzelakt der Maschine verbunden.

Im Hinblick auf das Arbeitsproletariat findet die Atomisierung des technischen Wirtschaftslebens ferner einen charakteristischen Ausdruck in der inneren Berufslosigkeit des von der jeweiligen Marktlage abhängigen Gelegenheitsarbeiters. „Er kann sich z. B.", wie Sombart den amerikanischen Gelegenheitsarbeiter charakterisiert, „einen Monat lang als Erntearbeiter oder Holzfäller betätigen und im nächsten Automobile anfertigen. Hat er Wanderblut in den Adern, so kann er in einem einzigen Jahre folgende Berufe ausüben: an der pazifischen Küste Lachs- und Konservenbüchsen packen, dann Zement in einen Bewässerungsdeich in Idahoh gießen, in Minnesota Mehl mahlen, in Jowa Perlmutterknöpfe schneiden, in Ohio Eisen formen, in Jersey Seide und Gummireifen in New-England anfertigen." — „Die mehr und mehr bunt zusammengewürfelte Arbeiterbevölkerung unserer Industriezentren", bemerkt Hermann Weinreich[1]) hierzu, „und die vielfache Nivellierung zwischen Mann und Frau, jung und alt, sofern sie als Arbeitskräfte in Frage kommen, sind ebenfalls deutliche Anzeichen dieser Berufslosigkeit."

Der Wechsel der Betätigung bleibt in all den erwähnten Ausdrucksformen ein rein mechanischer, da er nicht die sinnliche und geistige Erlebnisbeziehung zum Werdegang eines bestimmten Erzeugnisses und zum Funktionscharakter dieses Erzeugnisses im Lebensganzen des Volkes zum Ausdruck bringt, da er den Arbeiter nicht im innersten Herzen spüren läßt, was er erschafft mit seiner Hand. Hier tritt gleichsam das ein, was im organischen Charakter der handwerklichen Technik als völlig sinnlos erscheinen würde: der Arbeiter säet ohne zu ernten, er pflügt das Feld ohne es zu säen, er schneidet das Leder zu, ohne es zum Gebilde des Schuhes zusammenzufügen usw. Das maschinelle Wesen beherrscht den Menschen, das Werkzeug den Werkzeugschaffenden, der Mechanismus den Organismus.

Diese Herrschaft tritt uns besonders instruktiv in den unter dem Namen Taylorismus oder Neu-Taylorismus bekannten Forderungen wissenschaftlicher Betriebsführung entgegen. Ihnen gemäß wird die menschliche Tätigkeit in industriellen Betrieben nach den gleichen Gesichtspunkten der Wirtschaftlichkeit geregelt und kontrolliert wie die Konstruktion und der Nutzeffekt maschineller, überhaupt industrieller Anlagen. Die Tätigkeit des Arbeiters folgt dem Charakter der Maschine, bei der jeder Freiheitsgrad, jede der einseitigen

[1]) „Bildungswerte der Technik". (VDI-Verlag, Berlin 1928.)

Zweckleistung nicht dienende, also überflüssige Bewegung oder Materialanhäufung nach Möglichkeit ausgeschaltet sind — im Unterschiede zu den ältesten Maschinen, die z. B. in ihrem rhythmischen Gang noch die Hand- und Armbewegungen der organischen handwerklichen Technik nachahmen. So läßt die älteste Hobelmaschine den Stoß des Handhobels durch die mechanische Kraft vollziehen, die ältesten Sägewerke zeigen noch heute in ländlichen Gegenden in der Gattersäge den Nachkommen der Handsäge. Der Rückgang dieser waage- oder senkrechten rhythmischen Bewegungen war nun zweifellos unökonomisch, da er keine zweckdienliche Leistung vollführte. So folgte der Übergang zu den für die modernen Maschinen charakteristischen kreisförmigen Bewegungen: an die Stelle der Gattersäge trat die Kreissäge, die aus der Handpresse hervorgegangene, mechanisch betriebene Schnellpresse wurde durch die Rotationsschnellpresse ersetzt usw. Max Kraft[1]) sieht daher mit Recht in der Maschine das zu Stoff gewordene Prinzip der Ökonomie. Mit den gleichen Augen betrachtet die wissenschaftliche Betriebsführung aber auch die technische Leistungsfähigkeit des Menschen, ist ihr Ideal der automatische Maschinenmensch, der keine Ermüdung, keine Nerven zeigt, der so konstruiert ist, daß er die einseitige isolierte Zweckleistung mit dem geringsten Aufwand an Kraft, Stoff, Raum und Zeit vollführt.

Wie die Massenerzeugung der unmittelbare, die Geldmasse der mittelbare Zweck dieses mechanischen Zusammenwirkens von Mensch und Maschine für den materialistischen Zeitgeist ist, so nimmt es kein Wunder, wenn die Arbeiterpsychologie von der Stoßkraft gleichartiger Arbeitermassen das Heil der Zukunft erwartet. Denn der Arbeiter lebt ja ganz und gar in einem Milieu, das die Prinzipien der mechanischen Gleichförmigkeit und der Masse charakterisieren. Dieser „anorganische" Charakter seines Arbeitsmilieus tritt uns in dem gleichförmigen Gang der Maschinen, in der Gleichförmigkeit der Leistungen des Arbeiters und des Charakters seiner immer nur Teilfunktionen darstellende Erzeugnisse entgegen, deren Endzweck er nicht übersieht, die

[1]) „Das System der technischen Arbeit" (Verlag Arthur Felix, Leipzig 1902).

somit nur in ihrer Massenhaftigkeit Eindruck machen. Der Arbeiter weiß es, daß diese in Geldmassen umgesetzten Warenmassen die Welt regieren. Er fühlt sich zum anderen in der Gleichförmigkeit seiner Leistungen und in den sonstigen Lebensbedingungen seinen Mitarbeitern verbunden und zieht den instinktiven Schluß, daß den gleichförmigen Massen nur durch ebenfalls gleichförmige Massen Widerstand geleistet werden kann. Und so „organisiert" er sich als Masse, unterliegt er in den Massen-Versammlungen der Massensuggestion um so eher, als seine monotone mechanische Tätigkeit die organischen Widerstände des Persönlichkeitsbewußtseins gegen dieses Massendenken mehr und mehr verschüttet und erstickt hat. So ist sein „Marxismus" weniger das Resultat einer wissenschaftlichen Überzeugung von der etwaigen Wahrheit der Marxschen Theorien, als vielmehr Ausdruck eines nur dumpf gefühlsmäßig bewußten Einklanges zwischen seiner vom Milieu bestimmten Denk- und Handlungsweise und dieser Theorie, die ebenso mechanisch-materialistisch ist wie sein eigenes maschinelles Dasein.

Jeder Schaffende muß notwendig mit seiner Leistung bestimmte Ziele erstreben. Entweder beglückt ihn die Vollendung seiner Arbeit, die ihm erst bewußt macht, was er geleistet, oder er sucht darüber hinaus die Anerkennung seiner Mitmenschen oder der Nachwelt oder aber — und das ist zweifellos das niedrigste Ziel der Leistungen — ihm ist die Leistung nur Mittel zum Gelderwerb. Diese rein mechanische Auffassung des Leistungssinnes steht in polarem Gegensatz zu der höchsten Form der organischen Auffassung der Leistung, die jede, auch noch so umfassende und weittragende persönliche Leistung doch immer nur als Dienst des Teils gegenüber einem höheren, ihm übergeordneten Lebensganzen betrachtet. Versetzt man sich im Hinblick hierauf in die Seele des Fabrikarbeiters, so erscheint sein Standpunkt, die Leistung einzig als Mittel zum Geldlohn zu betrachten, psychologisch durchaus verständlich, wenngleich natürlich nicht sittlich gerechtfertigt. Er schafft ja kein Werk im eigentlichen Sinne, das er selbst vollendet oder das sich wenigstens vor seinen Augen vollendet und dessen Sinn für das Lebensganze des Volkes ihm verdeutlicht würde, sondern er verrichtet nur etwas mechanisch an einem toten Material, dessen weiteres Schicksal ihm unbekannt bleibt. Auf diese Verrichtungen wird er auch um so weniger stolz sein, je mechanischer sie sind, je weniger sie den Stempel seiner persönlichen Leistung tragen. Daher wird ihm auch nicht an der Anerkennung seiner Leistung seitens seiner Mitarbeiter gelegen sein, die um so weniger eintreten dürfte, als diese einer analogen mechanischen Betätigung unterworfen sind. Auch die Anerkennung seitens des Unternehmers wird ihm zumeist fern liegen, einmal auf Grund des mechanischen Charakters seiner Leistungen und zum anderen, weil der Arbeiterschaft von Jugend auf eine Kampfstellung gegen das Unternehmertum eingeimpft wird und weil das durch die gleichen Daseinsbedingungen gefestigte Solidaritätsbewußtsein der Arbeiter die Auszeichnung einzelner nicht duldet. So ist es psychologisch verständlich, daß für den Arbeiter die Leistung keinerlei seelische Befriedigung gewährt, sondern daß sie ausschließlich durch ein Äquivalent gelohnt werden müsse, das dieser Leistung allein entsprechen kann, und das ist eben der ebenfalls rein mechanische Charakter des Geldes. Wo aber einzig der Lohn den Ansporn zu Leistungen bildet, weil der Mensch zu den Leistungen selbst kein inneres Verhältnis hat — oder auch umgekehrt, diese Wechselwirkung ist gerade für unsere Zeit sehr charakteristisch — tritt mehr und mehr die innere Berufslosigkeit in Erscheinung, die sich nicht nur beim Industrieproletariat findet, sondern ein ganz allgemeines Symptom des herrschenden Zeitgeistes ist. Besaß die Arbeit in der Auffassung des deutschen Seelentums stets auch einen sittlichen Wert, wurzelte die Leistung im Charakter der allein wertbestimmenden Persönlichkeit, so hat das Gelddenken im Laufe der Zeit die Arbeit mehr und mehr aus dem Persönlichkeitsgrund entwurzelt und sie analog zur Handelsware gestempelt, wie es den Besitz vom Eigentümer durch Zwischenschaltung der anonymen Aktie ablöste.

Wie stellt sich nun, vom spezifischen Industriearbeiterdasein abgesehen, die Beherrschung, die Mechanisierung unseres Lebens durch den Geist des Maschinenzeitalters dar? Wir können hier nur kurz auf die Hauptsymptome hinweisen, die sich jeder, dessen Denken einmal in dieser Richtung eingestellt ist, leicht selbst weiter ausgestalten kann. Wir treffen hier prinzipiell den gleichen materialistischen oder materialisierten Zeitgeist an, den die Arbeiterpsyche ausprägt, nur differenzierter, sublimierter und teilweise durch gesellschaftliche Formen maskiert. Der Triumphzug der naturwissenschaftlichen Entdeckungen und technischen Erfindungen hat nicht nur das äußere Leben gründlich umgestaltet, auch unsere geistig-seelische Innenwelt wurde von dem übermächtigen Ansturm neuer Sachwerte gleichsam überrannt und um so mehr überwältigt, als, wie gesagt, die ungeheure sachliche Differenzierung noch nicht die ihr gemäßen organischen, geistig-seelischen Zusammenfassungen zur Folge hatte, die ihr gegenüber der drohenden Atomisierung den inneren Halt zu geben vermöchten. Wohl zeigt sich schon hie und da die Reaktion der Persönlichkeit, der geistig-seelischen Innenwelt auf diesen uns beherrschenden Massenansturm der anorganischen Werte und ihres allgemeinen Symbols des Geldes, allein sie vermag diese, oft als „Amerikanisierung" bezeichnete Mechanisierung unseres Daseins vorerst nicht merklich im Sinne der Überordnung des organischen Lebens zu beeinflussen.

Die Beherrschung der Qualität durch die Quantität, der Persönlichkeit durch die Masse, des organisch Unberechenbaren durch das Berechenbare, die Zahl, die Nivellierung, Uniformierung der natürlichen Ungleichheiten usw. sind nur verschiedene Begriffe für ein und denselben typischen, im Maschinenwesen gegründeten *anorganischen Charakter unserer Lebenshaltung*. Unsere „Freiheit" wurzelt im demokratischen Gesetz der Gleichheit, das die Gleichförmigkeit des Maschinenganges und seiner Leistungen zum Vorbild hat. Der fortschreitenden Massierung des Geldes steht die Massierung entwurzelter Menschen gegenüber, deren „Kommunismus" im Grunde nichts anderes bezweckt, als diese beiden anorganischen Massen auf den gleichen Nenner zu bringen. Dieser Kommunismus erfaßt es nicht, daß das neue Leben, welches beide anorganischen Massierungen dadurch verneint, daß es die Geldmacht nur als Werkzeug der innerlich freien Persönlichkeit anerkennt, die natürliche Konsequenz des Widerstreits zwischen diesen beiden Massenprinzipien in der gegenseitigen Auflösung ihre Herrschaftsmacht erblicken muß. Denn anorganische Massen können aus sich heraus keinen Funken von Kultur, kein organisches Leben erzeugen, das vielmehr seinerseits die Massen als Mittel, als Rohmaterial benutzt, um in ihrer Organisierung, Beseelung sich selbst zu verkünden.

Die Zahl ist der Magier der Zeit, und was sich nicht berechnen, in Zahlen wiedergeben läßt, erscheint als Phantasterei, unwürdig des sachlich exakten Maschinenzeitalters. Das nervöse Hasten der Zeit, der Verlust jeder inneren Sammlung, dieses „Time is money" bedeutet nichts anderes, als das mechanische Sichanpassen an den Charakter der sie beherrschenden Maschinen, die keiner Sammlung, keiner Rast bedürfen, für deren Wirken im Gegenteil die pausenlose Unrast charakteristisch ist. Das auf allen Gebieten zutage tretende Streben des Menschen nach mechanischen Rekordleistungen wurzelt ebenfalls im Charakter der Maschine und zeigt zugleich eine der vielen Herrschaftsformen des mechanischen Massenprinzips. Mit der Leistungssteigerung der Technik hat dieses Rekordstreben um so weniger zu tun, je mehr hierbei die mechanische Leistung des Menschen und nicht der Maschine in Betracht kommt. Der Rekordwettlauf zweier Menschen unterscheidet sich seinem mechanischen Wesen nach prinzipiell nicht von dem Wettlauf zweier Automobile. Dieser Wettlauf hat aber einen berechtigten Sinn, denn die Maschine dient einseitig nur bestimmten physischen Leistungen, sie hat nur den einen Zweck und soll denselben in möglichst vollkommener Form erfüllen. Daher dient jedes maschinelle Rekordstreben der Prüfung der Leistungsfähigkeit und gibt die Mittel und Wege an, diese gegebenenfalls zu steigern. Hingegen bedeutet die auf den Rekord abzielende sportliche Konkurrenz zwischen menschlichen Organismen nichts anderes als die Anwendung des mechanistischen Prinzips der Maschine auf den Menschen, also die Beherrschung des Organischen durch das Mechanische. Und wenn — wie die Zeitungen meldeten — ein Fleischergeselle den Rekord im Klavierspielen auf 80 Stunden erhöhte, so wird der Leser verstehen, welche für unsere Zeit so charakteristische Art der Geistesrichtung wir hier kennzeichnen wollen.

Die aus dem Maschinenmilieu geborene, sowohl in den technischen Verrichtungen wie in den Massenerzeugnissen zutage tretende ewige Wiederkehr des mechanisch Gleichen wirkt sich auch im sonstigen Leben aus und uniformiert nicht nur die äußere, sondern auch die innere Lebenshaltung. Der äußere Habitus der Großstädte prägt diesen uniformierenden Maschinengeist nicht weniger aus als die Haltung der sie bewohnenden Menschen. Man bewegt sich auf den vom objektiven Zivilisationsgeist bestimmten Geleisen, gleich den Eisenbahnzügen, die ohne sie ihren Sinn, ihr Lebensziel verfehlen würden. Die Weichensteller aber, die bestimmen, welche Geleise einzuhalten sind, erscheinen als jene kühlen Rechner, die den typischen Menschen der Zeit in höchster Steigerung zeigen. Ihnen bedeutet die Typisierung und Standardisierung der menschlichen Lebenshaltung nichts anderes als die Typisierung, Standardierung der Massenerzeugnisse, die ja um so mehr auf Absatz rechnen können, je mehr die Gleichförmigkeit des menschlichen Denkens, Wertens und Handelns diesem sachlichen Charakter entgegenkommt. So beruht hier die menschliche Freiheit mehr und mehr auf der Gleichheit, auf jener Unpersönlichkeit gesellschaftlichen Sichgebens, die alle inneren Widerstände der irrationalen Persönlichkeit zu vermeiden trachtet, weil sie hier Zeit- und Kraftvergeudung wären, was der Idee des Maschinenwesens widersprechen würde. So geht man nach Möglichkeit auch in jeder Lage auf der Linie des geringsten Widerstandes vor, in der stillschweigenden Voraussetzung, daß der Partner, von gleichem Geist beseelt, das gleiche tut, da auch für ihn die Parole gilt, daß alle Leistung und sonderlich auch der leistende Mensch selbst, nur Mittel zum Gelderwerb ist.

Der Mensch, d. h. der Schätzende, verkündet seinen spezifisch menschlichen Existenzsinn am reinsten in der schöpferischen Gestaltung seiner von innerer Freiheit durchleuchteten geistig-seelischen Welt. Hier liegt das Charakteristikum aller wahren Religionsstifer, die ihren Gegenpol in den Verkündern der Materie als notwendiger Beherrscher des Geistes finden. Unsere äußere und innere Lebenshaltung wird heute von diesem Gegenpol des schöpferischen religiösen Bewußtseins bestimmt. Die Herrschaft dieses Gegenpols ermöglichte zunächst der Triumphzug der exakten Naturwissenschaft, der dann auch den mechanischen Maschinengeist auf den Thron erhob. Diese Orientierung der mechanischen Technik an der exakten Naturwissenschaft, am objektiven Wissen, führt uns unmittelbar zu dem Verhältnis von Wissen und Können als Orientierungsmittel hinsichtlich der Unterschiedlichkeit des mechanischen und organischen technischen Schaffens.

* * *

Der Geist des Sokrates erklärt uns, daß alles Können sich auf das Wissen gründet. Die logische Konsequenz dieses Standpunktes ist die Auffassung, daß das Können nichts anderes als ein unmittelbar angewandtes Wissen ist, eine Auffassung, die ja heute im Zeitalter der reinen Sachlichkeit sehr verbreitet ist. Allein Sokrates, der die Tugend als lehrbar erklärte, war schon ein Exponent der ersten Periode der griechischen Verfallszeit und sein Standpunkt widerspricht z. B. der Verehrung, die Dädalus zugleich als Erfinder der schönen und nützlichen Künste beim frühen Griechentum genoß. Und überfliegt man im Geiste die Geschichte der schöpferischen menschlichen Technik, so erscheint es zweifellos, daß das Verhältnis zwischen Wissen und Können dem Verhältnis zwischen Wissenschaft und Kunst weit häufiger entspricht als die sokratische Auffassung des Könnens annehmen läßt. Diese charakterisiert allein das mechanische Können zum Unterschiede vom schöpferischen organischen Können, das gleichermaßen den Künstler wie die intuitive Schöpferkraft des mit neuen Ideen auf den Plan tretenden Ingenieurs kennzeichnet.

Die Beziehungen des Wissens zum mechanischen und organischen Können werden besonders anschaulich, wenn man sich — wie ich es im „Organischen Weltbilde" ausführlich versucht habe — die Stellung der Wissenschaft im typischen seelischen Prozeß vergegenwärtigt. Dieser seelische Prozeß ist deshalb als typisch zu bezeichnen, weil ihn prinzipiell alle Lebensformen zum Ausdruck bringen. Seine Dreistufigkeit prägt sich in der nachstehenden lebensgesetzlich festgelegten zeitlichen Abfolge der Stufen aus: 1. Stufe: Aufmerken, Wahrnehmen, Erkennen; 2. Stufe: Bewerten, Fühlen, Erleben; 3. Stufe: Streben, Wollen, Handeln. Die verschiedenen, die einzelnen Stufen charakterisierenden Begriffe bringen prinzipiell den gleichen Sinn zum Ausdruck. Auf der 1. Stufe erhält das Bewußtsein die objektiven Inhalte von der Außenwelt, auf der 2. Stufe werden diese objektiven Inhalte bewertet und so in das Leben des Subjekts einbezogen, subjektiviert, von der Lebensgesetzlichkeit des Subjekts organisiert, auf der 3. Stufe kommt die Reaktion des Subjekts auf die Eindrücke der Außenwelt zutage. Dieser Dreistufigkeit des vollständigen seelischen Prozesses — bezüglich deren näherer Begründung und Erörterung ich auf das „Organische Weltbild" verweisen muß — entspricht die Dreistufigkeit des typischen physiologischen Prozesses, in dem wir als materielle Träger die drei Organarten der Rezeptoren (Sinnesorgane), des Zentralnervensystems (Gehirn, Rückenmark) und der Effektoren (Bewegungsnerven, Muskeln usw.) unterscheiden, die in dieser zeitlichen Reihenfolge in Wirksamkeit treten.

Es ist nun ohne weiteres einleuchtend, daß das Wissen, der objektive Wissensstoff als Bewußtseinsinhalt die erste Stufe des seelischen Prozesses zum Ausdruck bringt. Wir müssen erst das Was, das Objekt haben, um etwas zu bewerten, und von dieser Bewertung zu irgendeinem Handeln veranlaßt zu werden. Diesem in der objektiven Merkwelt sich ausprägenden Wissen steht das in der subjektiven Wirkwelt zutage tretende Können gegenüber, das wiederum als ein Tun zweifellos der dritten Stufe des seelischen Prozesses angehört. *Objektive Merkwelt und subjektive Wirkwelt werden nun durch die wertende Erlebniswelt als den Mittler zwischen Objekt und Subjekt verbunden.* Hier, auf der 2. Stufe des seelischen Prozesses, zeigt die Lebensform ihre Stellungnahme zu dem objektiven Bewußtseinsinhalt, kündet sie die Bedeutung, die sie dem gewußten Objekt beilegt. Diese innere oder seelische Stellungnahme kommt darin zum Ausdruck, daß das Objekt von der geistig-seelischen Lebensgesetzlichkeit der Lebensformen — zu der auch die bisher gemachten individuellen Erfahrungen gehören — analog organisiert, in den Strom eigenen Lebens einbezogen wird, wie die zunächst als Objekt der Aufmerksamkeit, des Wissens erscheinende physische Nahrung assimiliert, organisiert, aus einem toten Fremdstoff zum Lebensbestandteil des eigenen Organismus verwandelt wird,

Nun unterscheiden wir jedoch das organische vom mechanischen Können und stellten auch das letztere als eine spezifische Eigentümlichkeit des Maschinenwesens fest. Somit erscheinen auch die mechanischen Leistungen des Menschen als Ausdruck dieses Maschinengeistes, mögen sie nun unmittelbar von der Maschine veranlaßt sein oder mittelbar die Rückwirkung des Maschinenzeitalters auf den Menschen oder schließlich die in der gewohnten Übung wurzelnde menschliche Fähigkeit offenbaren, in bestimmten Situationen, aus bestimmten Gründen aus sich heraus mechanische Leistungen zu vollbringen oder gar gegenüber den organischen zu bevorzugen. Im letzteren Falle beobachten wir oft, daß einstige organische Leistungen — die also im klaren Bewußtsein ihres Lebenssinnes vollführt wurden — mit der Zeit durch Übung immer mechanischer werden, immer mehr ohne dieses Bewußtsein ihres Sinnes ablaufen. Typisch hierfür ist z. B. das Gehen des Menschen, das erst erlernt werden muß, sich aber später gleichsam „automatisch abwickelt". In solcher Mechanisierung einstiger, auf individueller Erfahrung beruhender organischer Leistungen zeigt sich eindringlich das Walten des ökonomischen Prinzips. Damit befestigt das Leben den geregelten Ablauf von Funktionen und schafft zugleich die Bedingungen für die gleichzeitige Wirkungsmöglichkeit organischer Leistungen. So kann sich der Mensch während des Gehens aufs angeregteste unterhalten, ohne daß sich die beiden Funktionen gegenseitig hindern. Dieselbe Erscheinung zeigt sich ganz allgemein in der gleichzeitigen Wirkungsmöglichkeit der sog. animalischen und vegetativen Funktionen der Organismen.

Die Annahme liegt nun nahe, daß im mechanischen Können eine unmittelbare Beziehung zwischen der das objektive Wissen repräsentierenden 1. Stufe und der 3. Stufe des typischen seelischen Prozesses, also gleichsam ein Übergehen der 2. Stufe zum Ausdruck kommt. In der Tat zeigt das Maschinenwesen diese unmittelbare Verbindung von objektivem Wissen und Können. Das objektive Wissen ist in der Funktionsform der Maschine materialisiert, und das Können der Maschine bringt unmittelbar den Charakter der Funktionsform zum Ausdruck. Dieses als Funktionsform der Maschine sich kündende objektive Wissen kann im allgemeinen von jedem einigermaßen anstelligen Menschen zu dem Zwecke erlernt werden, den Gang der Maschine zu beaufsichtigen. Der so angelernte Arbeiter braucht hierzu nichts von dem spezifischen Charakter seiner individuellen Persönlichkeit hinzuzutun. Im Gegenteil wird er diesen einseitigen mechanischen Zweck um so besser erfüllen, je mehr er hierbei die spezifische Lebensgesetzlichkeit seines eigenen Wesens auszuschalten vermag. Diese Ausschaltung ist aber genau so eine Ausschaltung der 2. Stufe des seelischen Prozesses der wertenden Erlebniswelt, wie sie die unmittelbare Verbindung von Wissen und Können im Gang der Maschine kündet.

Alles objektive Wissen ist also als solches zunächst nur ein mechanisches Aneignen von Bewußtseinsinhalten, wie dies besonders instruktiv im Auswendiglernen und in der mechanischen Wiedergabe der gelernten objektiven Tatsachen — etwa beim Examen — zum Ausdruck kommt. Diese mechanische Wiedergabe ist ein Tun und entspricht durchaus der im Gang der Maschine sich offenbarenden mechanischen Wiedergabe desjenigen objektiven Wissens, das sich in der Funktionsform dieser Maschine verkörpert. Erst wenn der jeweilige spezifische Charakter des Menschen mit dem objektiven Wissensstoff unmittelbar in Beziehung tritt, etwas zu ihm hinzutut, den Wissensstoff von sich aus bestimmt, ihm mehr oder weniger sein eigenes Wesen aufprägt, erhält das Wissen lebendige Form, wird es organisiert und erscheint das in diesem geformten Wissen wurzelnde Können als ein in irgendeinem Grade organisches. Wenn ein juristischer Examenskandidat, nach einem bestimmten Gesetzesparagraphen gefragt, diesen kundgeben kann, weil er ihn gelernt hat, so zeigt sich hierin ein mechanisches Können. Wendet er aber später, als Richter oder Anwalt, denselben Paragraphen auf einen individuellen Straffall an, so erscheint hierin seine Auffassung des Verhältnisses zwischen dem betreffenden Fall und diesem Paragraphen je nach dem als ein mechanisches oder organisches Können. Letzteres tritt um so mehr in Erscheinung, je mehr ihm der Totalsinn des individuellen Falles zum Erlebnis geworden ist und je mehr er aus diesem Erlebnis heraus die Anwendbarkeit und Auslegung des Paragraphen beurteilt. Die umgekehrte Einstellung, die Beurteilung des individuellen Falles nach dem Buchstabengeist des allgemeinen Paragraphen, erscheint als ein mechanischer Akt, weil hier im Grunde nicht die spezifische Persönlichkeit wertet, sondern der typische, allgemeingültige, objektive Paragraph, der nur mechanisch gewußt zu werden braucht. Der „bürokratische Geist", der hier im ausgesprochenen Urteil handelt, zeigt unverkennbar seine Wesensverwandtschaft mit dem Maschinengeist.

Aus diesem Beispiel ergibt sich zugleich, daß mechanisches und organisches Können in ein und derselben Handlung in wechselndem Maße vertreten sein können. Das Leben schafft hier unendlich zahlreiche Übergänge, bald zeigt sich das organische Können dem mechanischen in einer Handlung übergeordnet, bald umgekehrt; die für den Geist unseres Maschinenzeitalters so wichtige prinzipielle Scheidung bleibt davon unberührt.

Für das organische Können ist also das Wissen in wechselndem Maße immer nur Rohmaterial, das immer einer schöpferischen Verarbeitung, Formung — und sei es auch nur in der einfachen Synthese verschiedener Wissenselemente — seitens des Schaffenden unterliegt. Auf dem Gebiete der Technik tritt das Wissen als Rohmaterial am ausgeprägtesten in der Konzeption und konstruktiven Durchführung völlig neuer technischer Ideen in Erscheinung. Hier tritt der Gegensatz zwischen dem analytischen Grundcharakter der rein empirisch gefundenen naturwissenschaftlichen Forschungsresultate und dem synthetischen, organisatorischen Grundcharakter der schöpferischen Technik besonders klar hervor. Die Naturwissenschaft analysiert den gesetzmäßigen Charakter der natürlichen Erscheinungswelt und die Technik baut aus den analysierten Wissensstoffen nach wissenschaftlichen Prinzipien die neue technische Formenwelt auf. Daher ist das Wissen, das die Maschine verkörpert, keine unmittelbare „Anwendung“ des Naturwissens, sondern eines Wissens um ein organisch schöpferisches Können, das in der Konzeption und konstruktiven Durchführung neuer technischer Ideen zum Ausdruck kommt. So wendet das Können des Erfinders das Wissen um die Natur prinzipiell nicht anders an als der Künstler, der den Wissensstoff durch die selbstgeschaffenen Formen beherrscht. Analog hat jeder Handwerker seine eigene Art zu schaffen, das für den betreffenden Gewerbezweig objektive Wissen in der Form des ihm eigenen Könnens auszuprägen, daher wir denn auch die individuelle Handarbeit der typischen Maschinenarbeit entgegensetzen.[1])

So ist der Begriff der „Anwendung“ der Wissenschaft durch die Technik ziemlich inhaltslos, wenn nicht zugleich der jeweilige immer wechselnde Charakter dieser Anwendung mitgeteilt wird. An sich hat dieser Begriff einen durchaus mechanischen Beigeschmack, der angesichts der Tatsache, daß das objektive mechanische Wissen nicht unmittelbar zum organischen technischen Können führt, nicht am Platze erscheint. Hiervon nur zwei klassische Beispiele: In seiner „Kritik der Urteilskraft“ weist Kant darauf hin, daß Camper sehr genau beschreibt, wie der beste Schuh anzufertigen sei, er hätte aber, setzt Kant hinzu, selber gewiß keinen machen können. Und wie man ein Handwerk noch nicht betreiben kann, wenn man die dabei zu beobachtenden Regeln kennt, so bringt auch die wissenschaftliche mathematische Theorie noch längst keine zweckmäßig arbeitende Maschine zustande, wie der folgende, aus dem Jahre 1778 stammende Brief Friedrichs des Großen an Voltaire sehr instruktiv zeigt: „Ich wollte einen Springbrunnen in meinem Garten einrichten; Euler berechnete die Kraft der Räder, um das Wasser in ein Bassin steigen zu lassen, von wo es durch Kanäle zurückfallen sollte, um in Sanssouci zu springen. Mein Räderwerk ist mathematisch ausgeführt worden und hat keinen

[1]) Handwerker gibt es in diesem Sinne in jedem erlernbaren Beruf. Der Arzt, der Jurist. der Gelehrte sind sehr häufig nur Handwerker in ihrem Beruf, wie umgekehrt jeder Beruf aus dem handwerklichen Rahmen hinaus treten und den schöpferischen Künstlergeist (im weitesten Sinne genommen) offenbaren kann.

Tropfen bis auf 50 Schritt vom Brunnen heben können. Eitelkeit der Eitelkeiten, Eitelkeit der Mathematik!"

Die prinzipielle Scheidung zwischen mechanischem und organischem Können ist um so notwendiger, als die unmittelbare Anwendung des Wissens im mechanischen Können sehr mannigfaltig gerade für unser Zeitalter des Maschinengeistes charakteristisch ist. Jeder Schüler, der mit unnützem Wissensballast vollgepfropft ist, gibt uns hiervon Zeugnis, und die sog. allgemeine Bildung der Erwachsenen beruht nicht zum wenigsten ebenfalls auf diesem mechanischen Vielwissen, das die geistig-seelische Welt vieler Menschen zu einem Warenhause von Wissensstoffen stempelt. Es ist einleuchtend, daß dieses mechanische Vielwissen die Einsicht in die lebendigen Zusammenhänge nicht fördert, sondern untergräbt. Die Persönlichkeit wird um so weniger Kraft und Willen haben, diesen isolierten Bausteinen in lebendigen Zusammenhängen Form zu geben, den Wissensstoff zu organisieren, je mehr sie den Schwerpunkt auf das rein objektive Wissen statt auf die Sinngebung dieses Wissens legt. So hat auch Emil Hammacher durchaus recht, wenn er in seinen „Hauptfragen der modernen Kultur" erklärt: „Der analytische Geist hat eine solche Vorherrschaft über den synthetischen erreicht, daß die Einseitigkeit der wissenschaftlichen Kultur die Einsicht, die sie doch schaffen wollte, selbst zu vernichten droht."

Niemand überschaut mehr sein eigenes Berufsgebiet in all seinen Differenzierungen, geschweige daß er dessen Zusammenhang mit den anderen Berufsgebieten gewahr wird. Die spezialisierten Dinge spezialisieren uns selbst ihrem Wesen gemäß, und diese Abhängigkeit tritt schon in der Vorbereitung zum Beruf hervor. Auch der Techniker studiert nicht etwa die Technik in ihrem Gesamtwesen und -bereich, sondern irgendein Spezialgebiet, wie Hoch- oder Tiefbau, Maschinenbau, Elektrotechnik usw., um sich dann in seinem Beruf noch mehr zu spezialisieren. Ihm wird nicht die Möglichkeit gegeben, das Gesamtwesen der Technik und ihrer Stellung im menschlichen und kosmischen Leben philosophisch zu erfassen, weil hierzu „sachlich" kein Bedürfnis vorliegt. Aber gerade er müßte sich, besonders als technischer Führer, zur geistig-seelischen Durchdringung und Beherrschung der Technik in ihrer Totalphysiognomie emporringen und so den Weg finden, der uns zum Herrn, statt, wie in der Gegenwart, zum Knecht des Maschinengeistes macht.

Vor allem muß der Wille, das Streben, in dieser Richtung zu wirken, erst geweckt werden, müssen wir aus der sachlichen Umklammerung des atomisierenden Maschinengeistes zur Selbstbesinnung unserer organisierenden Kräfte befreit werden. Vorbedingung dieser entscheidenden Wendung vom Objekt zum Subjekt, vom Mittel zum Zweck als Schwerpunkt, ist zunächst die Verlebendigung des Wesensunterschiedes zwischen dem mechanischen und organischen Können, ja, der organischen und mechanischen Einstellung zum Dasein überhaupt. So wird z. B. ein feinsinniger Lehrer, der die Fähigkeit besitzt, sich in die wechselnde Eigenart der Kinderseelen einzufühlen, in deren Leistungen die mechanischen von den organischen Momenten unterscheiden können — und auch wollen. Denn die Erziehung zum organischen Denken, Werten und Handeln ist letzten Endes der einzige Weg, der uns aus diesem mechanischen Geist des Maschinenwesens zu neuer Kulturmöglichkeit hinauszuführen vermag.

Hier lernen wir auch zwischen denjenigen mechanischen Erscheinungen unseres technisch-wirtschaftlichen Lebens unterscheiden, welche durch die Maschinentechnik notwendig bedingt sind, also zwangsläufig eintreten müssen und denjenigen, welche eben Ausdruck der Übermannung, der Knechtung unserer freien Persönlichkeit durch den Ansturm der sachlichen Differenzierung, durch den Maschinengeist sind. Die ökonomische Notwendigkeit des Maschinenwesens, den immer weiter fortschreitenden Ersatz mechanischer menschlicher Leistungen durch das eiserne Sklavenheer, wird jeder, der das eigentliche Wesen der Technik vorurteilslos erfaßt hat, nur begrüßen können. Er wird aber gerade deshalb, weil er auch die mechanische Maschinentechnik als Dienst am Menschen, am Gemeinwohl anerkennt, den Pseudoersatz des organischen menschlichen Könnens durch die mechanische Maschinenleistung ablehnen. Denn das Mechanische ist immer nur Mittel zum Organischen als Zweck und dient daher nicht dem immer organischen Gemeinwohl, wenn es dessen Ausdrucksformen verdrängt oder gar vernichtet. So läßt sich beispielsweise die Handwerkstechnik ebensowenig durch die Maschinentechnik „ersetzen" wie der Mensch als planmäßig schöpferisches Leben durch einen noch so komplizierten Automaten ersetzt werden kann. Was hier ersetzt wird, werden kann, sind immer nur mechanische Leistungen, die eben nicht spezifisch menschlicher Art sind, mögen sie auch noch so oft vom Menschen ausgeführt worden sein.

So wird auch aller durch das Maschinenwesen hervorgerufene Mechanismus in der Struktur unserer technischen Zivilisation nur insofern notwendig sein, als er dem organischen Leben und Leisten des einzelnen Menschen wie der Gemeinschaft als ihnen untergeordnetes Mittel dient. Das umgekehrte Verhältnis, der Mensch als Mittel dieses Mechanismus, widerspricht der Naturordnung und wird daher vom vernünftigen Selbstbewußtsein abgelehnt. Es wird sich im Verlauf des Werkes noch mehr verdeutlichen, daß der lebensnotwendige Mechanismus der technischen Zivilisation, der auch die Maschinenleistungen in sich begreift, zu einem einheitlichen System der Mittel organisiert werden und so zum nationalen Organismus in einem analogen Verhältnis stehen muß, wie der Mechanismus, dessen sich die Lebensformen als Mittel zu ihrer Erhaltung bedienen, zu dem ihm übergeordneten organischen Lebensganzen.

* * *

Das schöpferische, ordnende, regulierende und kontrollierende geistige Prinzip ist Ausdruck des organischen Lebens, dem das Mechanische, der Mechanismus als Mittel und Werkzeug dienen soll. Hiermit kommen wir zu den Beziehungen zwischen den geistigen und physischen Leistungen als Orientierungsmittel hinsichtlich der Unterschiedlichkeit des organischen und mechanischen technischen Schaffens.

Das technische Funktionsbild des Urmenschen, der noch jenseits der Geburt des Werkzeuges und damit der Kultur im Naturzustande verharrt und auf seine eigenen Organe als Werkzeuge angewiesen ist, findet in dem Leistungscharakter der ganz automatischen Maschine seinen Gegenpol. Diese beiden Pole repräsentieren Anfang und Ende eines

Entwicklungsweges in den Beziehungen zwischen der geistigen und physischen technischen Leistung. Dort sind gesetzgebende geistige und ausführende physische Gewalten unmittelbar Ausdrucksformen ein und desselben Subjekts, bilden sie hinsichtlich der technischen Leistung eine organische Einheit in Zeit und Raum. Hier hingegen hat sich das Subjekt der technischen Leistung in zwei völlig getrennte Teile gespalten, die als gesetzgebende geistige und als ausführende physische Gewalten voneinander zeitlich wie räumlich isoliert sind. Dazwischen liegen die Übergänge von der einen Grundmöglichkeit zur andern.

Die erste Stufe dieser Übergänge bleibt noch im Naturzustande und zeigt sich in der unmittelbaren Verwendung der Naturerscheinungen als Mittel, Werkzeuge der Lebenserhaltung. Sie unterscheidet sich von der äußersten Grundmöglichkeit des Naturzustandes durch die Unterstützung, welche die vom Menschen nicht geformte Materie — etwa der rohe Stein als Schleuderwaffe, der Ast als Verteidigungsmittel — der Lebenserhaltung gewährt. Die Bedeutung dieser Unterstützung liegt im Charakter des Materials als solchem, das im Unterschiede zu den Organen als Werkzeug unempfindlich und auch infolge seiner Härte widerstandsfähiger, z. B. gegen Druckbeanspruchung, ist. Der Schlag mit einem Steine besitzt so eine größere Wirkungsmöglichkeit als der Schlag mit der Faust usw. Hieraus ist, wie schon früher angedeutet, ersichtlich, daß das Material als solches bereits Funktionseigenschaften besitzen kann, die es gegenüber den eigenen Organen als Werkzeug vorziehen läßt. Diese Tatsache ist auch insofern von großer Tragweite, als hiermit schon die Notwendigkeit einer mechanischen Technik erwiesen ist. Denn wenn die mechanische Materie als solche Funktionseigenschaften besitzt, deren unersetzliche Bedeutung für die Erhaltung der physischen menschlichen Existenz bereits im Naturzustande klar zutage tritt, so ist schon mit dieser primitiven unmittelbaren Verwendung der mechanischen Kräfte der anorganischen Natur ein erstes Fundament der mechanischen Technik überhaupt gegeben. Die menschliche Faust würde, infolge ihrer großen Empfindlichkeit und ihres geringen Härtegrades, bald von dem vergeblichen Versuche abstehen, es dem Hammer gleichzutun und einen Nagel in einen Balken zu schlagen. Hier erscheint auch gar nicht die spezifische Funktionsform des Hammers als ausschlaggebend, sondern die Funktionseigenschaften des Materials selbst, aus dem der Hammer verfertigt ist. Der gleiche Funktionszweck läßt sich auch mit jedem ungeformten Material, wie etwa einem Stein, erreichen, sofern es nur die nötige Härte oder Widerstandskraft besitzt. Hier sehen wir zugleich, daß die Bedeutung, die der moderne Wirtschaftsführer den Rohstoffgebieten beimißt, prinzipiell derjenigen nicht nachsteht, die das anorganische Material schon seit Urzeiten für die menschliche Lebenserhaltung besaß.

Das Beispiel des Hammers führt uns zugleich zur nächsten Entwicklungsstufe, die das geformte Handwerkszeug repräsentiert. Dieses stellt zunächst nichts anderes dar als eine fortschreitende Vervollkommnung und Differenzierung der schon im Rohmaterial gegebenen Funktionsmöglichkeiten. Die Materialeigenschaften des Eisens können die Funktion des Hämmerns besser erfüllen als der splitternde Stein. Die geglättete ebene Hammerfläche hat den Vorzug vor der unebenen, die den Hammer leicht abgleiten lassen könnte. Der Hammerstil erhöht wieder die Wirkungskraft des Hammerschlages usw.

Allein im Werkzeug liegt mehr als nur die latente Bereitschaft der Materie zu diesen und jenen physischen Leistungen. In seiner sinnlich wahrnehmbaren Differenzierung, in seiner Ausprägung bestimmter Funktionsgedanken spricht es eine Materialisation des menschlichen Geistes aus. Wird es also seinem bestimmten Zweck gemäß verwandt, so tritt in seiner physischen Leistung auch der Geist seines ideellen Urhebers in Wirksamkeit, und die Leistung, die das Werkzeug zweckmäßig dirigiert, erscheint als die logische Folge derjenigen geistigen Leistung, die sich in der Form des Werkzeuges, in seinem Funktionsgedanken ausprägt. So bedeutet ganz allgemein das geistige Beherrschen der Werkzeuge und Maschinen eine geistige Beziehung des Menschen zu dem objektiven Geist, der sich in den technischen Gebilden ausprägt. Daß hierzu oft ein theoretisches und praktisches Studium erforderlich ist, erscheint angesichts der Kompliziertheit vieler technischer Gebilde ohne weiteres einleuchtend. Wer kein gelernter Uhrmacher ist, wird im allgemeinen den objektiven Geist, der in dem komplizierten Mechanismus der Uhr materialisiert ist, nicht völlig begreifen und den Störungen des Mechanismus ratlos gegenüberstehen. Und so ist es mit allen komplizierteren technischen Gebilden und Vorgängen, zumal wenn ihr Erfassen ein naturwissenschaftliches und technisches Studium voraussetzt. Mag es sich um die Überwachung eines Kraftwerkes oder einer Schnellrotationsdruckmaschine, um die Handhabung einer Setzmaschine oder Schrämmaschine handeln, welch letztere nach Arnhold[1]) dem einfachen Bergmann wesensfremd ist. Diese Wesensfremdheit gegenüber der komplizierteren Maschine findet sich zweifellos noch bei sehr vielen Arbeitern, welche nur zu bestimmten Handgriffen an der zu bedienenden Maschine angelernt sind. Hingegen wird der schöpferische technische Kopf unmittelbar von dem Geist angeregt, der in den technischen Gebilden materialisiert ist. Und aller Fortschritt in der Verbesserung der Funktionsformen findet seine Grundlage in dieser geistigen, ideellen Auseinandersetzung mit dem Funktionssinn, dem objektiven Geist der technischen Gebilde, eine Auseinandersetzung, die dem schöpferischen Techniker unmittelbar auch die geistigen Grenzen bisheriger Lösungsversuche zu offenbaren vermag und seiner Phantasie und Kombinationskraft neue Möglichkeiten zur Erweiterung dieser Grenzen eröffnet.

Die Materialisation des objektivierten Geistes im Werkzeug zeigt uns, daß sich schon im Handwerk ein doppeltes Verhältnis zwischen geistiger und physischer Leistung offenbart. Der Geist des Handwerkers dirigiert ein Stück anorganische Materie, die schon auf die Absicht des Handwerkers geistig vorbereitet ist. Diese gleiche Vorbereitung zeigt auch das Werkzeug der Werkzeuge, die Hand, nur mit dem gewichtigen Unterschied, daß hier der ausführende und der die Ausführung vorbereitende Geist eine organische Einheit bilden, integrierende Teile ein und des-

[1]) „Der Betriebsingenieur als Menschenführer". (Verlag 1927. Verlag der Dinta = Deutsches Institut für technische Arbeitsschulung.)

selben Subjekts sind, während sie dort ganz getrennten Individuen angehören können. Analoges gilt hinsichtlich der Faktoren, welche die physische Leistung vollbringen. Die Hand und das sie unterstützende anorganische Werkzeug vollbringen zwar im Zusammenwirken die Leistung, bilden aber schon dem Material nach keine organische Einheit, wie denn außerdem dasselbe Werkzeug von verschiedenen Händen gebraucht werden kann.

Allein trotz der Aufhebung der materiellen Einheit und trotz der Trennung von geistiger Vorbereitung und geistiger Ausführung bleibt doch die ideelle Einheit des Ganzen der technischen Leistung in der Persönlichkeit des Schaffenden gewahrt. Die Lebensgesetzlichkeit der Persönlichkeit ordnet sich alle Faktoren der Leistung insofern organisch unter, als sie diese in der Leistung geistig-seelisch beherrscht. In dieser Organisierung wird sowohl der mechanische, wie der die Leistung vorbereitende geistige Charakter des Werkzeuges der Lebensgesetzlichkeit des Schaffenden integriert, erscheinen sie als Bestandteile seiner organischen Leistung.

Die Objektivierung des geistigen und physischen Charakters der unmittelbar vom menschlichen Organismus vollzogenen technischen Leistung erreicht in der halbautomatischen Maschine ihre nächsthöhere Hauptstufe. Auch hier begegnen wir dem Funktionscharakter des Materials und der geistigen Vorbereitung der technischen Leistungen. Aber diese geistige Vorbereitung hat nicht, wie in der Handwerkstechnik das Ziel, den Formcharakter des Materials dem Leistungszweck der Persönlichkeit anzupassen, sondern der geformten anorganischen Materie eine mehr oder weniger selbständige, vom Menschen unabhängige Leistung zu ermöglichen. Zu diesem Zweck muß die mechanische Energie des Menschen, die sich im Handwerk betätigt, ihrer Idee nach analog im technischen Gebilde objektiviert erscheinen wie der die technische Leistung des Werkzeuges vorbereitende Geist. Allein die mechanische Energie des Menschen untersteht in ihren technischen Leistungen prinzipiell der Wahlmöglichkeit des organischen Lebens. Das schöpferische, ordnende, regulierende, kontrollierende geistige Prinzip desselben hat es in der Macht, die mechanische Energie nach Belieben in Tätigkeit zu setzen, diese Tätigkeit zu steigern oder abzuschwächen oder ganz einzustellen. Die vom Leben losgelöste mechanische Energie folgt aber nur ihrer eigenen Gesetzmäßigkeit und so kann eine vom unmittelbaren Eingreifen des Menschen unabhängige Regulierung ihrer Tätigkeit wieder nur auf mechanisch-automatischem Wege erfolgen, wie dieses z. B. in den elektrischen Sicherungen zutage tritt. Fehlt sie, wie bei den halbautomatischen Maschinen, so muß der Mensch selbst als mechanisch-automatischer Regulator dienen, muß er sich in seiner Tätigkeit der mechanischen Gesetzmäßigkeit der anorganischen Energie anpassen. Es ist zweifellos, daß diese automatische Bedienung und Regulation der Maschinentätigkeit, daß diese Art der Abhängigkeit und Bestimmung der menschlichen Leistung durch die Maschine in ihrem mechanischen Charakter den Sklavenzustand der Antike noch in den Schatten stellt. Um so mehr als die psychologisch so ungeheuer bedeutsame Vergleichsmöglichkeit mit der Maschinentätigkeit, die sich dem Arbeiter unwillkürlich aufdrängen muß, damals völlig fortfiel[1]). Diese mechanische Bedienung der Maschinen wird sich wohl nie ganz ausschalten lassen, doch steht zu hoffen, daß sie mit der fortschreitenden maschinellen Automatisierung aller nur irgend möglichen mechanischen Hilfsleistungen des Menschen mehr und mehr auf ein theoretisch unumgängliches Minimum herabsinkt.

Die ganz automatische Maschine, diese letzte Entwicklungsstufe, zeigt nun praktisch die völlige Trennung von geistiger und physischer technischer Leistung. Die überwachende, kontrollierende Tätigkeit, in der der Arbeiter zu ihr in Beziehung tritt, ist Ausdruck des ordnenden geistigen Prinzips des Menschen, die mechanische physische Leistung wird hier ganz der Maschine aufgebürdet. Diese Arbeitsteilung zwischen Mensch und Maschine

[1]) Über das Interesse der Industriearbeiterschaft an dieser Maschinenarbeit belehrt folgende Statistik von Eugen Rosenstock („Die Arbeiterfrage", Verlag Reinhardt, München 1912):

Bergarbeiter:	Lust	15,2%,	Unlust	60,5%,	Gleichgültig	17,6%,	? 6,7%
Textilarbeiter:	„	7,1%,	„	75,1%,	„	13,6%,	? 4,2%
Metallarbeiter:	„	17,0%,	„	56,9%,	„	17,1%,	? 9,0%

liegt auch durchaus in der Planmäßigkeit der Natur im Hinblick auf die menschliche Kultur. Diese könnte sich in materieller Hinsicht, im Hinblick auf die materielle Freiheit gar nicht anders differenzieren, als in der Richtung auf diese Arbeitsteilung hin, die dem Menschen die geistige, den anorganischen Kräften die mechanisch-materielle Seite der technischen Leistungen zuerteilt.

Allein anderseits birgt diese Zweiteilung auch große Gefahren, denen gerade unsere Epoche unterlegen ist. Die eine Gefahr besteht darin, daß sich der Mensch in dieser Polarität von Geist und Materie, in diesem rationalen Wechselspiel zwischen Maschine und Mensch, in dem er als der geistige Beherrscher auftritt, erschöpft, daß ihm die Technik zum Selbstzweck wird und er die eigentlichen Zwecke seiner menschlichen Existenz mißachtet. Die andere Hauptgefahr, die innerlich mit der ersten zusammenhängt, besteht darin, daß gerade diese Arbeitsteilung die Abhängigkeit des Menschen vom Maschinengeist begünstigt. Der organische Charakter des Handwerks hält immer die schöpferischen Kräfte, die eigene Initiative, das Persönlichkeitsbewußtsein rege und gibt so dem Bewußtsein des spezifisch menschlichen Existenzsinnes einen unschätzbaren Halt. Die Wechselwirkung von Mensch und Maschine hingegen gewährt als solche den seelischen Kräften gar keine Betätigungsmöglichkeit und stärkt die ausschließliche Tendenz zur reinen „Sachlichkeit". Die immer vorhandenen Rückwirkungen der Materie auf den Geist, des Mechanischen auf das Organische vermögen — wie in der Gegenwart — das natürliche Mittel-Zweckverhältnis um so mehr umzukehren, als das Streben des Menschen dem mechanisch Sachlichen und seinem Äquivalent, dem Gelde, den Vorrang vor dem Geistig-Seelischen, vor dem spezifisch-menschlichen Lebenssinn gibt. Denn in diesem Streben wird die Position der Materie verstärkt, äußert sich ihre lebenzerstörende Rückwirkung in einem immer gesteigerterem Maße, bis es eben zum Untergang der Kulturfähigkeit kommt, wenn es nicht — wie ein führender Techniker mahnend ausruft — der „Sendung der Technik" gelingt, „die Wirtschaft aus den geistigen Kräften neu zu gebären, nachdem sie am Übermaß ihrer sachlichen Kräfte zugrunde gegangen ist"[1]).

Die Möglichkeit der geistigen Beherrschung der maschinellen Leistung — wie sie z. B. in der Überwachung des Maschinenganges zutage tritt — erweist, daß die Wiederverlebendigung einer organischen Einstellung zur Technik nicht notwendig allein an die Existenzmöglichkeiten der Handwerkstechnik gebunden ist. Vielmehr nimmt die Bedeutung des geistigen Ordnungsprinzips im industriellen Betriebe von Jahrzehnt zu Jahrzehnt infolge der fortschreitenden Maschinisierung mechanischer Leistungen immer mehr zu. Der gelernte Arbeiter vermag so mehr und mehr in die Kategorie des Ordnungsbeamten aufzurücken. Zum andern gibt die Dezentralisation der Kraftquellen durch die modernen Mittel der elektrischen Kraftverteilung auch den Handwerksstätten mit maschinellen Hilfsmitteln neue Entwicklungsmöglichkeiten. So wäre die Annahme falsch, daß der Tendenz zur Wieder-Organisierung unseres technischen Wirtschaftslebens sachlich unüberwindliche Widerstände begegneten. Die Widerstände liegen nicht in den Dingen, sondern in der Gesinnungsart des Menschen. Nur an ihm liegt es, der Verlebendigung einer, die Autonomie des Lebens ausprägenden Einstellung zur Technik durch das Streben nach Erfüllung namentlich folgender beiden Aufgaben den Weg zu bereiten: Stärkung und Entwicklung der Anlagen zur Persönlichkeit auf Kosten der Herrschaft des Massenprinzips in jeglicher Form. Zum andern: Umwandlung der atomisierten und atomisierenden mechanischen Arbeitsteilung in einen Leistungscharakter, der als Mittel zur Arbeitseinheit seine sinnvolle Ordnung vom materiellen Endzweck der unterschiedlichen Funktionsleistungen erhält.

Dieses organische Prinzip der Werkbildung hat sein anschauliches Vorbild in der organischen Natur, in der Zielstrebigkeit des Werdens der Organismen. Wie hier die Gleichzeitigkeit, das Ineinandergreifen sowie das Nacheinander der

---

[1]) M. Bach: „Maschinenelemente", 12. Aufl. 1920, zitiert nach Hellpach „Sozialpsychologische Forschungen", Bd. I. (Verlag Springer, Berlin 1922.)

einzelnen Bildungsprozesse vom Ziel, dem fertigen Organismus, planmäßig bestimmt ist, so soll sich auch die Tätigkeit des einzelnen Arbeiters gleichsam als Zellfunktion ausprägen, zum andern aber auch im Bewußtsein des Gesamtplanes und seines Endzieles vollziehen. Die einzelnen Arbeitsprozesse müßten derart als Mittel zur Arbeitseinheit organisiert werden, daß der Arbeiter nicht nur ein mechanisches Wissen um seine spezifische Tätigkeit — etwa das Bohren, Feilen usw. — besitzt, sondern auch um das, worauf seine Tätigkeit letzten Endes hinzielt, welchem materiellen Endzweck ihr gliedhafter Charakter dient. Wie im Organismus bestimmte Zellgruppen in ihren mannigfaltigen Funktionen zur Verwirklichung dieses oder jenes Organs zusammenwirken, so sollte auch der industrielle Fertigungsprozeß von solchen „Zellengruppen" vollzogen werden, von denen jede bestimmte Teile des Gesamtgebildes fertigt. Diese Gruppen wären so im Gesamtwerk organisch miteinander verbunden, ähnlich wie in der mittelalterlichen Gilde, welche die verschiedensten Berufe im gemeinsamen Werk, etwa dem Hausbau, vereinigt.

Allein diese Aufgaben fänden praktisch keine genügende Resonnanz, wenn nicht die Bereitschaft zu ihnen schon im Bildungsgang, durch die Erziehung geweckt wird. So erscheint eine Berufsbildung als Voraussetzung, in der Beruf und Bildung nicht als einander fremde oder gar feindliche Mächte gegenüberstehen, sondern in der Bildung heißt: dem Lebenssinn des eigenen Berufes voll erleben, seine organische Stellung im Kulturleben des Volksganzen erfassen. Und nur wo das Bewußtsein lebendig ist, daß der Mensch der alleinige Zweck aller sachlichen Leistungen, aller Technik ist und wo die Stellung der spezifischen Leistung im gesamten Arbeitsprozeß diesem Bewußtsein entspricht, wird der Mensch auch von seiner Leistung sprechen können, wird diese Leistung auch als Teilleistung organischen Charakter besitzen können. Denn die geistig-seelische Einstellung zu den Dingen entscheidet allein über das Wesen der Leistung, wenn die Erhaltung und Förderung des eigenen Menschendaseins als ihr eigentlicher Sinn und Zweck erkannt und erlebt wird, während umgekehrt das spezifische Menschsein ertötet wird, wo die Leistung oder ihr geldliches Äquivalent das Wesen der Einstellung bestimmt.

3. Die Technik im Dienste der materiellen und ideellen (sittlichen) Freiheit.

Die im Hinblick auf die Klärung des Weltsinnes der Technik unternommene philosophische Erörterung der menschlichen Technik im engeren Sinne muß sich naturgemäß auch mit ihrem allgemeinen Zweck kurz beschäftigen. Schon zu Beginn des Werkes wiesen wir ganz allgemein auf ihn hin, indem wir erklärten: die menschliche Technik befaßt sich mit der planmäßigen Gestaltung von Leistungsformen, welche als Verfahren und Vorrichtungen die Natur in den Dienst der Festigung und Erweiterung des Wirkungsbereiches menschlichen Lebens stellen. Ohne Zweifel liegt hier der Schwerpunkt auf dem Wirkungsbereich des menschlichen Lebens. Er gibt die allgemeine Zielrichtung der Sonderzwecke der menschlichen Technik an, die sich alle in dem Menschen als dem alleinigen Endzweck vereinigen.

Aber nicht das menschliche Dasein schlechthin ist hier als Zweck vorgestellt, sondern die Festigung usw. der Wirkungsmöglichkeiten des menschlichen Lebens. Die bloße Existenzmöglichkeit kann nicht als Charakteristikum des spezifisch menschlichen Lebens gelten. Denn dieses bloße Dasein ermöglicht die Natur dem Menschen schon vor all seiner Technik; es ist ein Charakteristikum der lebenden Natur überhaupt. Speziell dem Menschen ist aber die Forderung eigentümlich — und damit erwacht er eigentlich erst vom Tier zum Menschen — daß das Bewußtsein seiner Existenz mit dem Bewußtsein eines S i n n e s derselben verknüpft werde. Das bloße Naturdasein vermag seiner Existenz keinen Sinn zu verleihen, eben weil gerade diese Sinnforderung den Menschen über das bloße Naturdasein hinaushebt, ihn erst zum Menschen, d. h. zum Schätzenden, Wertenden macht. So muß der Mensch selbst seinem Dasein den Sinn geben. Dieser kann sich wieder nur in den Ausdrucksformen seines spezifisch menschlichen Lebens offenbaren.

Nun kommt die allgemeine Form des spezifisch menschlichen Wirkens im Streben nach Freiheit zum Ausdruck. Der Begriff der Freiheit muß aber nach dem eben Gesagten insofern einen Doppelsinn haben, als er einmal mit dem bloßen Naturdasein, zum andern mit dem spezifischen Menschendasein, das seinem Naturdasein erst einen Sinn geben soll, in Beziehung gesetzt wird. Da sich nun der Mensch in der Sinngebung seines Lebens über das bloße Naturdasein hinaushebt, so muß zweifellos diejenige Freiheit, die nur auf das Naturdasein geht, derjenigen Freiheit untergeordnet sein, die dem spezifisch menschlichen Dasein Ausdruck gibt, die also der Sinngebung seines Lebens entspricht. Wir müssen daher das Streben nach derjenigen Freiheit, die nur mit dem Naturdasein zu tun hat, als das Streben nach materieller Freiheit bezeichnen, während sich das Streben nach derjenigen Freiheit, die der Sinngebung des menschlichen Lebens entspricht, als das Streben nach der ideellen (sittlichen) Freiheit kundtut.

Alle menschliche Technik geht nun unmittelbar auf die Erfüllung der Idee der materiellen Freiheit. Das Streben nach ihr äußert sich in negativer Hinsicht als das Streben nach möglichster Unabhängigkeit von den als unzweckmäßig oder schädlich empfundenen Einwirkungen der Umwelt, einschließlich des eigenen Körpers; in positiver Hinsicht als das Streben, die Natur so umzugestalten, daß sie in ihrer umgestalteten Form immer mehr der Festigung, Erweiterung und Ausgestaltung der Wirkungsmöglichkeiten des menschlichen Lebens zu dienen vermag.

Isoliert für sich betrachtet, bringt dieses Streben nach materieller Freiheit ein Prinzip zum Ausdruck, das auch die anderen Lebensformen anwenden. Auch deren Handlungen erweisen sich als planmäßige Einwirkungen auf ihre natürliche Umwelt, um durch deren künstliche Veränderung die Existenzmöglichkeit des eigenen Daseins zu sichern und zu erweitern. Diese Tatsache erscheint auch nicht weiter verwunderlich, da ja das Streben nach materieller Freiheit unmittelbar nur auf das Naturdasein geht, in dem sich der Mensch keineswegs von den sonstigen Lebensformen prinzipiell unterscheidet. Im Gegenteil zeigt die physische Organisation hier wie dort die analoge Anpassung an die der eigenen Lebensgesetzlichkeit gemäße natürliche Umwelt und liefert damit in den Organen die natürlichen Werkzeuge, die natürlichen technischen Mittel der Selbstbehauptung. So erscheint die von der künstlichen menschlichen Technik verwirklichte materielle Freiheit nur dem Grade nach verschieden von derjenigen materiellen Freiheit, die sich die Lebensformen schon kraft ihrer Organisation zu sichern wissen. Wäre also der Sinn der menschlichen Technik allein damit erschöpft, sich die materielle Freiheit in einem höheren Grade zu sichern, als es die technischen Mittel und Werkzeuge der natürlichen Organisation vermöchten, so hätte die Existenz des Menschen, soweit ihr die Technik einen Sinn zu geben vermag, prinzipiell auch keinen anderen Sinn als die Existenz der im bloßen Naturdasein verharrenden übrigen Lebensformen. Dieser naturalistische und materialistische Standpunkt, der den Menschen prinzipiell im Naturdasein beläßt, ist heute sehr verbreitet, ja charakteristisch für den herrschenden Zeitgeist.

Die ideelle oder sittliche Freiheit erklärt mit Schiller: der Mensch ist frei, und wäre er in Ketten geboren. Die materielle physische Freiheit erklärt: der Mensch in Ketten ist nicht frei, denn er vermag sich nicht seiner Wahl gemäß fortzubewegen. Die materielle Freiheit kommt also in der materiellen Auseinandersetzung einer Lebensform — nicht nur des Menschen, denn auch der Hund fühlt sich z. B. an der Kette unfrei — mit ihrer physischen Umwelt zum Ausdruck. Im natürlichen Zustande besitzt jede Lebensform den ihrer Organisation gemäßen Grad der materiellen Freiheit gegenüber ihrer natürlichen Umwelt. Wird sie in eine ihr nicht gemäße Umwelt versetzt, so hängt der Freiheitsgrad von dem Grade der Anpassungsfähigkeit an die veränderten Lebensbedingungen ab. Auch der Mensch befand sich so lange in der gleichen Lage, bis er als der Werkzeugschaffende auftrat, der die Möglichkeit besitzt, die natürliche Umwelt zu seinen Gunsten in einem weit höheren Grade als die sonstigen Lebensformen zu verändern. Die Idee der materiellen Freiheit käme also in der für die menschliche Existenz zweckmäßigsten Umgestaltung der natürlichen Umwelt zum Ausdruck.

Alle vom menschlichen Geist geschaffenen technischen Einrichtungen, welche diese Existenzfähigkeit schmälern oder gar bedrohen würden, besäßen also nicht den Charakter eines positiven Mittels für menschliche Zwecke. Daß derartige Einrichtungen möglich sind, erklärt sich aus der Eigentümlichkeit des analysierenden, abstrahierenden, rechenhaften Verstandes, der in der Verfolgung einseitiger Sonderzwecke häufig die Zwecke des Ganzen, eben der menschlichen Existenz überhaupt, vernachlässigt oder ihnen gar widerspricht. Und ein Blick auf die Gegenwart des technischen Zeitalters zeigt uns, daß diese Vernachlässigung des Menschen als des eigentlichen Zweckes aller Technik gerade als ein Charakteristikum derselben erscheint. Wir stehen gewiß nicht an zu erklären, daß wir uns heute in einem Übergangsstadium befinden, aber die Tatsache als solche, auf die wir schon öfters hinwiesen, bleibt doch bestehen.

Gegenüber der durch die Technik künstlich umgestalteten Umwelt befindet sich nun der Mensch prinzipiell in derselben Lage wie gegenüber der natürlichen Umwelt. Er muß sein Leben mit ihr in Übereinstimmung bringen, muß sich ihr anpassen oder umgekehrt den Charakter der künstlichen Umwelt derart wieder abändern, daß sie seine menschliche Existenz nicht hemmt, sondern fördert. Jede entscheidend neue technische Erfindung, die sich als praktisch zweckmäßig erweist, verändert den Charakter der Umwelt und dadurch auch die Einstellung des Menschen zu seiner Umwelt. Alle durchgreifenden, dauernden Umwälzungen der sozialen und Berufsgliederung, der Wirtschaftsorganisation, überhaupt der Lebensbedingungen haben ihre letzte Ursache in den menschlichen Erfindungen und Entdeckungen. Man denke nur an die Entdeckungen des Columbus oder Magalhaes, an die zahlreichen Entdeckungen auf chemischem Gebiete, an die Erfindungen der Buchdruckerkunst und des Schießpulvers, an die Dampfmaschine, die den modernen Industriearbeiter ins Leben rief und in der Wandlung der Hauswirtschaft zur Fabrikwirtschaft auch das Berufs- und Familienleben tiefgreifend revolutioniert. Jede für die physische menschliche Existenz zweckmäßige neue Erfindung oder Entdeckung wirkt sich mit der Unerbittlichkeit eines Naturgesetzes aus und beeinflußt nicht nur unser soziales sondern auch unser geistig-seelisches Leben.

Es ist nun einleuchtend, daß sich der Mensch als Naturwesen diesen oft tiefgreifenden künstlichen Veränderungen der Umweltsbedingungen nicht so leicht anzupassen vermag. Ja, je leichter er das vermöchte, um so weniger wäre er Mensch, d. h. der Schätzende, im vollsten Lebenssinne. Denn diese Umweltsveränderungen kommen in ganz überwiegendem Maße in einem Ersatz organischer Beziehungen des Menschen zu seiner Umwelt durch mechanische zum Ausdruck. Die leichte Anpassung an sie bedeutete also eine verhältnismäßig leichte Mechanisierbarkeit des Menschen, was wiederum nur dadurch möglich ist, daß die seelischen Kräfte vom rechenhaften Verstande unterdrückt, künstlich an ihrer Entfaltung verhindert werden. Die seelische Kultur der alten Griechen stand auf einer sehr hohen Stufe, während ihre technischen Leistungen im Vergleich mit der Gegenwart nur als armselig bezeichnet werden können. Anderseits zeigte das späte Rom eine hohe technische Zivilisation, versank aber dabei kulturell fast in Barbarei, und ein Blick auf unsere Gegenwart scheint denen recht zu geben, die auf ihre Analogie mit dem alten Rom hinweisen. Das Amerikanertum ist für die Mechanisierung durch die künstlichen Umweltsbedingungen besonders empfänglich, weil es keinen Wurzelboden seelischer Kultur besitzt, der ihm die Kraft zum Widerstande verleihen könnte. Anderseits trug gerade diese technische Uniformierung der Umwelt sehr wesentlich dazu bei, die hier aus aller Herren Länder zusammengewürfelten Menschenmassen zu einer Einheit zusammenzuschweißen. Im Unterschiede zum Amerikanertum besitzen wir zwar noch den seelischen Wurzelboden, doch wird er durch den herrschenden Maschinengeist immer mehr unterwühlt.

So kann sich die von der Technik erzielte materielle Freiheit nur dann in einem auch für die menschliche Kultur positiven Sinne auswirken, wenn ihre Handhabung sittlich fundiert, vom Streben nach der ideellen Freiheit geleitet ist. Überall dort aber, wo die von der Technik erzielte materielle Freiheit ohne diese Leitung durch die ideelle Freiheit als Selbstzweck auftritt, muß sie notwendig kulturfeindlich wirken, ja auch ihre eigene Existenz gefährden. Auch unsere gegenwärtige soziale Lage erhärtet wieder die tiefe Wahrheit des Wortes, daß es immer der Geist ist, der sich den Körper baut, daß auch der höchststehende technische Mechanismus — analog dem des menschlichen Körpers — in seiner reinen Mittelhaftigkeit die materielle Freiheit nicht verbürgt, wenn ihm der Geist fehlt, der ihn zweckmäßig beherrscht.

Wenn wir die Weltgeschichte im Geiste überfliegen, so können wir es gleichsam als ein psychologisches Gesetz der Völkerentwicklung bezeichnen, das das Streben nach ideeller Freiheit um so eher seine Herrschaft über das Streben nach materieller Freiheit zu verlieren droht, einen je höheren Grad diese erreicht hat. Das periodische Auf und Ab der Kulturentwicklung scheint durch den Herrschaftswechsel zwischen Materie und Geist, zwischen materiellem und ideellem Freiheitsstreben bestimmt zu sein. Die Erklärung hierfür liegt ganz allgemein in der Subjekt-Objektspaltung, in der Gegenstellung zwischen Mensch und Außenwelt, in der für das menschliche Leben charakteristischen Auseinandersetzung mit seiner Umwelt. Jede außermenschliche Lebensform bildet mit ihrer natürlichen Umwelt zusammen trotzdem eine höhere Einheit, da gerade diese Auseinandersetzung die Anpassung der beiden Teile aneinander zum Ausdruck bringt. Der Mensch hingegen hat darüber hinaus das Vermögen, seine natürliche Umwelt mittels der Technik in eine künstliche Umwelt zu verwandeln. Diese Umwandlung zwingt den Menschen in ihrer Rückwirkung, sich den neuen Verhältnissen anzupassen. Diese „Anpassung" vollzieht sich zunächst rein mechanisch auf der ersten oder objektiven Stufe des seelischen Prozesses, auf der wir — wie in allem objektiven Wissen, Erkennen — die Außenwelt gleichsam passiv erleiden, bevor wir sie auf der zweiten Stufe organisieren, seelisch beherrschen. Dieses Stadium charakterisiert eben gerade unsere vom Maschinengeist bestimmte Übergangszeit. Uns fehlen hier noch gleichsam die seelischen Organe, welche der Mechanisierung unserer Lebenshaltung durch diese selbstgeschaffene künstliche Umwelt im Sinne einer künftigen Kulturmöglichkeit Widerstand zu leisten vermögen. Der Mangel dieser seelischen Organe, die sich, von der neuen künstlichen Umwelt angeregt, in unserer wertenden Erlebniswelt ausbilden müssen, gibt so der zweiten Stufe des seelischen Prozesses noch nicht die Möglichkeit, diese mechanischen Einflüsse zu organisieren, sie kraft der Autonomie des spezifisch menschlichen Lebens zu beherrschen. Infolgedessen setzt sich die erste Stufe des seelischen Prozesses, die den Mechanismus der Außenwelt passiv, objektiv-wissenschaftlich in sich aufnimmt, ohne Widerstand der zweiten Stufe, der seelischen Innenwelt, unmittelbar mit der dritten Stufe in Beziehung und wir gelangen zu den schon erörterten mechanischen Ausdrucksformen unserer gegenwärtigen Lebenshaltung.

Der sich im Gang der Weltgeschichte offenbarende periodische Herrschaftswechsel zwischen Kultur und Zivilisation, ideeller und materieller Freiheit, zwischen Religion und Technik oder ganz allgemein zwischen der seelischen Innenwelt und der physischen Außenwelt (einschließlich unseres Körpers) erweist sich so, vom Subjekt aus gesehen, als ein Herrschaftswechsel zwischen der ersten und zweiten Stufe des seelischen Prozesses. Sein Sinn liegt allgemein darin, daß Perioden, die ihren Schwerpunkt in der Erweiterung der objektiven Erkenntniswelt zeigen — in unserem Kulturkreis ist es die Periode seit der Renaissance, — als notwendige Folge die Umorganisierung unserer wertenden Erlebniswelt fordern, die ihrerseits zur geistig-seelischen Beherrschung der neugestalteten objektiven Welt führt. Wie ich in meinem „Organischen Weltbilde" gezeigt habe, stehen wir heute am Beginn einer solchen Periode seelischer Umwertungen.

* * *

Nach diesem Hinweis auf die Beziehungen zwischen materieller und ideeller Freiheit und ihren Herrschaftswechsel wollen wir uns nun die *Grundrichtungen* vergegenwärtigen, *in denen die Technik der materiellen Freiheit dient.* Diese Grundrichtungen der materiellen

Freiheit müssen notwendig vor aller menschlichen Technik schon im Naturzustande zum Ausdruck kommen, da sich die primitive Technik kontinuierlich aus dem Naturzustande entwickelt hat, ja sich schon in diesem vorfindet.

Wir erkennen nun als die Hauptziele des Strebens nach materieller Freiheit im Naturzustande die Sicherung der Nahrung und den Schutz vor den negativen Einflüssen der Umwelt. Auf diese beiden Hauptziele ist ursprünglich, unmittelbar oder mittelbar, alles materielle Freiheitsstreben gerichtet. Die Mittel und Wege zu diesen Zielen können noch so verschieden sein und die Ziele selbst können sich auch noch so differenzieren, so gibt doch ihr allgemeiner Charakter aller ausschließlich der materiellen Freiheit dienenden Technik die Grundrichtung an. Die Nahrungssicherung und der Schutz vor den negativen Einflüssen der Umwelt stellen die positive und negative Seite der materiellen Auseinandersetzung der Lebensformen mit ihrer Umwelt dar. Hierin kommt — wie schon betont — der Charakter und Grad der materiellen Freiheit der Lebensformen zum Ausdruck. Es ist nun leicht ersichtlich, daß es außer dieser positiven und negativen Seite der materiellen Auseinandersetzung mit der Umwelt gar keine anderen Grundformen der materiellen Freiheit geben kann. Diese Zweiteilung der Aufnahme des für den Organismus Positiven und der Abgabe, Abwehr des für den Organismus Negativen tritt uns ja bereits in den tierischen Grundfunktionen, wie z. B. der des Ein- und Ausatmens und des Stoffwechsels, entgegen. Auch ist sie gleich diesen Ausdruck der Polarität, an der alles Leben orientiert ist. Aus diesen beiden allgemeinsten Grundformen der materiellen Freiheit läßt sich das ganze System der Ausdrucksformen materieller Freiheit entwickeln. Es würde in nichts anderem als in einer fortschreitenden Differenzierung der beiden Grundformen und der Mittel zu ihrer Verwirklichung zum Ausdruck kommen. Diese Differenzierungen der beiden Grundformen materieller Freiheit finden sich denn auch schon in den verschiedensten Gradabstufungen in der Organisation der Lebewesen. Die technischen Funktionsformen der Menschen stellen in dieser Hinsicht eine unbewußte Nachahmung der Funktionsformen tierischer oder pflanzlicher Organe dar.

Darüber hinaus treten in der menschlichen Technik — wie wir später sehen werden — aber auch die Funktionsgedanken der anorganischen kosmischen Struktur in neuen Formen und zu neuen Zwecken in Erscheinung.

Gehen wir den ersten Hauptdifferenzierungen im System der Ausdrucksformen materieller Freiheit etwas näher nach. Schon rein logische Überlegungen lassen hier die Mittel der menschlichen Ortsveränderung als ein Grundmittel sowohl zur Verwirklichung der positiven wie der negativen Seite der Auseinandersetzung des Menschen mit seiner Umwelt erscheinen. Wie die Nahrungssicherung, so erfordert auch die Abwehr der negativen Einflüsse der Umwelt die menschliche Ortsveränderung als eine Grundbedingung der Lebenserhaltung überhaupt. Ihre Grundwurzel liegt in dem für alles tierische Leben charakteristischen Urphänomen der aktiven Bewegung überhaupt, ein Urphänomen, das sich sowohl innerhalb des Organismus, wie in seiner Auseinandersetzung mit der Außenwelt ausprägt.

Die zahllosen Völkerwanderungen und Völkerverschiebungen der alten Zeit entsprechen im Hinblick auf die Ortsveränderung dem modernen Verkehrssystem, auf dem z. B. die Existenzmöglichkeit des insularen Englands in ganz besonderem Maße beruht. Hiernach ist es auch einleuchtend, daß jede Steigerung, Verbesserung der Verkehrsmöglichkeiten ihre rückwirkende Kraft auf die Steigerung und Verbesserung der Nahrungssicherung sowie des Schutzes gegenüber den negativen Einflüssen der Außenwelt ausübt. Den umgekehrten Fall der Herabsetzung der Nahrungssicherung durch Unterbindung der vorhandenen Verkehrsmöglichkeiten zeigte z. B. die Hungerblockade im Weltkriege, wie denn auch die periodisch wiederkehrenden Hungersnöte in Rußland und China vor allem durch ihr mangelhaft entwickeltes Verkehrssystem bedingt sind.

Der fortschreitenden Ausgestaltung, Differenzierung der Nahrungssicherung, des Schutzes vor den negativen Einflüssen der Umwelt und ihrer Grundbedingung der Ortsveränderung, in deren Charakter sich der Grad der materiellen Freiheit ausprägt, dient nun ein Heer von technischen Mitteln.

Diese befördern aber die materielle Freiheit nicht nur dadurch, daß sie rein sachlich die Möglichkeiten der Nahrungssicherung usw. immer mehr erweitern und ausgestalten, sondern auch dadurch, daß sie die hierzu nötigen mechanischen Verrichtungen, die früher der Mensch leisten mußte, mehr und mehr selbst übernehmen. Gerade diese subjektive Seite der persönlichen Entlastung von der rohen physischen Arbeit erscheint dem Menschen als besonders eindringliches Zeichen seiner materiellen Freiheit.

Suchen wir nun in die Struktur der drei Hauptgebiete materieller Freiheit etwas näher einzudringen. Die Nahrungssicherung differenziert sich — rein sachlich, nicht chronologisch gesehen — zunächst in die Gebiete der Landwirtschaft im weitesten Sinne, der Viehzucht und der Jagd. Der Schutz vor den negativen Einflüssen der Umwelt umfaßt den Klima- und Feindschutz oder den Schutz vor der anorganischen und organischen Welt. Die Ortsveränderung von Menschen oder Sachgütern vollzieht sich entweder zu Wasser oder zu Lande oder in der Luft. Neben dieser Gliederung der menschlichen Ortsveränderung spielt ihr maschineller Ersatz für diejenigen Fälle, wo der Mensch als Träger der Übermittlung von Nachrichten fungierte, eine sehr bedeutsame Rolle und bildet — wie in der Presse, im Telegraph, im Radio — eine besonders charakteristische Ausdrucksform materieller Freiheit. Dieser Ersatz der menschlichen Ortsveränderung gliedert sich wieder zwanglos in die dem Auge (Schrifttum, optische Signale) oder dem Ohr (Sprache, akkustische Signale) als Nachrichtenempfänger dienenden technischen Ersatzmittel. Ebenfalls möglich, aber weniger zweckmäßig erscheint hier die für die Ortsveränderung von Menschen, Sachgütern usw. angegebene erste Gliederung. Der Unterschied zwischen dem Seekabel und der Telegraphenleitung auf dem Lande ist z. B. nicht so charakteristisch, als daß er die Gliederung nach diesen objektiven Gesichtspunkten statt nach dem Unterschiede der Empfangsarten der Nachrichten rechtfertigen könnte. Der Unterschied z. B. zwischen Radio und Buch ist zweifellos weit charakteristischer als die an den objektiven Gesichtspunkten orientierten.

Das Gegenstück zur Differenzierung bildet, wie schon erörtert, die Integration, die Zusammenfassung differenzierter Teile zu neuen Einheiten oder ganz allgemein die Beziehungen zwischen den Teilen, die sich naturgemäß um so enger gestalten, je mehr diese Teile kraft ihrer Funktionen aufeinander angewiesen sind. So erweist sich z. B. das Siedlungswesen im weitesten Sinne als die allgemeinste Form der Kombination der drei Hauptgebiete materiellen Freiheitsstrebens, der Nahrungssicherung, des Schutzes vor den negativen Einflüssen der Umwelt und der Ortsveränderung. Denn in ihm begreifen wir schließlich alle auf die materielle Freiheit zielenden technischen Leistungen, mögen sie diesem Ziele unmittelbar oder nur mittelbar dienen. Analog können wir uns die Beziehungen zwischen den Teilen verdeutlichen, worauf wir jedoch zweckmäßiger bei der Erörterung der nächsten Differenzierungen hinweisen.

Die Landwirtschaft im weitesten Sinne umfaßt nun wieder die folgenden Unterabteilungen: Landwirtschaft im engeren Sinne, Weidewirtschaft, Gartenwirtschaft, Forstwirtschaft, Bergbau und die als Vorbereitung der einzelnen Zweige der Landwirtschaft dienende Bodenverbesserung (Moorkultur, Bewässerungs- und Entwässerungsanlagen usw.). Wir erkennen hier gleich die enge Verbindung der beiden ersten Unterabteilungen mit der Viehwirtschaft, während die Forstwirtschaft unmittelbare Beziehungen zur Jagd zeigt, die sich in die Jagd zu Lande und zu Wasser und in der Luft gliedert. Durch den Fischfang hat die Jagd wieder engste Beziehungen zu den Mitteln der Ortsveränderung auf dem Wasser. Wie alle Abteilungen der Landwirtschaft im weitesten Sinne der Urproduktion dienen, so ist insbesondere der Bergbau Hauptausgangsgebiet der Rohstoff- und Krafterzeugung und steht damit — man denke nur an die Bedeutung von Kohle und Eisen für das Gesamtgebiet der Technik — in enger Beziehung zu allen drei Hauptgebieten materieller Freiheit und ihren Ausgliederungen.

Der Klimaschutz gliedert sich wieder in die Hauptabteilungen Behausung und Kleidung, der Feindschutz, den die Kriegstechnik in den mannigfaltigsten Ausdrucksformen offenbart, in den Schutz zu Lande, zu Wasser und in der Luft.

Während sich der Schutz zu Wasser und in der Luft nur auf die Waffentechnik und ihre Hilfsmittel beschränkt, bildet der Schutz zu Lande außerdem noch die einen Teil des Siedlungswesens bildende Festungstechnik aus. Daß hiermit wiederum zahlreiche Beziehungen zu den Mitteln der Ortsveränderung gegeben sind, leuchtet ohne weiteres ein.

Von den drei Hauptgebieten der menschlichen Ortsveränderung unterscheidet sich die Ortsveränderung auf dem Lande von den anderen spezifisch dadurch, daß hier das Medium der Ortsveränderung erst durch den Straßenbau vorbereitet werden muß[1]). Das Wasser und die Luft stellen hingegen hinsichtlich der Ortsveränderung ein homogenes Medium dar, bedürfen also dieser Vorbereitung nicht. Anderseits sind hier die Beziehungen zum Klima im weitesten Sinne besonders bedeutsam und daher für die technische Gestaltung der Mittel zur Ortsveränderung mitbestimmend. Die technischen Mittel der Ortsveränderung auf dem Lande, denen das Rad als Hauptfunktionsgedanke gemeinsam ist, gliedern sich wieder in die von mechanischer Energie fortbewegten (Eisenbahn, Automobil usw.) und diejenigen, bei denen die Energie des tierischen Organismus (Mensch, Pferd usw.) die bewegende Kraft darstellt, wie Fahrrad, Kombination von Pferd und Wagen usw. Die Mittel zur Ortsveränderung auf dem Wasser gliedern sich in die Fahrzeuge, die durch Maschinenkraft, menschliche Ruderkraft oder Windkraft fortbewegt werden, während die vom Luftschiff und Flugzeug verkörperten Prinzipien, leichter und schwerer als die Luft, die Ortsveränderung in der Luft gliedern.

Die letzterörterten Differenzierungen, wie z. B. die Mittel der Ortsveränderung, der Kriegstechnik, der Nachrichtenübermittlung usw., stellen zum Teil ungeheuer komplizierte technische Systeme dar, in denen eine ganze Reihe von Erfindungen zur technischen Einheit kombiniert sind und die nicht selten Endglieder einer jahrtausendalten fruchtbaren technischen Entwicklung sind. Und wir sehen zugleich, daß sich mit jeder weiteren Unterteilung der drei Hauptgebiete

[1]) Ausnahmen sind z. B. die sog. Raupenschlepper, Traktoren, Tanks, aber auch Schlitten, die ihren „Weg“, ihre Schienen, als Teil des Fahrzeuges mit sich führen.

zahlreiche Beziehungen zwischen diesen Teilen eröffnen. Diese Beziehungen werden einmal von den Funktionen der technischen Mittel hergestellt. So erscheint die Ortsveränderung z. B. eines kornbeladenen Wagens als Mittel zur Nahrungssicherung, der Weg, auf dem sich der Wagen bewegt, als Mittel zur Ortsveränderung usw. Vor allem aber schafft der Herstellungsgang der technischen Mittel und ihrer Vorbedingungen, der Kraftgewinnung und -verteilung sowie der Rohstoffgewinnung zahlreiche Beziehungen zwischen den einzelnen Abteilungen, worauf wir zum Teil schon hinwiesen. Hier sei nur noch kurz die Hauptgliederung von Kraft und Stoff gekennzeichnet, die uns dann als Ausgangspunkt dient, auf das notwendige Erlebnis der Leistungszusammenhänge im Reiche der Technik überhaupt hinzuweisen.

* * *

Für die moderne Technik kommen insbesondere die folgenden vier Energieformen in Betracht: mechanische Energie, künstliche Wärme, elektrische und chemische Energie. Ihnen gegenüber besitzen die Windkraft und die Sonnenenergie nur eine untergeordnete Bedeutung. Für die unmittelbare technische Leistung haben wieder die mechanische Arbeit und die Wärme zweifellos den Vorrang vor der elektrischen und chemischen Energie. Dieses ergibt sich schon daraus, daß die menschliche Technik viele Jahrtausende ohne Kenntnis und Gebrauch der letztgenannten Energieformen als Kraftquellen für technische Leistungen möglich war. Ohne mechanische Arbeit verliert aber der Begriff der technischen Leistung überhaupt seinen Sinn. Jeder Organismus leistet ja mechanische Arbeit, die als Umwandlungsprodukt seiner Wärmeproduktion zutage tritt. Diese Umwandlungsfähigkeit der Energieformen ineinander ist denn auch das Orientierungsmittel für die Gliederung der technischen Kraftgewinnung. Hier ist es auch wieder charakteristisch und erhärtet den Vorrang der mechanischen Energie und der Wärme, daß die unmittelbare Kraftgewinnung — nämlich durch die Wasserkraft und die Kohle — nur diese beiden Energieformen erzielt. Will die menschliche Technik chemische oder elektrische Energie als Kraftquelle erzeugen, so bedarf sie hierzu der Wärme und mechanischen Energie. Gewiß vermag der Elektromotor elektrische Energie in mechanische Arbeit umzuwandeln, allein der Elektromotor wäre nicht möglich, wenn nicht der Generator oder Dynamo vorerst die mechanische Energie in elektrische Energie verwandelte. Gewiß ist das brennende Streichholz unmittelbar eine Folge der in der chemischen Umsetzung sich ausprägenden chemischen Energie, allein um diese Energie in Tätigkeit zu setzen, bedarf es zunächst der mechanischen Energie der Reibung, die sich in Wärme verwandelt, welche dann ihrerseits die chemische Energie in Freiheit setzt.

Der unmittelbaren Kraftgewinnung, die bei uns wesentlich auf der Kohle und der Wasserkraft beruht — das Petroleum spielt wie das Holz hierin gegenüber der Kohle nur eine untergeordnete Rolle — gesellt sich die Kraftverteilung, die wieder auf der Verteilung von elektrischer und Wärmeenergie (Zentralheizung) bzw. wie in der Ferngasversorgung, auf den Mitteln zur Wärmeerzeugung beruht. Die Zentralisation der Kraftgewinnung und die Dezentralisation der gewonnenen Kraft dienen entweder der Licht- und Wärmeerzeugung oder der mechanischen Arbeit und den chemischen Umsetzungen an den Stoffen, die im technischen Herstellungsprozeß verarbeitet werden. Hiermit kommen wir auf die Frage der Rohstoffgliederung.

Die Gliederung der mineralischen, pflanzlichen und tierischen Rohstoffe könnte hier nicht allein von ihrer wissenschaftlichen Klassifizierung bestimmt werden, da hiermit keineswegs ihre technische Bedeutsamkeit zutage tritt. Zählen wir etwa die einzelnen Elemente auf, die ja fast alle technische Verwendung finden, so sagt uns dieses für unsere Zwecke sehr wenig. Vielmehr müßte die wissenschaftliche Klassifikation mit einer technischen Hand in Hand gehen. Letztere müßte daran orientiert sein, daß die Rohstoffe Mittel zu technischen Gebilden sind, die den erörterten Gebieten der materiellen Freiheit dienen. Begriffe wie Nahrungsmittelindustrie oder Textilindustrie sind schon Ausdruck einer nicht rein naturwissenschaftlichen sondern zugleich technischen Klassifikation, da sie sowohl pflanzliche wie tierische

Rohstoffe, ferner aber auch alle Mittel und Verfahren umfaßt, die zur Erfüllung der darin vorgestellten technischen Zwecke führen. Allein auch solche zusammenfassenden Begriffe geben noch kein anschauliches Bild vom Lebenssinn der Rohstoffe. Dieses gewinnen wir erst, wenn wir ihren Wandlungsweg zum Fertigfabrikat begleiten und so erkennen, wie von mannigfaltigen Rohstoffgrundlagen her die verschiedensten Herstellungsprozesse ihre Richtung auf ein und dasselbe Gebilde hin nehmen, um schließlich die verschiedensten verarbeiteten Materialteile, Rohstoffe in einer technischen Formeinheit organisch zu vereinigen. Aber auch die umgekehrte Tendenz lernen wir aus solchen Werdeprozessen kennen, die Tatsache nämlich, daß sich ein und derselbe Rohstoff in zahlreichen, ganz verschiedenartigen Gebilden in wechselnder Gestalt und zu wechselnden Zwecken geformt vorfindet. Bilden dort die verschiedenen Rohstoffe gleichsam die Basis einer Pyramide, deren Spitze das fertige Erzeugnis darstellt, so sehen wir hier verschiedenartige Erzeugnisse als Basis der Pyramide, deren Spitze ein und derselbe Rohstoff repräsentiert. Man müßte also den Weg des Rohstoffes bis zum Fertigfabrikat durch derartige aufrechte oder auf die Spitze gestellte Pyramiden oder andere Mittel, wie Stammbäume usw., darstellen, um deren Wesen deutlich zu veranschaulichen. Diese Wegzeichnung würde u. a. auch die nicht seltene Tatsache veranschaulichen, daß ein Rohstoff in einem bestimmten Gebiete der materiellen Freiheit zu Hause ist, um dann allein oder in Verbindung mit anderen Rohstoffen in der Form des Fertigfabrikates in einem anderen Gebiete materieller Freiheit zu Hause zu sein. Fast alle Urproduktion entstammt je dem Gebiete der Nahrungssicherung, der Landwirtschaft im weitesten Sinne, der Viehzucht oder Jagd, und die Fertigfabrikate erscheinen dann in den verschiedensten Teilgebieten entweder der Nahrungssicherung selbst oder des Schutzes vor den negativen Einflüssen der Umwelt oder der Ortsveränderung. Analog wandern auch die unverarbeiteten Rohstoffe von einem Gebiet zum andern, so die Kohle zur Behausung oder zu Eisenbahn und Dampfschiff als Mittel der Ortsveränderung, das Kali vom Bergbau in die Landwirtschaft im engeren Sinne usw. Überhaupt knüpfen die materiellen Mittel zur materiellen Freiheit zahlreiche Beziehungen zwischen den einzelnen Gebieten materieller Freiheit. So bilden allein schon Kohle und Eisen eine ganz allgemeine, hauptsächlichste Rohstoffgrundlage unserer materiellen Freiheit überhaupt. Es gibt auch sonst nur wenige anorganische Rohstoffe, die nur für ein bestimmtes Spezialgebiet die materiellen Mittel darstellen.

Bedenkt man ferner, daß Kraft und Rohstoff sowie all die Maschinen, Apparate und die geistigen und physischen Leistungen der Menschen, die zur Gewinnung der Rohstoffe aufgeboten werden müssen, zusammen erst den Ausgangspunkt der Herstellungsprozesse bilden, die im Prinzip ein analoges Aufgebot erheischen, so leuchtet es ein, daß jeder noch in der Erde schlummernde Rohstoff — der in seiner Reindarstellung oft erst einem langwierigen Prozeß unterworfen werden muß — ungeheuer mannigfaltige Beziehungen eingeht, ehe er auf irgendeinem Spezialgebiete der materiellen Freiheit in irgendeinem ihr dienenden technischen Gebilde als integrierender Formteil erscheint. Bedenkt man ferner, daß die moderne Technik prinzipiell jede sinnlich wahrnehmbare Naturerscheinung als Rohstoff betrachtet — der Mensch ist, wie der Taylorismus zeigt, in gewissem Sinne hiervon auch nicht ausgenommen — und daß fast jeder Rohstoff zahlreiche Kombinationen mit anderen Rohstoffen eingeht und viele Rohstoffe Ausgangspunkt künstlicher Rohstoffe sind (vgl. z. B. den Stammbaum der Erzeugnisse des Steinkohlenteers), so leuchtet es ein, daß all die Rohstoffe, ferner die Arbeitsbeziehungen der sie bearbeitenden Kräfte der Natur und des Menschen zu ihnen und untereinander, ferner die Zweckbeziehungen der fertigen Erzeugnisse untereinander und zu den Gebieten der materiellen Freiheit, schließlich die unmittelbaren wie mittelbaren Beziehungen der menschlichen Berufstätigkeit zu den Gebieten der menschlichen Freiheit eine ungeheuer komplizierte Gesamtstruktur der technischen Zusammenhänge schaffen.

Hier liegt nun die Frage nahe: nach welcher Methode müßte man diese eben angedeuteten technischen Zusammenhänge darstellen, um sie zu bildhaftem Erleben werden zu lassen. Hierzu ist es zweifellos zunächst erforderlich, die drei

Grundfaktoren technischen Schaffens in ihrer organisatorischen Zusammenfassung zu veranschaulichen. Als diese drei Grundfaktoren erwiesen sich das Material, das technische Verfahren oder die Art und Weise, in der das Material durch Kräfte zweckgemäß verändert, geformt wird und der konkrete Zweck dieses Verfahrens, gleichsam die verkörperte technische Idee. Es handelt sich hier also zunächst darum, daß sich das Sein und Werden der Resultate technischen Schaffens wechselseitig veranschaulichen. Der beabsichtigte Zweck, das Sein, bestimmt das Material wie das technische Verfahren, das Werden, und umgekehrt verdeutlicht dieser Werdeprozeß das Wesen des Gewordenen. Diese Verdeutlichung ist gerade für die praktisch ausführenden Kräfte bedeutsam, denn hier erschließt sich ihnen der Sinn ihrer Arbeit. Hingegen werden die gesetzgebenden und ordnenden technischen Kräfte umgekehrt, vom Standpunkte des zu erreichenden Zweckes aus Material und Verfahren bestimmen und kontrollieren.

Allein, diese organisatorische Verbindung der drei Hauptfaktoren technischen Schaffens genügt nicht, um uns die angedeuteten technischen Zusammenhänge in ihrem gesamten Grundcharakter zu veranschaulichen. Wir wüßten wohl, warum das Material so und so beschaffen sein muß, wie und warum die Kräfte das Material in dieser oder jener Weise zur Verfügung stellen und formen müssen usw., allein wir würden uns hiermit schließlich nur den Sinn dieses oder jenes technischen Erzeugnisses in seiner Isolierung von anderen technischen Erzeugnissen vergegenwärtigen. Die technischen Zusammenhänge werden aber erst dann vollständig in ihrem Grundcharakter veranschaulicht, wenn wir auch diese einzelnen technischen Resultate organisatorisch miteinander verbinden. Das geschieht dadurch, daß wir ihre Leistungszusammenhänge aufzeigen. Die Herstellung des Brotes z. B. erfordert ganz andere Rohmaterialien und technische Verfahren als etwa die Herstellung eines Messers. Schneiden wir aber das Brot mit diesem Messer, so stehen beide in einem Leistungszusammenhang, der das Messer als ein technisches Hilfsmittel für ein Hauptgebiet der materiellen Freiheit, nämlich die

Nahrungssicherung, der das Brot unmittelbar dient, erscheinen läßt. Das Messer könnte aber auch zum Späneschnitzeln für das Feueranmachen benutzt werden, und dieses Feuer könnte der Erwärmung der Behausung dienen. In diesem Falle erscheint das Messer als ein Hilfsmittel für das im Klimaschutz zum Ausdruck kommende Gebiet materieller Freiheit. Und so lassen sich unendlich zahlreiche Beispiele anführen, die alle die allgemeine Tatsache verdeutlichen würden, daß die Leistungszusammenhänge zwischen den einzelnen Resultaten technischen Schaffens von den Gebieten der materiellen Freiheit bewerkstelligt werden. Diese Organisation der technischen Resultate oder Funktionsformen, die sich als die technische Struktur der Gebiete materieller Freiheit darstellt, entspricht gewissermaßen der Organisation der Funktionsformen des menschlichen Körpers zur Leistungsgemeinschaft im Hinblick auf die Erhaltung des Lebensganzen.

Die Erwähnung dieses Zusammenhanges führt uns unmittelbar wieder zum Ausgangspunkte unserer Exkursion durch die Hauptgebiete der materiellen Freiheit. Erkannten wir dort die Sicherung der Nahrung und den Schutz vor den negativen Einflüssen der Umwelt als die Hauptziele des Strebens nach materieller Freiheit im Naturzustande und die technischen Mittel der Ortsveränderung als eine Grundbedingung zur Erfüllung dieser Ziele des tierischen Organismus, so müssen die Lebensformen selbstverständlich auch diesen ihren Zwecken gemäß organisiert sein. In der Tat erschöpft sich die ihrer physichen Selbstbehauptung dienende Organisation der Lebensformen — auch die Fortpflanzung ist Selbstbehauptung, nämlich der Art nach — in der Organisation der genannten drei Ziele oder Gebiete der materiellen Freiheit. Wir kommen später, in der Erörterung der Technik der Natur, auf diese Biotechnik noch näher zurück.

Aber schon hier wird deutlich, daß die lebendigen Zusammenhänge innerhalb der technischen Zivilisation des Menschen ihr ursprüngliches Vorbild in der Organisation der Lebensformen haben müssen. Denn diese technische Zivilisation dient ja nicht nur, wie erörtert wurde, im Grunde denselben drei Hauptzielen materieller Freiheit, sondern wurzelt auch im Naturzustande der Lebensformen. Der Ring würde sich also schließen, wenn unsere technische Zivilisation ebenso ein einheitlich organisiertes System von Mitteln zur Erhaltung eines Organismus darstellen würde wie die technischen Einrichtungen, deren sich die Lebensformen zu den gleichen Zwecken bedienen. Ein solcher Organismus, der die technische Zivilisation als einheitlich organisiertes System von Mitteln ausprägte, wäre nun nichts anderes als das Staatswesen, als die Lebensform der Volksgemeinschaft. Erst in diesem von der organischen Denkweise geforderten Bilde des Staates als Organismus vermöchten wir die lebensnotwendigen Zusammenhänge innerhalb der technischen Zivilisation voll und ganz zu erfassen. Hier vermöchten wir zugleich zu beurteilen, welche Einrichtungen sich in der jeweiligen Organisation der technischen Zivilisation als lebensfördernd, welche als lebenshemmend oder gar als lebensfeindlich darstellen. Und es ist kein Zweifel, daß die Idee der materiellen Freiheit hinsichtlich der Organisation der technischen Zivilisation erst dann erfüllt wäre, wenn dieselbe als dienendes Mittel dem einheitlichen Bauplan des Organismus, wenn sie der in ihm offenbarten Idee des Lebens voll gerecht wird.

Aber noch ein weiteres Bild steigt hier auf. Nicht nur der Einzelstaat als Lebensform der Volksgemeinschaft, sondern die ganze Menschheit wird hier als eine Art von „Organismus" geschaut, dem ein im Grunde einheitliches System technischer Mittel zu seiner Erhaltung und Entfaltung dient. Zu diesem Bilde, das sich einem planetarischen Bewußtsein darstellt, regt schon heute die weltumspannende Kraft der Maschinentechnik an. Allein, man täuscht sich außerordentlich in der Meinung, daß diese Kraft der weltumspannenden Technik von sich aus einen Weltorganismus zu schaffen vermöchte. Die Technik schafft kein Leben, sondern dient immer nur dem planmäßig schaffenden Leben als Werkzeug seiner Erhaltung und Entfaltung. Auch wäre dieser manchen Phantasten vorschwebende „Weltorganismus" — im Unterschiede zum Staatswesen als der Lebensform einer Volksgemeinschaft — keineswegs der Idee eines aus artgleichen Zellen gebildeten natürlichen Organismus angenähert, vielmehr dem in der Symbiose verschiedener Lebewesen verwirklichten Baugedanken der lebenden Natur. Denn die tiefgehenden, in der Weltordnung überhaupt gegründeten rassischen wie landschaftlichen (geologisch-klimatischen) Wesensunterschiede wird auch ein allein an der uniformierenden Technik orientiertes planetarisches Bewußtsein nicht aufzuheben vermögen. In ihnen liegt aber der dauernd sprudelnde Quell zur Bildung unterschiedlicher Menschengruppen und ihrer staatlichen Zusammenfassung. Wohl aber ist es gerade auch die Aufgabe der weltumspannenden Kraft der Technik, die planetarische Symbiose der unterschiedlichen Menschengruppen zu ermöglichen, die — unter Bedrohung mit ihrer sonstigen Vernichtung — trotz aller gegenseitigen Spannungen zusammenzuhalten und hierin die zusammenhaltende Funktion des rotierenden Erdmechanismus selbst zu unterstützen. In dieser Aufgabe würde die Technik als eine Art Zuchtmittel auftreten, als ein lebensnotwendiger Ersatz für die noch nicht ausgebildete sittliche Freiheit, in der letzten Endes die wahre menschliche Symbiose gegründet sein müßte.

Exkurs über die menschliche Technik im weiteren Sinne.

Vom allgemeinen Wesen der geistigen Technik.

Werkzeuge und Maschine sind die Wahrzeichen der menschlichen Technik im engeren Sinne, die alle Leistungen und Vorgänge umfaßt, welche in der zweckmäßigen Umgestaltung der Natur die materiellen Mittel zur Festigung und Erweiterung der materiellen Freiheit liefern. Und wenn wir vom gegenwärtigen Zeitalter der Technik sprechen, so wollen wir damit das moderne, auf mathematisch-naturwissenschaftlicher Grundlage stehende Ingenieur- und Maschinenwesen im Unterschied zur handwerklichen Technik früherer Zeiten oder die Technik als Ersatz im Unterschied zur Technik als Unterstützung menschlicher Arbeitskraft charakterisieren. Immer aber handelt es sich um die zweckmäßige Verwirklichung materieller oder energetischer Mittel zur materiellen Freiheit, die als Anlage schon in der gesetzmäßigen Struktur der anorganischen Natur liegen.

Die Anwendung dieser Mittel erstreckt sich im Grunde genommen auf alle menschliche Lebensgebiete. Die menschliche Technik im engeren Sinne weist den Wissenschaften neue Wege zur Erforschung der Natur, bietet die Möglichkeit zu neuen Erfindungen und Entdeckungen, verhilft dem künstlerischen Schaffen zu neuen materiellen Mitteln seiner Ausdrucksformen, eröffnet nicht nur dem physischen, sondern auch dem geistigen Verkehr neue Bahnen, fördert das Gesundheitswesen in weitgehendem Maße, bestimmt das Gepräge der Wirtschaft, die fortschreitende Differenzierung und Integration der sozialen Struktur und beeinflußt weitgehend die Politik, ja die ganze äußere und zum Teil auch innere Lebenshaltung des Menschen.

Allein trotz dieses vielseitigen großen Einflusses stellt die materielle Technik doch nur einen Teil der menschlichen

Technik überhaupt dar. Schon die Tatsache, daß sich die menschliche Technik im engeren Sinne in die Handwerkstechnik und die Ingenieur- oder Maschinentechnik differenziert und daß wir mit dem „Zeitalter der Technik" speziell die wissenschaftlich fundierte, wirtschaftliche Ingenieurtechnik charakterisieren, also hiermit den Begriff der Technik in einem noch engeren Sinne fassen, legt die Annahme nahe, daß diese Verengerung des Begriffs der Technik, die ja von der Antike bis zur Gegenwart immer mehr fortschritt, ihre Ursache in der fortschreitenden sachlichen Differenzierung ihres allgemeinsten Wesens hat. Nun begegnen sich der antike Begriff Technik, der ja die materielle Technik und die Kunst umfaßte, und der moderne spezielle Begriff „Ingenieurtechnik" im Bewußtsein, daß der Mensch selbst der Schöpfer seiner Technik ist. Somit ist es auch nicht die sachliche Differenzierung, die berechtigt wäre, den Begriff Technik zu bestimmen, sondern die geistige Haltung des Menschen, der alle möglichen Ausdrucksformen der Technik ihren Ursprung verdanken. Diese geistige Haltung ist das im zweckbewußten Handeln zutage tretende menschliche Schaffen oder, wie wir schon zu Beginn des Werkes erklärten: als Ausdruck eines bewußt zweckmäßigen Handelns ist technisches Schaffen ein geistiges Schaffen. Somit müßte auch der allgemeinste Begriff der menschlichen Technik aus der geistigen Haltung des bewußt zweckmäßigen Handelns hergeleitet werden können.

Jedes bewußt zweckmäßige Handeln des Menschen hat eine geistige Organisation von Wissenselementen zur Bedingung. Denn in diesem Handeln soll ein bestimmter Zweck erfüllt werden, zur Erfüllung desselben bedarf es aber der nötigen Mittel, die so geordnet werden müßten, daß sie zu dem beabsichtigten Zwecke hinführen. Diese Mittel müssen bewußt werden, denn sonst kommt es zu keinem bewußt zweckmäßigen Handeln, und sie müssen dem Zweck gemäß im Geiste geordnet werden. Alle materielle Ordnung, materielle Technik hat die geistige Ordnung, die geistige Technik zur Voraussetzung, ja ist im Grunde nichts anderes als eine Materialisation dieser geistigen Technik.

Diese geistige Ordnung der gewußten Mittel, des Wissensmaterials, kann nun neben der materiellen Technik den verschiedensten Zwecken, etwa wissenschaftlichen oder künstlerischen oder gesellschaftlichen usw. dienen. Hier ist nun zu unterscheiden, ob, inwiefern und inwieweit diese geistige Ordnung an die individuelle Organisation der Persönlichkeit gebunden ist oder nicht. Ferner, ob diese Ordnung in objektiver Hinsicht der nur einmaligen, einzigartigen oder der wiederholten bzw. wiederholbaren Erfüllung eines bestimmten Zweckes dient. Die subjektive und die objektive Seite der geistigen Ordnung entsprechen sich hier zweifellos. Denn eine Ordnung, die an die individuelle Organisation einer Persönlichkeit gebunden ist, kann nicht von anderen Personen wiederholt werden. Wohl aber dürfte diese Wiederholung in gewissem Sinne der gleichen Persönlichkeit möglich sein. Die Ordnung des Wissensmaterials, die den Zweck hatte, der Welt den Faust zu schenken, war in dieser Form zweifellos an die Organisation der Persönlichkeit Goethes gebunden und nicht wiederholbar. Allein, wenn Kant mit Recht erklärt, das Genie gibt der Kunst die Regel, so werden wir dieses Wort auch dahin ausdeuten dürfen, daß diese Regel in etwas auch das Gesamtschaffen der betreffenden künstlerischen Persönlichkeit charakterisiert.

Gibt es nun Regeln der zweckmäßigen geistigen Ordnung, die nicht an die individuelle Organisation gebunden, sondern prinzipiell allgemein erlernbar sind und damit eben einer geistigen Technik Ausdruck geben? Zweifellos, denn wir sind ihnen schon in der Charakterisierung der Handwerkstechnik begegnet. Hier machten wir aber zugleich den wichtigen Hinweis, daß die Beobachtung dieser Regeln nicht das organische Wesen der Handwerkstechnik erschöpft, daß diese über die erlernbaren Regeln hinaus zugleich die rational unfaßbare individuelle Organisation ausprägt und darin der Kunst verwandt ist. Die Handwerkstechnik ist so hinsichtlich der Beimengung irrationaler persönlicher Momente gleichsam eine unreine Technik zum Unterschied von der Maschinentechnik. Die reine Technik müßte sich also auch in ihren geistigen Ausdrucksformen auf die Befolgung erlernbarer, wiederholbarer Regeln der zweckmäßigen Ordnung und Anwendung von Wissensmaterial beschränken. Derartige Regeln aufzustellen und sich theoretisch wie praktisch anzueignen ist nun ausschließlich das Amt des Verstandes. Seine Eigentümlichkeit ist die Objektivität, das rationale Erfassen des Typischen in der Individualität aller konkreten Erscheinungen, die Abstraktion von den irrationalen Äußerungen der Persönlichkeit. Er ist der Schöpfer des sachlichen Wissens in seiner allgemeinen Mitteilbarkeit durch die Sprache, Das Medium aber, durch das der Verstand seine eigene, als Logik sich ausprägende reine Form in Raum und Zeit veranschaulicht, ist die Mathematik als die aller Wirklichkeitserfahrung zugrunde liegende Wissenschaft *a priori*.

* * *

Das Wesen und Wirken des menschlichen Verstandes entspricht der im Kosmos waltenden mechanischen Gesetzmäßigkeit. Der Verstand ist dazu bestimmt, diese logische, mathematische Gesetzmäßigkeit zu erfassen und praktisch anzuwenden. Er ist ein Zeugnis des Geistes (Logos), der auch dem mechanischen Aufbau des Kosmos zugrunde liegt und geschaffen, diesen geistigen Aufbau zu erfassen. Als Geist von dem Geiste des Mechanismus der Welt schafft er sich seine Werkzeuge, Regeln, Methoden und baut mit ihnen die mechanische Gesetzmäßigkeit einer neuen Welt aus den losgelösten Bausteinen der natürlichen Welt auf.

Die vom Verstande geschaffene Welt offenbart nun das allgemeine Wesen der menschlichen Technik in seinen verschiedenartigsten Ausdrucksformen. Jede zweckbewußte Handlung, auch das größte Kunstwerk, kann trotz seines irrationalen Wesenskernes diese allgemeine menschliche Technik ebensowenig entbehren wie das organische Leben den Mechanismus der anorganischen Natur. Jede allgemein wiederholbare zweckbewußte Handlung bedarf zur Erfüllung des vorgestellten Zweckes einer Regel, welche das Schema abgibt, das dem Vollzug der Handlung zugrunde liegt.

Die vom Verstande gegebenen Regeln müssen völlig unpersönlich sein, da sie sich ja nur auf den vorgestellten rein sachlichen Zweck beziehen. Dieser objektive Charakter der Regel läßt sie gleichsam der sachlichen Handlung selbst innewohnen, wie sie der Maschinentätigkeit in der Tat innewohnt. Durch diese Ausschaltung aller organischen Willkür wird eben die Handlung als technische Leistung gestempelt. Das Klavierspiel z. B. erfolgt nach bestimmten Verstandesregeln, welche die Beziehungen zwischen den Noten und der Fingerstellung bestimmen. Sind diese Regeln einmal erlernt, so wird die Übung diese Technik des Klavierspiels im allgemeinen um so sicherer handhaben, je mehr diese Regeln, wie man sagt, in Fleisch und Blut übergegangen sind, je weniger sich das Vordergrundsbewußtsein dieselben jedesmal wieder vorzustellen braucht. Die Möglichkeit dieser Mechanisierung liegt eben darin, daß die Verstandesregel immer nur eine mechanische, logisch-mathematische Ordnung aufstellt, die z. B. der Entscheidung der irrationalen Gefühlsmomente völlig entzogen ist. Allein der künstlerisch empfindende Mensch wird gerade diesen irrationalen seelischen Ausdruck im Klavierspiel des reinen Technikers vermissen und die Forderung aufstellen, daß das Klavierspiel über die technischen Fertigkeiten hinaus, auch seelischen Ausdruck offenbart.

Hier zeigt sich nun der Unterschied zwischen einer die Verstandesregeln rein zum Ausdruck bringenden Konstruktion und der Organisation oder beseelten Konstruktion. In der Organisation bildet der technisch konstruktive Charakter einer Handlung, eines Vorganges, überhaupt jeder künstlichen, von Menschen geschaffenen Ordnung, gleichsam nur das tragende Skelett, an dem sich die beseelte, lebendige Form offenbart. So bleibt auch der Klavierspieler nur Techniker, wenn er dem konstruierten Spiel keine die Konstruktion beherrschende Seele zu leihen vermag, wenn er die Tonfolge nicht in ähnlicher Weise zu organisieren, zu beseelen weiß, wie der Künstler, der sie als Medium zur Offenbarung seiner Seele schuf[1]).

[1]) Das eben Gesagte gilt für alle reine Kunst, welche ihre konstruktive Seite, ihre Technik, immer nur als Mittel zur Offenbarung des seelischen Lebens zeigt bzw. zeigen sollte. Mag diese Technik nun materieller oder

Der Sinn alles Lebens ist es ja, sich selbst zu verkünden. Der Verstand und seine rationalen Leistungen sind aber keineswegs dieses organische, rational unfaßbare Selbst, sondern nur ein Mittel, Werkzeug des Lebens. Er steht hiermit in genauer Analogie zur gesetzmäßigen anorganischen Struktur des Kosmos, die ebenso Mittel, Werkzeug der organischen Welt ist, welche ihrer Idee nach der anorganischen Welt vorausgeht, deren Charakter und Richtung bestimmt. Sinn der Technik aber ist es, dem sich sonst verströmenden Leben einen festen Halt zu geben, das Fundament, das Gerüst, auf dem und an dem es sich aufbauen kann. Eine Organisation ohne Konstruktion, ohne das technische Gerüst, das das organische Leben derselben trägt, ist ebensowenig lebensfähig, wie der Organismus ohne mechanische Richtungstendenzen, etwa das ihn tragende Skelett oder ohne den ihm dienenden dynamischen Mechanismus. Ohne Gesetzmäßigkeit gibt es keine Freiheit, sondern nur Willkür. Wie die Gesetzmäßigkeit der Natur das Mittel zur äußeren materiellen Freiheit ist, so gibt der vernünftige Mensch sich selbst das Gesetz seiner inneren ideellen Freiheit. Naturgesetz und Sittengesetz stehen aber in einem inneren Zusammenhang, sind, wie wir noch sehen werden, im Grunde nur verschiedene Betrachtungsweisen einer und derselben Weltgesetzlichkeit.

Die Ausschaltung der Individualität des organischen Lebens, wie sie z. B. die Maschinentätigkeit kennzeichnet, zeigt nicht nur in der materiellen oder Technik im engeren Sinne die Alleinherrschaft der technischen Regeln, sondern auch in aller reinen Geistestechnik. Logik und Mathematik sind völlig reine Formen dieser Geistestechnik, der geistigen Konstruktion im Unterschied zur Organisation, die wiederum

---

aber auch geistiger Art sein, wie z. B. in der Technik des Dramas oder in der unterschiedlichen Maltechnik, welche auf dem geistigen Charakter der unterschiedlichen Sehweise beruht. In der angewandten Kunst (z. B. Architektur) erhält hingegen die rein konstruktive Seite insofern selbst ästhetischen Wert, als sie den zugleich beabsichtigten Gebrauchszweck veranschaulicht, also nicht der seelischen Offenbarung des reinen Kunstwerks dient. Im übrigen sei hier nicht weiter auf die Technik in der Kunst eingegangen, da dieses Thema ja in der kunstwissenschaftlichen Literatur genugsam behandelt wird.

auf zahlreiche zweckbewußte Handlungen anwendbar sind. Jede reine Rechnung, Berechnung, wie sie die mathematische Formulierung der mechanischen Gesetzmäßigkeit der Natur, die Statistik, die Buchführung, banktechnische Operationen usw. zum Ausdruck bringen, offenbart den konstruktiven mechanischen Charakter der Geistestechnik. Die Einrichtung und Handhabung eines Lexikons, eines Adreßbuches, einer Kartothek usw. erfolgt nach einer allgemein verbindlichen geistestechnischen Regel, welche in der Buchstabenfolge des Alphabets gegeben ist. Sie ist der Bestimmungsgrund der rein formalen Ordnung gegenständlicher Begriffe, während die den Inhalt der Begriffe betreffende materielle Ordnung von dem Sonderzweck bestimmt wird, dem die formale Ordnung dient.

Während die rein mathematischen Ausdrucksformen der Geistestechnik im praktischen Leben nur auf bestimmte Sonderzwecke beschränkt sind, erweist sich die Sprache als das allgemeinste Ausdrucksmittel der in der logischen Form des Verstandes gegründeten Geistestechnik. Ja, im Grunde kann auch die Mathematik ihr Wesen nur mittels der Sprache klar offenbaren. Denn auch zu aller reinen, von der äußeren Erfahrung unabhängigen Erkenntnis, wie sie die Mathematik liefert, gehören Anschauungen und Begriffe. Die mathematischen Formulierungen sind aber nichts anderes als rechnerische Symbole begriffener Anschauungen.

„Wie die Sprache ein Werkzeug des Geistes ist", sagt Max Eyth, „so ist umgekehrt auch das Werkzeug eine Sprache des Geistes". Auf den Geist in der materiellen Technik wiesen wir schon im ersten Abschnitt hin. In der Sprache begegnen wir nun der bedeutsamsten schöpferischen Organisation des menschlichen Geistes, welche Technik und Leben in einem ständig wechselnden Verhältnis offenbart. Dieses Verhältnis ändert sich nicht nur mit der gleichsam objektiven geschichtlichen Entwicklung der Sprache, sondern besitzt auch für jeden einzelnen Menschen seinen Sondercharakter. Das erklärt sich daraus, daß die Sprache zunächst als geistiges Verkehrsmittel, als Werkzeug des Geistes, der Mitteilung eines objektiven Wissens dient, daß sie, mittels ihrer schematischen Zeichen, der in Worte gefaßten Begriffe, für die Allgemeinheit festhält. Die Erlebnisbedeutung dieses objektiven Wissens ist aber durchaus individuell. Und oft fehlt sie, wenn wir nämlich das objektive Wissen rein mechanisch aufnehmen, wenn uns zwar der objektive sachliche Inhalt der Worte klar ist, wir aber nicht imstande sind, das Gewußte dem Strom unseres Erlebens organisch einzuverleiben, dasselbe in unserer individuellen Organisation zu organisieren. Besonders die Erlebnisqualitäten rein wissenschaftlicher Erkenntnisse sind in der Regel um so geringer, je unähnlicher, fremder der Charakter des Wissensmaterials dem Alltagscharakter des menschlichen Lebens ist. Denn immer ist es die Bedeutung für das eigene Leben, die Möglichkeit, dem Wissen seinen sinngemäßen Platz in der Ordnung dieses Lebens zu geben, was die Erlebnisqualitäten des Wissensmaterials kennzeichnet. Unser Mangel eines einheitlichen Lebensstiles, die ungeheure Heterogenität im Charakter der Erscheinungen unseres gegenwärtigen Kulturgepräges, das alle Abstufungen vom krassesten Materialismus bis zum verschwommensten Idealismus in ihrem Widerstreit zeigt, hat ihren innersten Grund in dem Mangel einer seelischen Ordnung, Organisierung, Verdauung des ungeheuren Wissensmaterials. Der Mensch findet nicht mehr die Kraft, dieses Wissen seinem spezifisch menschlichen Lebenssinn einzuordnen, und so wird seine seelische Innenwelt von ihm beherrscht, statt es zu beherrschen. Wir finden hier auf geistigem Gebiete also dieselben typischen Erscheinungen unseres entseelten und entseelenden Zeitalters des Maschinenwesens, die wir bei der Erörterung der materiellen Technik feststellten. In dem hier zutage tretenden mechanischen Denken vermittelt die Sprache in ähnlicher Weise die mechanische Beherrschung des Menschen durch die objektive, sachliche Außenwelt, wie die im Maschinenwesen zutage tretende Mechanik des Geistes.

* * *

Die Korrespondenz zwischen dem Maschinengeist und der in der Sprache zutage tretenden Technik des Geistes zeigt sich besonders eindringlich überall dort, wo die Sprache als

Mittel dient, die Logik des menschlichen Verstandes unmittelbar oder mittelbar durch die Mathematik zu veranschaulichen Die logische Form unseres Verstandes ist im Grunde der Urquell, die Voraussetzung aller realisierten oder realisierbaren Technik. Das für den Charakter der Technik überhaupt so bedeutsame Ökonomieprinzip ist ja im Grunde nichts anderes, als die Anwendung der logischen Form unseres Verstandes auf die Erscheinungswelt. Logik ist geistige Ökonomie und als solche Voraussetzung aller bewußt gehandhabten materiellen Ökonomie. Denn die Gesetzmäßigkeit des Verstandes geht aller verstandesmäßigen Erfahrung voraus, ist gleich der äußeren sinnlichen Anschauung die Bedingung, Quelle aller Erfahrung. Diese Gesetzmäßigkeit des Verstandes, die Logik liegt auch dem Mechanismus der kosmischen Struktur zugrunde und allein deshalb ist es uns möglich, die Form unseres Verstandes mit unserer sinnlichen Anschauung in Übereinstimmung zu bringen, Erfahrungen, wissenschaftliche Erkenntnisse zu erwerben und mittels ihrer letzten Endes die Gesetzmäßigkeit der Welt als Ausdruck unserer eigenen Gesetzmäßigkeit zu begreifen.

Schon der Begriff des zweckmäßigen Handelns offenbart uns die Beziehungen zwischen dem Ökonomieprinzip und der Logik oder geistigen Technik. Da der Zweck selbst der Maßstab des zweckmäßigen Handelns ist, so ist alles Überschreiten dieses Maßes nicht nur unzweckmäßig, sondern auch unökonomisch, eben weil in ihm, am Zweck gemessen, qualitativ oder quantitativ ein Zuviel zum Ausdruck kommt. So erscheint das Ökonomieprinzip als die allgemeine Form zweckmäßigen Handelns, die durch den jeweiligen Zweck ihren konkreten Inhalt erhält. Das Ökonomieprinzip ist aber als die allgemeine Form zweckmäßigen Handelns nichts anderes als ein Ausdruck der logischen Form unseres Verstandes. Der Begriff des zweckmäßigen Handelns fordert schon rein logisch die Ausschaltung dessen, was dem Zwecke nicht gemäß ist, also die Befolgung des Ökonomieprinzips. Nun offenbart die Mathematik die unmittelbare Veranschaulichung der logischen Form des Verstandes in den reinen, aller Wirklichkeitserfahrung zugrunde liegenden Anschauungsformen Zeit und Raum. Daher können wir die im Ökonomieprinzip sich ausprägende Logik auch mathematisch, z. B. durch den bekannten Satz veranschaulichen: Die gerade Linie ist die kürzeste Verbindung zwischen zwei Punkten. Auf die Physik angewandt, ergibt dieser Satz das Prinzip des kleinsten Kraftmaßes oder des geringsten Widerstandes.

Gewiß wird in der technischen Praxis oft ein Umweg zur Erreichung eines bestimmten Zweckes vonnöten sein, der als solcher unökonomisch ist, Material und Kraft beansprucht, die nicht unmittelbar der Erfüllung des Zweckes dienen. Solche als Umwege zu bezeichnenden Verletzungen des theoretischen Ökonomieprinzips werden in der Praxis trotzdem als zweckmäßig bezeichnet werden müssen, wenn der Zweck nicht anders als auf solchen Umwegen erfüllt werden kann. Derartige Situationen treffen wir nicht nur in der technisierten Wirtschaft an, sondern gerade auch auf solchen Lebensgebieten, die, wie die Politik, mit den irrationalen Widerständen der lebendigen Kräfte zu rechnen haben.

Die in der Logik des Verstandes zum Ausdruck kommende Geistestechnik, deren Vermittler die Sprache ist, findet nun eine ausgedehnte Anwendung in den Wissenschaften. Ja, auf Grund der eben erörterten Beziehungen zwischen der logischen Form des Verstandes und dem Ökonomieprinzip ist wissenschaftliches Denken immer ein ökonomisches Denken. Und Mathematik ist deshalb eine ganz reine Wissenschaft, weil sie nichts weiter als das Wissen um die Logik des menschlichen Verstandes unmittelbar veranschanlicht. Gegenüber der konkreten Wirklichkeit sind wir meist auf Hypothesen und, wenn es hoch kommt, auf Theorien angewiesen, welche — wie die Erschütterung der theoretischen Grundlagen der klassischen Physik zeigt — immer wieder durch neue Hypothesen und Theorien ersetzt werden können. In der Wissenschaft der Mathematik kann hingegen ein Irrtum nur insofern vorliegen, als wir noch kein klares Bewußtsein von unserer Verstandesform besitzen, in ihrem Gebrauch nicht geübt sind.

Da nun aber die logische Form des Verstandes die entscheidende Instanz hinsichtlich des wissenschaftlichen Begreifens der rational erfaßbaren Außenwelt ist, so wird notwendigerweise auch die ihr eigene Wissenschaft, die Mathematik, in der Natur angetroffen werden müssen, wenn der Verstand zu einem Begriff der Natur, zu einer Naturwissenschaft gelangen will. Denn wir können im Grunde nur begreifen, was wir selbst sind, die Naturerkenntnis kann uns nur analog der Mathematik die Form unseres eigenen Verstandes gleichsam widerspiegeln. Daher denn Kant auch erklärt: „Ich behaupte, daß in jeder besonderen Naturlehre nur so viel eigentliche Wissenschaft angetroffen werden könne, als darin Mathematik anzutreffen ist." Es ist hiernach auch einleuchtend, daß das Ökonomieprinzip der geistigen Technik in den anorganischen Naturwissenschaften eine weit größere Rolle spielen muß als in allen sonstigen Wissenschaften. Ferner leuchtet es auch ein, daß die logische Form des Verstandes, Mathematik, anorganische Naturwissenschaften, materielle Technik der gleichen Niveaufläche angehören, die eben von der logischen Form des Verstandes bestimmt wird.

In der Bildung und gedanklichen Ordnung der Begriffe selbst zeigt sich nun der ökonomische Charakter der Geistestechnik in seiner allgemeinsten Anwendbarkeit. Diese logischen Operationen befassen sich ganz allgemein mit dem Verbinden, begrifflichen Zusammenfassen des Gleichartigen und Ähnlichen und mit dem Unterscheiden, begrifflichen Trennen des Ungleichartigen und Unähnlichen. Da die begriffliche Zusammenfassung des Ähnlichen zu um so höheren Einheiten führt, je allgemeiner die gemeinsamen Merkmale sind, kraft derer individuell verschiedenartige Erscheinungen durch denselben Begriff zusammengefaßt werden — wie etwa der Fisch und der Löwe durch den Begriff des Tieres —, so ergibt schon diese Begriffsbildung ein logisches System von Über-, Unter- und Gleichordnungen, das das Wißbare klassifiziert. Je bekannter, vertrauter das Wesen dessen ist, was durch Begriffe dargestellt wird, um so eher eignen sich diese Begriffe dazu, unbekannte Wesenheiten zu verdeutlichen, zu erklären, gleichgültig, ob an sich schon ein Begriff von diesen existiert oder nicht. So führt solche Kombination von vertrauten Begriffen zu Begriffsbestimmungen unbekannter Erscheinungen, zu Urteilen, begrifflicher Darlegung der Beziehungen zwischen den verschiedenartigsten Wesenheiten, stellt also ganz allgemein ein Zurückführen des Unbekannten auf das Bekannte dar, ein Verfahren, das ja auch die mathematischen Formulierungen kennzeichnet. Der praktische Zweck solcher gedanklichen Ordnung der Begriffe ist die Sprache als geistiges Mittel der Orientierung im Dasein und der praktischen Meisterung desselben. Ihr theoretisches Ziel ist es, ein begriffliches Abbild der Struktur des Daseins zu geben, die Welt rational zu erfassen.

Wir gebrauchen unsere Sprache oft als etwas Selbstverständliches, ohne uns darüber Gedanken zu machen, welche ungeheure geistige Ökonomie in der gedanklichen Bildung und Ordnung unserer Begriffe zum Ausdruck kommt. Die begriffliche Fixierung des Wißbaren, der individuellen oder typischen (gesetzmäßigen) Beziehungen zwischen gewußten Wesenheiten objektiviert jede individuelle Erfahrung, gibt ihr die Möglichkeit, über die gleichsam zufällige Existenz des Individuums hinaus auf die Gesamtheit zu wirken, charakterisiert damit den sozialen Lebenssinn der Sprache und ihres Trägers. Wir sind so, zwecks Orientierung im Dasein, nicht auf unsere eigenen Erfahrungen angewiesen, sondern besitzen, kraft der auch in der Schrift fixierten gemeinsamen Begriffssprache prinzipiell die Möglichkeit, uns durch den Gebrauch unseres Verstandesvermögens alle nur irgend gemachten individuellen Erfahrungen so anzueignen, als hätten wir sie selbst gemacht.

Diese Ökonomie in der individuellen Orientierung am Dasein ist als solche keineswegs auf den Menschen beschränkt. Auch das Tier könnte sich — fehlt ihm gleich unsere Begriffssprache — im Dasein nicht zurechtfinden, wenn es einzig auf seine individuellen Erfahrungen angewiesen wäre. Hier bringt jedoch an Stelle der gemeinsamen Begriffssprache der angeborene Gattungsinstinkt, bringen die ererbten Reaktionssysteme das ökonomische Prinzip in der Orientierung am Dasein zum Ausdruck. Aber auch der Mensch ist in all denjenigen Angelegenheiten auf seinen Instinkt, allgemein auf seine irrationalen Seelenkräfte als Orientierungsmittel angewiesen, welche — wie die Kunst, die Religion, überhaupt alle Angelegenheiten des Gefühls oder der Vernunft im Unterschiede zum Verstande — über die rationale, begrifflich allgemein mittelbare Faßbarkeit hinausgehen. Hingegen erhält alle immer objektive Wissenschaft ihre Möglichkeit erst von dem in den Verstandesbegriffen wirksamen ökonomischen Prinzip. In der Bildung und Ordnung der Verstandesbegriffe werden die individuellen Erfahrungen zu Bausteinen des objektiven Geistes, an dessen Wesenheit jedes mit Verstand begabte Wesen, gleichgültig welcher Nation oder Rasse, teilhaben kann. Und wir gewahren auch, wie jeder Mensch sich im Prinzip so viel von diesem objektiven Geiste aneignet, als er zu seiner individuellen Orientierung im Dasein benötigt. Er kann hierbei seinen eigenen Verstand in längst entschwundene Zeiten und in die entferntesten Gegenden schweifen lassen, er kann sich mit den verschiedenartigsten Erscheinungen der Natur oder Kultur oder der eigenen geistigen Struktur beschäftigen, immer wird er dem objektiven Geiste begegnen, der ihm an Gewußtem gibt, was er braucht, den er selbst, kraft seiner ureigensten Erfahrungen, zu bereichern vermag.

Als Mittel, Werkzeuge des logischen Unterscheidens und Verbindens von Wesenheiten stellen die Begriffe und ihre logischen Beziehungen in analoger Weise Funktionsformen und Funktionssysteme auf geistestechnischem Gebiete dar, wie sie die materielle Technik auf physischem Gebiete zur Wirksamkeit bringt. Denn in jedem Urteil, in jeder Begriffsbestimmung usw., im begrifflichen Zurückführen von Unbekanntem auf Bekanntes, in jeder Darstellung gesetzmäßiger Beziehungen zwischen Wesenheiten usw. üben die einzelnen Begriffe ganz bestimmte Funktionen aus und müssen, kraft dieser Funktionen, zweckmäßig angewandt werden. Die unzweckmäßige oder unklare Anwendung der Begriffe ist zwar eine sehr häufige Erscheinung, die oft auch weittragendes Unheil anrichtet, wird aber aus leicht erklärlichen Gründen meist weniger leicht fühlbar bewußt wie die unzweckmäßige Anwendung materieller Funktionsformen, etwa von Maschinen.

Wie unser Wissen kraft der fixierbaren Begriffssprache als Medium des objektiven Geistes nur zum geringsten Teile auf individuellen Erfahrungen beruht, so vermögen wir mittels des gleichen ökonomischen Prinzips unsere Mitmenschen zu zahlreichen Handlungen zu veranlassen, ohne sie ihnen erst in der Anschauung vorzuführen. Diese Ökonomie des Handelns ist um so weittragender, je größer die Anzahl der Menschen ist, deren Verhalten ein und dieselbe begriffliche Anweisung reguliert. Armeebefehle, Staatsgesetze, behördliche Bekanntmachungen aller Art, die Presse, religiöse Dogmen usw. haben hier auf den Gebieten menschlicher Kultur in analoger Weise eine ungeheure Organisationskraft, wie die Naturgesetze im Hinblick auf die verschiedenartigsten Naturerscheinungen, wie deren Anwendung in technischen Konstruktionen, welche, wie z. B. die Eisenbahn, das Wasser- und Elektrizitätswerk, die Behausung usw., die materielle Basis der sozialen Zusammenschlüsse bilden. Im Unterschied zu den Naturgesetzen ist die Organisationskraft menschlicher Satzungen nur temporär. Vor allem aber stellen die menschlichen Satzungen keine Prinzipien einer allgemeinen Gesetzgebung dar, denen der Mensch von Natur mit der gleichen ausnahmslosen Notwendigkeit unterworfen wäre wie den Naturgesetzen.

Zur Technik des sozialen Organisationswesens.

Der Versuch, sich das Verhältnis zwischen Technik und Leben im menschlichen Organisationswesen klarzumachen, läßt uns unwillkürlich die Organisation aller Organisationen oder die höchste Stufe aller tatsächlichen Organisationen, nämlich die unseres eigenen Organismus, zum Maßstabe nehmen. So bestimmt z. B. auch Plenge das menschliche Organisationswesen als „bewußte Lebenseinheit aus bewußten Teilen". Ja, wir können ganz allgemein sagen, daß alle menschlichen Organisationen bewußt oder unbewußt irgendwie eine Objektivierung der unserer eigenen Organisation zugrunde liegenden Baugedanken zum Ausdruck bringen. In der Erörterung der Technik der Natur werden wir diese Behauptung näher begründen. Hier genügt der Hinweis, daß unter der Voraussetzung solcher Beziehungen, solcher Zusammenhänge das Verhältnis von Technik und Leben in einer vom Menschen geschaffenen Organisation um so naturgemäßer erscheinen wird, je mehr es den Charakter innerer Notwendigkeit zeigt, wie sie unserer eigenen Organisation eigentümlich ist.

Auch im sozialen Leben erscheint so alle Konstruktion, alle reine Technik nur als Mittel, Werkzeug, als tragendes Fundament und Gerüst der lebendigen, beseelten Organisation. Die Notwendigkeit eines technischen, eines „geregelten" Zusammenhaltes ergibt sich schon aus der Tatsache, daß der auf den ererbten Reaktionssystemen beruhende „Instinkt", der das soziale Leben der Tiere organisiert und auch ihre individuelle Orientierung in der Außenwelt leitet, im menschlichen Leben vielfach durch den bewußt regelnden, schematisierenden Verstand ersetzt wird. Nun kann aber der Verstand den Instinkt nie ganz ersetzen, da er eben nur ein Werkzeug der vernünftigen Lebenseinheit darstellt, die sich ihrer selbst noch nicht bewußt im Instinkt offenbart. Ist der Instinkt Ausdruck der organischen Logik, welche die mechanische in sich begreift, so erscheint der Verstand nur als Anwalt der mechanischen Logik und muß sich mit dem vernünftigen Charakter der instinktiven Seelenkräfte oder mit der ihrer selbst bewußten Vernunft, mit dem ihm übergeordneten vernünftigen Selbstbewußtsein des Menschen in Einklang setzen. Erst in diesem Einklang gelangen wir mit Hilfe des Verstandes zur lebendigen sozialen Organisation. Tritt hingegen der Verstand als Widersacher der Seele auf, so wird er das Leben durch seine Organisation, richtiger Konstruktion, zu fesseln, zu ersticken suchen.

Wir leben heute in einer Zeit, in der das logisch konstruktive Gepräge gegenüber dem inneren Leben der Organisationen vorherrscht, die somit auch hier die Tendenz zeigt, das Organische durch das Mechanische zu beherrschen. So offenbaren die Rationalisierungen im Wirtschaftsleben nicht selten die rein sachliche Ökonomie als ihren alleinigen Zweck, dem auch die menschliche Existenz unmittelbar nur als Mittel dient. Insbesondere ist hier gegenwärtig die ökonomische Technik der horizontalen Zusammenschlüsse oder Fusionen an der Tagesordnung. Sie verfolgt den Zweck, die sachlich unnötig erscheinende Konkurrenz innerhalb ein und desselben industriellen Produktionszweiges oder Handelszweiges möglichst auszuschalten. Damit wird aber auch die schöpferische

Wirtschaftspersönlichkeit mehr und mehr ausgeschaltet und mit der Größe der einheitlich geleiteten Betriebe kompliziert sich naturgemäß auch der technische Apparat, der Mechanismus, der sie in geregeltem Gang erhält. Solche Zusammenschlüsse, welche den Charakter von Monopolstellungen besitzen oder darauf hinzielen, können keine Dauer haben, weil sich das schöpferische Wirtschaftsleben durch den mechanischen Zwang, den derartige riesige und zugleich unbeholfene Mechanismen auch auf die anderen Wirtschaftszweige ausüben, dauernd beengt fühlen muß. Vor allem aber wird das schöpferische Unternehmertum durch solche Monopolisierungen mehr und mehr — wenn auch auf einer anderen Ebene — zu einer ähnlich dem Mechanismus dienenden Rolle verurteilt, wie der Fabrikarbeiter, der die Mechanismen der materiellen Technik, die Maschinen, bedient.

In der Technik des sozialen Organisationswesens können wir analog wie in der materiellen Technik die drei Hauptfaktoren: Material, technisches Verfahren und den Zweck unterscheiden. Hat die organisatorische Zusammenfassung von Menschen einen rein materiellen Zweck, wie ihn z. B. die Fabrikorganisation anzeigt, so wird die Organisation des Menschenmaterials entweder — wie im Taylorismus — prinzipiell nur dem sachlichen Charakter des technischen Verfahrens angepaßt oder aber die Organisation berücksichtigt auf Grund sozialpsychologischer und physiologischer Forschungsergebnisse zugleich auch die Eigenart des schaffenden Menschen als des eigentlichen Zweckes aller materiellen Produktion. Die große Aufgabe ist es hier, beide Hauptgesichtspunkte der Fabrikorganisation, den objektiven, sachlichen und den subjektiven persönlichen so miteinander zu verbinden, daß sie sich nicht hindern, sondern im Gegenteil gegenseitig fördern.

Zwischen der Technik sozialer Organisationen, die einem materiellen Zwecke dienen, und solcher, welche ideelle Zwecke verfolgen, besteht insofern ein wesentlicher Unterschied, als hier die Individuen selbst integrierende Teile des Zweckganzen sind, also unmittelbar als Selbstzweck fungieren, während sie dort um so mehr als Mittel zu einem außerhalb ihrer selbst liegenden Zwecke erscheinen, je mehr ihr Wesen innerhalb der Organisation dessen sachlichen Zwecken angepaßt ist. Als Staatsbürger ist der einzelne Mensch selbst Zweck der im Staate zum Ausdruck kommenden rechtlichen Organisationsform des Volksganzen. Dasselbe gilt von ihm als Mitglied einer kirchlichen Organisation, überhaupt all solcher Vereinigungen, welche der Pflege spezifisch menschlicher Gemeinschaft dienen. Dazwischen gibt es eine Reihe von Organisationen, deren Ziele teils innerhalb der Organisation liegen, teils über sie hinausweisen. Hierher gehören im Grunde genommen alle Organisationen, welche als Organe oder Organsysteme des Staatsorganismus zu betrachten sind. Hinsichtlich der materiellen Zwecke, denen diese Zusammenschlüsse dienen, treten sie oft als Selbstzweck auf, ihre ideellen Ziele weisen aber über diese Organisation hinaus, lassen sie als Mittel zu diesen Zielen erscheinen. Das Ziel des Heeres ist nicht der Militarismus, sondern der Schutz des Staatswesens, trotzdem wird niemand den erzieherischen Einfluß der soldatischen Zucht auf die einzelnen Mitglieder bestreiten können. Die politischen Parteien verfolgen in ihren Zusammenschlüssen nicht selten die Interessenpolitik bestimmter Volksschichten, darüber hinaus zielen sie wenigstens programmäßig oft auf das Gemeinwohl überhaupt oder dienen der praktischen Betätigung und Verwirklichung bestimmter Staatsauffassungen und Weltanschauungen usw.

Sehen wir uns nun die Technik sozialer Organisationen an, so finden wir zunächst, daß das Menschenmaterial analog wie bei der materiellen Technik von den Zwecken oder Zielen des Zusammenschlusses bestimmt wird oder wenigstens werden müßte.

Erfordert der Zweck der Organisation keine nennenswerte Gliederung, kommt es weniger auf den Charakter der einzelnen Persönlichkeiten als vielmehr nur wesentlich auf die Quantität an, so erfolgt die Sammlung des Menschenmaterials nach den Regeln, welche für die Massenbeeinflussung im Sinne des vorgestellten Zweckes tauglich sind. Häufig ist es nur die analoge wirtschaftliche Lage, welche die einzelnen zur Masse zusammenfügt, deren Verbesserung der alleinige Zweck des Zusammenschlusses ist. Solche Organisationen sind mehr oder weniger als einfache Massenkonzentrationen gekennzeichnet, die nur einer gegliederten Leitung bedürfen. Auch die kirchlichen Organisationen bedürfen keiner besonderen Auswahl der ihr beitretenden Personen; hier genügt nur das Einverständnis mit den Dogmen, Statuten, welche den Charakter dieser kirchlichen Organisation kennzeichnen. Die Führung der Massen erfordert hier aber eine besonders fein gegliederte Organisation, die als Leitung in ständiger Fühlung mit den Massen stehen muß. Bei den Berufsorganisationen, wie sie auch die wirtschaftlichen Interessenverbände von Berufszweigen der Unternehmer (Kartelle), Arbeiter (Gewerkschaften), Staats- und Kommunalbeamten, des gewerblichen Mittelstandes usw. darstellen, findet die Auswahl des Menschenmaterials naturgemäß nach dem Berufe statt, während die außerberuflichen Vereine als unterhaltende und belehrende Liebhaberorganisationen meist an bestimmten sozialen Schichten orientiert sind, die gleich dem besonderen Zwecke auswählend wirken. Nicht selten bestimmen auch mehrere Prinzipien gemeinsam die Auswahl des Menschenmaterials. So gibt es evangelische wie katholische Geschlechterorganisationen, nationale und sozialistische Jugendbünde, Vereinigungen bestimmter Berufskreise zu außerberuflichen Zwecken, wie Theater, Musik usw. Die Auswahlprinzipien mehren sich naturgemäß bei Leistungsorganisationen, die eine differenzierte Arbeitsteilung zeigen. Hierher gehören in erster Linie alle wirtschaftlichen Großbetriebe, staatliche und kommunale Verwaltungen, die Heeresorganisation, wie alle sonstigen Organisationen, die dem hierarchischen Prinzip folgen, usw.

Wie das Menschenmaterial, so muß auch der Funktionscharakter jeder, auch der ideellen sozialen Organisation durch technische Regeln bestimmt werden, die ein zweckgemäßes geistesmechanisches Funktionieren der Organisation ermöglichen. Solche technischen Regeln, welche der Erfüllung der Organisationszwecke und -ziele als Mittel dienen, lassen sich denn auch bei jeder sozialen Organisation feststellen. Wer einer Organisation beitritt, verpflichtet sich, die das Funktionieren dieser Organisation verbürgenden Regeln einzuhalten. Mag es sich um die Hausordnung eines Mietshauses handeln oder um die Regelung der Heeresorganisation in ihren verschiedenen Formen wie Kasernenordnung, Exerzierordnung, Gefechtsordnung usw., um den geregelten Arbeitstag einer Schiffsbesatzung oder um das Zusammen- und Nacheinanderwirken der Teile wirtschaftlicher Organisation. Das Zusammenwirken der führenden und geführten Glieder kirchlicher Organisationen ist genau so geregelt, wie die Geschäftsordnung des Reichstages oder die Generalversammlung wirtschaftlicher Organisationen. Organisation und Verlauf einer Gerichtsversammlung folgt genau so bestimmten technischen Regeln, wie die Tätigkeit des Personals eines Hotelbetriebes oder einer Fußballmannschaft. Nicht nur der Straßenverkehr wickelt sich nach technischen Regeln ab, sondern auch der gesellschaftliche Verkehr, der Verkehr zwischen Käufer und Verkäufer, zwischen Beamten und Publikum.

Alle Organisationen besitzen in ihrer Ordnung, die in dem geregelten Ablauf der Funktionen zum Ausdruck kommt, eine vom Zweck des Zusammenschlusses vorgezeichnete bestimmte Richtung. Und es läßt sich schon im voraus sagen, daß die Wirksamkeit der Organisationen durchaus von dem Einhalten dieser Richtung abhängt. Wie schon die Existenz des Einzellebens gefährdet ist, wenn es ein direktionsloses, allein von der jeweiligen Konstellation der Außenwelt oder vom Wechsel der inneren Stimmungen abhängiges Handeln offenbart, so muß eine ähnliche Richtungslosigkeit die praktische Wirksamkeit von Zusammenschlüssen erst recht illusorisch machen. Der Verlust oder auch nur die Lockerung der Richtungsbestimmtheit tritt auch immer dann ein, wenn die technischen Regeln, Statuten, welche die Mittel und Wege, das Verfahren angeben, die von der Idee des Zusammenschlusses bestimmte Richtung einzuhalten, von den Mitgliedern nicht unbedingt befolgt werden. Dadurch wird der Mechanismus, der die Organisation ihre Richtung einhalten läßt, in ähnlicher Weise gefährdet wie ein Eisenbahnzug, dessen Schienenweg gelockert ist. Es gibt prinzipiell keinen anderen Weg, eine gesellschaftliche Organisation, die immer aus den individuell verschiedenartigsten Menschen mit den verschiedenartigsten Privatmeinungen besteht, in ihrer Richtung zu erhalten als den vom objektiven Zweck bestimmten Mechanismus allgemeinverbindlicher technischer Regeln, die gerade in ihrem rationalen, die Willkür der Individualität ausschaltenden Charakter die Bürgschaft für den äußeren konstruktiven Zusammenhalt bieten. Freilich wird das spezifische Leben der Organisation allein von der inneren Wirkungskraft der Idee bestimmt, welche den Zweck oder das Ziel des Zusammenschlusses zum Ausdruck bringt. Allein diese Grundidee wird von den einzelnen Individualitäten sehr verschieden ausgelegt werden, sofern ihnen die Freiheit hierzu gewährt würde. In dieser Freiheit liegt zweifellos eine Gefahr für die Organisation, der Keim der Zerstörung ihrer Gerichtetheit. Dem vorzubeugen dient das Einhalten bestimmter Regeln, welche eben die individuelle Freiheit zugunsten des Bestandes der Organisation beschränken. Denn im Grunde genommen führt jede Kritik zur Desorganisation, ist es ihr Wesen, die Einheit zu zergliedern, in ihre Bestandteile aufzulösen.

In der Befolgung des Mechanismus dieser Regeln liegt eine gewisse Analogie zur Anpassung der menschlichen Leistungen an die Eigengesetzlichkeit des Maschinenwesens. Auch jede soziale Organisation, jede Zweckverbindung zwischen den Menschen offenbart einen eigengesetzlichen Mechanismus, dem sich die Mitglieder mechanisch anpassen müssen, wollen sie nicht den Bestand der Organisation gefährden. Auch der „Bürokratismus" einer auf dem „ordentlichen Wege" sich vollziehenden Erledigung der öffentlichen oder privaten Angelegenheiten durch die Behörden ist Ausdruck eines von der Geistestechnik aufgestellten Regelmechanismus, ohne den eben, gleich den materiellen, auch die gedanklichen menschlichen Ordnungen praktisch nicht existenzfähig wären. Das gilt vom Staatswesen überhaupt als der rechtlichen Organisationsform des Volkes, von den politischen Parteien, den wirtschaftlichen Organisationen usw. Daher wohnt allen sozialen Organisationen immer eine gewisse, durch die mechanischen Faktoren bedingte Starrheit inne, die auch nicht durch die möglichen Modifikationen und Anpassungen an die wechselnden Daseinsbedingungen, durch die jeder Organisation eigentümliche Variationsbreite behoben wird.

Schon vorhandene natürliche wie künstliche Organisationen sind richtunggebend für die Technik alles zweckbewußten Handelns, das sich mit solchen Organisationen irgendwie auseinandersetzen muß. So folgt z. B. die technisch organisatorische Zusammenfassung von Pflanzen in botanischen Gärten oder von Tieren in Zoologischen Gärten ihren strukturellen Eigentümlichkeiten sowie ihren Beziehungen zueinander und zu der ihnen natürlichen Umwelt. Die technischen Regeln, welche der menschliche Körper in seinen gymnastischen Übungen einhält, folgen analog der morphologischen und physiologischen Struktur seines Organismus wie die Technik des Schreibens, des Sprechens, Singens usw. Ebenso folgt der Chirurg in seinen Operationen den technischen Regeln, die ihm Morphologie und Physiologie des menschlichen Körpers lehren. Jeder der staatlichen Ordnung dienende Verwaltungsbeamte folgt in seiner beruflichen Tätigkeit technischen Regeln, die sich aus der Struktur des betreffenden Gebietes, etwa der kommunalen Verwaltung, des Steuerwesens des Verkehrswesens usw. ergeben. Der wissenschaftliche Forscher bildet in der Bearbeitung auch der speziellsten Fragen bestimmte Arbeitsmethoden aus, die von der Struktur der Objekte und ihrer Beziehungen untereinander Charakter und Richtung erhalten. So existiert z.B. ein von dem bekannten Physiologen Abderhalden unter Mitarbeit vieler Fachgelehrten herausgegebenes Handbuch der physiologischen Arbeitsmethoden, das in einer Reihe von Bänden die gesamten diesbezüglichen technischen Regeln zusammenfaßt und so dem Physiologen die Möglichkeit gibt, sich alle allgemeinen und speziellen biologisch-, chemisch- und physikalischtechnischen Verfahren anzueignen, die für seine Untersuchungen in Betracht kommen könnten.

Die technische Regelung des menschlichen Zusammenlebens, das hierin nach den verschiedensten Richtungen uniformiert wird, erscheint jedoch im Unterschied zu der in den natürlichen Strukturen zum Ausdruck kommenden Technik dem Wandel der Zeiten unterworfen und besitzt demnach nicht die Allgemeingültigkeit und innere Notwendigkeit, welche die natürlichen Organisationen ausprägen. Wie z. B. nach der germanischen Rechtsauffassung die Vorherrschaft des öffentlichen Rechtes, nach der römischen die des privaten Rechtes grundlegend für die Gesetzesstruktur ist, so erscheint die irrationale Individualität des organischen Lebens auch für alle sonstige Regelung des technischen menschlichen Zusammenleben richtunggebend. Denn diese Regelung soll ja dem spezifischen Leben selbst seinen Halt geben und verliert so mit dessen Sonderprägung auch ihre praktische Gültigkeit. Ja, ganz allgemein ist es für den Menschen und sein Kulturleben notwendig, ein solches organisches Verhältnis zu seinen technischen Leistungen herzustellen, mögen diese nun auf materiellem oder auf geistigem Gebiete liegen. Dieses organische Verhältnis ist immer das Verhältnis von Mittel und Zweck, die Technik — in welcher Form sie auch auftreten mag — ist immer Mittel für die Festigung, Erweiterung, Vertiefung des Wirkungsbereiches des spezifisch menschlichen Lebens. Wie etwa die mechanische Tätigkeit des Herzens der Lebenserhaltung unseres Organismus dient, so erscheint auch die vom Menschen geschaffene materielle oder geistige Technik überall als regulatives Ordnungsprinzip, das der Erhaltung des Lebens in seiner Eigengesetzlichkeit dient.

Naturgemäß wird eine Organisation um so mehr Leben, Seele, inneren Geist offenbaren können, je mehr ihr Wesen dem unmittelbaren Ausdruck des Lebens dienen soll. Anderseits bestimmt keineswegs der Zweck allein Charakter und Grad des inneren Lebens einer Organisation. Entscheidend ist vielmehr die Art und Weise, in welcher die bewußten Teile dieser bewußten Lebenseinheit, die Glieder der Organisation den Zweck oder das Ziel derselben zu erfüllen suchen. So bestimmen letzten Endes Charakter, Fähigkeiten, Grad des Interesses, der Hingabe, insbesondere der Leitung, an die inneren Ziele der Organisation ihre geistig-seelische Bedeutung, ihren lebendigen Sinn. Oft verliert sie ihn mit ihrem Schöpfer und nimmt dann mehr und mehr den Charakter eines leblosen Mechanismus, einer verknöcherten Konstruktion an, eben weil die Seele der Organisation fehlt.

Zur Technik der Natur.

Rechtfertigung des Begriffs einer Technik der Natur.

Der menschliche Schöpfergeist schafft sich in seiner Technik planmäßig die materiellen Mittel, welche dazu dienen, den Wirkungsbereich des menschlichen Lebens zu festigen, zu erweitern, nach außen wie innen auszugestalten. Und wir erkannten, daß sich dieses Streben nach materieller Freiheit in den beiden Grundformen der Nahrungssicherung und des Schutzes vor den negativen Einflüssen der Umwelt ausprägt. Dort zeigt sich die positive, hier die negative Seite der Auseinandersetzung des Menschen mit seiner Umwelt. Beide Seiten der Auseinandersetzung fordern wiederum die Ortsveränderung — entweder innerhalb des Organismus als Bau- und Betriebsstoffwechsel oder als Bewegung des Organismus in seiner Umwelt oder beides — als eine Grundbedingung der Lebenserhaltung überhaupt. Und wir erkannten auch, daß diese drei Hauptgebiete der Sicherung und Erweiterung physischer Existenzmöglichkeit nicht nur das menschliche, sondern das Leben überhaupt charakterisieren. Die menschliche Technik erweitert nur die technischen Möglichkeiten, welche dem Naturzustande der Lebensformen auf den Gebieten der Nahrungssicherung, des Schutzes vor den negativen Einflüssen der Umwelt und der Ortsveränderung gegeben sind.

Die von der Natur gegebenen materiellen und energetischen Möglichkeiten der Lebensexistenz erscheinen nun zweifellos ebenso als technische Mittel zum Leben wie die Erweiterung dieser Möglichkeiten durch die menschliche Technik. Wie die in der menschlichen Technik zutage tretenden zweckmäßigen Konstruktionen nur im Hinblick auf die Zwecke, die damit erreicht werden sollen, begreiflich sind, so erscheint eine derartige Einstellung auch gegenüber denjenigen Gebilden der Natur, welche als Mittel zur Erhaltung des Lebens zweckmäßig sind, nicht nur möglich, sondern auch notwendig.

Wenn der Organismus z. B. den Mechanismus der anorganischen Welt als Mittel zu Zwecken seiner Existenzerhaltung verwendet, so erhält der Mechanismus der Natur damit einen Sinn, einen spezifischen Lebenssinn. Über sein bloßes Sosein hinaus, dessen Erkenntnis der sog. exakten, mathematisch faßbaren Naturwissenschaft obliegt, zeigt er notwendige Beziehungen zur Welt der Lebensformen, die im gleichen Sinne das Mittel-Zweckverhältnis offenbaren wie die menschliche Technik in ihren Beziehungen zum menschlichen Leben. In der Beurteilung dieses Mittel-Zweckverhältnisses zwischen dem Mechanismus der Natur und der Welt der Lebensformen fragen wir z. B. nicht: wie ist die dynamische Struktur des Planetensystems geartet, sondern: warum ist sie so geartet. Die Beantwortung dieser Frage „Warum?" ist gleichbedeutend mit der Beantwortung der Frage: Inwiefern ist der Mechanismus der Natur zweckmäßig für die Existenz des Lebens? Selbstverständlich setzt diese Frage das Wissen um das Wie, um den Charakter des Mechanismus der Natur voraus. Aber dieses Wie ist uns nur das Mittel, um zum Warum vorzudringen. Ja, wir stellen den Satz auf: Wie alles mechanische Sosein für das Leben nur Mittel zu sich selbst ist, so ist auch das von der sog. exakten Naturwissenschaft erschlossene Wissen um dieses mechanische Sosein nur Mittel zu seinem Erleben.[1]) Das Sosein des Mechanismus der Natur ist objektiv vorhanden und wird von den Lebensformen als Mittel für die Zwecke des Lebens, als Mittel des Erlebens im physischen Sinne verwandt, ganz gleichgültig, ob nun die Lebensformen im menschlichen Sinne genommen ein Wissen um die Struktur dieses Mechanismus besitzen oder nicht. Die für das Leben zweckmäßige Verwendung des Mechanismus der Natur setzt im allgemeinen bei den Lebensformen nicht das Bewußtsein

[1]) Der Begriff „Erleben" besagt ganz allgemein die Einbeziehung des Objekts in die Ganzheit des eigenen Lebens, seine Subjektivierung. Das Erlebte — sei es physischer oder geistig-seelischer Art — wandelt sich im Prozeß des Erlebens vom Objekt zum organischen, integrierenden Bestandteil der betreffenden Lebensform.

seiner Zweckmäßigkeit voraus sondern nur das objektive Vorhandensein dieser Zweckmäßigkeit. Erst der Mensch erlangt dadurch das Bewußtsein dieser Zweckmäßigkeit, daß er die Erkenntnis der objektiven Struktur des Mechanismus, das Wie, mit seinem Leben, seinem Erleben in Beziehung setzt, um zur Lebensbedeutung des objektiven Mechanismus, zur Beantwortung der von seinem Erleben gestellten Frage Warum zu kommen.

Für die Pflanze und das Tier ist die erste objektive, wissenschaftliche Wie-Stufe dieses seelischen Prozesses bedeutungslos. Sie ergreifen unmittelbar, teils ganz unbewußt, die Lebensbedeutung, die Zweckmäßigkeit des Mechanismus für ihr Leben. Der wissenschaftliche Mensch aber muß immer erst irgendwie die objektive Wie-Betrachtung des Mechanismus, die erste Stufe des seelischen Prozesses, im Bewußtsein haben, um über sie hinaus, auf der zweiten Stufe des seelischen Prozesses zum Warum, zur Lebensbedeutung dieser objektiven Erscheinungen, zu ihrer Zweckmäßigkeit vorzudringen. In diesem Hinausgelangen über die erste Wie-Stufe ordnet sich die zweite Stufe des seelischen Prozesses, das Erleben — oder, nach Kant, die reflektierende Urteilskraft — die erste objektiv-wissenschaftliche Stufe — nach Kant die bestimmende Urteilskraft — unter. Hierbei kommt derselbe Grundsatz zum Ausdruck, den Kant in seiner Kritik der teleologischen Urteilskraft dahin formuliert, daß in der Erklärung eines Dinges als Naturzweck — und das sind alle Lebensformen — das Prinzip des Mechanismus dem teleologischen Prinzip (der Zweckmäßigkeit) untergeordnet werden muß.

Wir sprechen demnach den wissenschaftlich erfaßbaren Mechanismus der Natur insofern als die Technik der Natur an, als seine Anwendung auf das Leben zweckmäßig für die Existenz des Lebens ist. Auch die menschliche Technik ist zweckmäßig für die Existenz des menschlichen Lebens und erhält einzig darin ihren positiven Lebenssinn. Während jedoch die Zweckmäßigkeit des Mechanismus der Natur als unbedingt notwendiges technisches Mittel erscheint, die Existenz und fortschreitende Entfaltung des Lebens überhaupt erst zu ermöglichen — nicht zu verursachen, wie die Mechanisten meinen — vermag die menschliche Technik nur die schon vorhandene Existenzmöglichkeit zu festigen und zu erweitern. Ja, diese Festigung und Erweiterung erscheint angesichts der heutigen Beherrschung der menschlichen Technik durch die den Leistungsgedanken oft nur als Mittel zur Steigerung der Geldmacht betrachtenden Finanzkräfte durchaus illusorisch. Denn hierin zeigt sich ja ein offenbarer Widerspruch gegenüber dem schon in der Planmäßigkeit der Natur geoffenbarten eigentlichen Sinn der Technik. Bleibt hingegen die menschliche Technik ihrer eigentlichen Aufgabe getreu, vollzieht sich ihr Streben nach materieller Freiheit unter Leitung der ideellen, sittlichen Freiheit, so läßt sie sich mit Recht auch als eine notwendige Fortsetzung der Technik der Natur begreifen. Sie vermag so der Entfaltung der spezifisch menschlichen Existenz in analoger Weise zu dienen, wie es die in unserem Organismus zum Ausdruck kommende hochentwickelte Technik der Natur tut. Denn auch in der Natur können wir primitive und immer kompliziertere Formen der Technik unterscheiden.

Es gilt nun noch die Gliederung dieses Abschnittes in die Technik der anorganischen und die der organischen Natur zu rechtfertigen. Nach den vorstehenden Darlegungen erscheint der Begriff einer Technik der organischen Natur, die eben die anorganische Gesetzmäßigkeit als technisches Mittel für die Zwecke des Lebens verwendet, ohne weiteres einleuchtend. Hingegen dürfte mancher dem Begriff einer Technik der anorganischen Natur insofern widersprechen, als es sich bei der anorganischen Natur anscheinend doch nur um einen leblosen, blinden Mechanismus handelt, der keine schöpferische, bildende Initiative besitzt, dem man keine technischen Leistungen zuerkennen kann. Allein so einfach liegt der Fall doch nicht. Gewiß werden wir der anorganischen Natur nicht in dem spezifischen Sinne Leben zuerkennen wie der organischen Natur, ebensowenig wie wir den Organismus in dem spezifischen Sinne als Mechanismus bezeichnen werden, wie ihn die anorganische Natur ausprägt. Allein die Erfahrung belehrt uns auch, daß die anorganische Natur — analog wie die Lebensformen — im Hinblick auf die Existenz des

Lebens zweckmäßige Leistungen vollbringt. Auf das inhaltliche Wesen dieser Leistungen kommen wir nachher zu sprechen. Hier genügt die Feststellung, daß diese zweckmäßigen Leistungen keinesfalls „zufällig“ mit den Zwecken der Lebensformen übereinstimmen, sondern daß die ganze Struktur des Mechanismus der anorganischen Natur die planmäßige Richtung auf die Existenz des Lebens hin offenbart. Diese planvolle Zweckmäßigkeit ist notwendig Ausdruck eines geistigen Aufbaues des anorganischen Kosmos, wobei es zunächst ganz irrelevant erscheint, ob dieser „Weltgeist“ dem Kosmos immanent oder aber transzendent ist. Das Wirken dieses Weltgeistes im Mechanismus der anorganischen wie der organischen Natur nennen wir „Naturgesetzlichkeit“. Und unser Geist, unsere logische Verstandesform vermag diese Gesetzlichkeit im Prinzip nur deshalb zu begreifen, weil unser Geist ebenfalls ein Ausdruck dieses Weltgeistes ist. Wir gleichen ihm insofern und insoweit, als wir ihn begreifen. Das sind keine mystischen Spekulationen sondern Naturtatsachen. Und wenn sie erstmalig von „Mystikern“ ausgesprochen sind, wie z. B. von Ekkehard, der da erklärt, der Mensch hole aus der ganzen Natur sich selbst zusammen, oder von Paracelsus, der die Natur als den äußeren Menschen anspricht, so beweist das nur, daß diese „Mystiker“ tiefer in das Wesen der Natur einschließlich des Menschen eingedrungen sind als unsere mechanistisch eingestellten Physiker.

Es besteht auch kein Zweifel, daß im Mechanismus der anorganischen Natur mehr Geist steckt, als wir als Techniker in unseren Maschinen zu materialisieren vermögen. Die uns in ihren letzten Tiefen unfaßbare geistige Planmäßigkeit unserer eigenen Organisation wird nur ein geistig Blinder leugnen können. Mit ihr wirkt aber der in der anorganischen Gesetzmäßigkeit sich ausprägende Geist planmäßig zusammen, ja prägt sich ebenfalls in unserer Organisation notwendig aus. Wäre unser Auge nicht sonnenhaft, so könnten wir die Sonne nicht erblicken, sagt Goethe aus diesem Bewußtsein heraus. Wie könnten wir daher den Mechanismus der anorganischen Natur als ungeistig bezeichnen, wenn doch selbst unsere Vernunft ohne ihn nicht wäre. Wir sehen: die anscheinende Polarität von Geist und Natur verschwindet, wenn wir im ganzen der Natur leben, wenn wir fähig sind, die belebte und unbelebte Natur zusammen als ein Ganzes zu erleben.

Die Erfahrungstatsache, daß sich die Gesetzmäßigkeit des anorganischen Mechanismus mit Lebensnotwendigkeit auch in der Organisation der Lebensformen ausprägt, erweist unwiderleglich die Planmäßigkeit im Aufbau des anorganischen Kosmos im Hinblick auf die Existenzmöglichkeit des Lebens. In dieser Planmäßigkeit tritt uns die Technik der anorganischen Natur als objektive Erscheinung in analoger Weise entgegen wie etwa in der Anlage einer Fabrikorganisation die technische Leistung des menschlichen Geistes. Uns interessiert hier nicht die metaphysische Frage, wie eine solche Technik der anorganischen Natur möglich ist, sondern die rein physische Frage, wie sie wirklich ist. Möge ein Weltenschöpfer die anorganische Natur zum technischen Mittel für die Existenz des Lebens geschaffen oder möge sie sich selbst hierzu herangebildet haben und damit die Immanenz eines Weltgeistes verkünden, ihre reale Bedeutung für die Existenzmöglichkeit des Lebens bleibt hier wie dort ein und dieselbe.

Die Technik der anorganischen Natur.

Der Mechanismus der anorganischen Natur erscheint keineswegs in allen seinen Ausdrucksformen als technisches Mittel für die Existenz des Lebens. Bei Temperaturen über 100° kann ebensowenig Leben auf die Dauer bestehen wie bei der absoluten Nullpunktstemperatur des wärmelosen Weltenraumes, in reiner Sauerstoffatmosphäre oder bei Abwesenheit jeder Atmosphäre usw. Wie ein Zuviel der anorganischen Faktoren, so verhindert auch ein Zuwenig oder völliges Fehlen bestimmter Faktoren die Existenzmöglichkeit des Lebens. Hieraus ergibt sich, daß diese durch eine Reihe bestimmt charakterisierter anorganischer Faktoren bedingt ist.

Aus der Konstitution der Lebensformen und ihrer Umweltbedingungen erfahren wir aber weiterhin, daß die anorganischen Faktoren in einem gesetzmäßigen Zusammenhang miteinander stehen müssen. Der Mechanismus der anorganischen Natur ist nur insofern das technische Mittel zur Existenz der Lebensformen, als in ihm ein nach bestimmten Gesichtspunkten gleichsam ausgewähltes Funktionssystem zum Ausdruck kommt, in dem alle Faktoren in bestimmter gesetzmäßiger Wechselwirkung zueinander stehen. Dieses anorganische Funktionssystem steht also zu dem materiell-energetischen System, welches auch die Lebensformen ausprägen, in dem Mittel-Zweckverhältnis.

Nun lehrt uns die menschliche Technik, lehrt uns ganz allgemein die logische Form unseres Verstandes, daß die Mittel in ihrem Charakter von der Art der Zwecke, die mit Hilfe der Mittel erreicht werden sollen, bestimmt werden. Die zeitlichen Existenzbeziehungen zwischen dem anorganischen Funktionssystem und den Lebensformen scheinen aber dieser logischen Forderung zu widersprechen. Denn das Mittel im weitesten Sinne, der Mechanismus der anorganischen Natur, geht in seiner Existenz den Zwecken zeitlich voraus. Ja, der mechanistische Standpunkt läßt den Zweck, das Leben mechanisch erst aus dem Mittel als seine unmittelbare Fortsetzung entstehen. Dieser scheinbare Widerspruch der Natur gegenüber der logischen Form unseres Verstandes verschwindet jedoch, wenn wir die mechanistische Betrachtungsweise hier, wie notwendig, der teleologischen unterordnen. Dann gelangen wir über das Wissen um die objektive Struktur des Kosmos und um das objektiv zeitliche Nacheinander der anorganischen und organischen Welt hinaus zu dem Erlebnis des Lebenssinnes der anorganischen Welt. Dieses Erlebnis führt uns notwendig zu dem Bewußtsein, daß der Zweck der anorganischen Natur, das Leben, seiner Idee nach schon im Mittel, also in der anorganischen Natur, wirksam ist, daß sich der Aufbau des anorganischen Kosmos in Richtung auf die reale, materiell-energetische Existenzfähigkeit des Lebens vollzieht.

Angesichts des logischen Geistes, der sich im Aufbau des anorganischen Kosmos offenbart, erscheint dieses Bewußtsein geradezu zwingend. Nicht nur, daß es der naturwissenschaftlichen Erfahrung vom Aufbau des Kosmos überhaupt nicht widerspricht, sondern es befriedigt darüber hinaus auch logische, ästhetische wie sittlich-religiöse Bedürfnisse. Aber auch abgesehen hiervon entspricht diese ideelle Bestimmung des Mittels durch den erst später materiell, in Wirklichkeit sich manifestierenden Zweck auch zahlreichen Erscheinungen des menschlichen Kulturlebens. So wiesen wir früher darauf hin, daß unsere heutige menschliche Technik der Anlage nach bereits in der Natur und im Geiste des Menschen lag, ehe sie Wirklichkeit wurde. Wir wissen ferner aus zahlreichen Beobachtungen, daß der Instinkt der Tiere diese zu Handlungen führt, welche auf gesetzmäßige Lebensvorgänge eingestellt, „berechnet" sind, die sich erst in der Zukunft abspielen.[1]) Wir nehmen die Vergangenheit wahr im verschwindenden Lichte der Sterne, die vor Jahrtausenden erloschen sind, wir berechnen den Lauf der Gestirne in der Zukunft und wissen, daß wir uns nicht irren, wenngleich wir uns von der Wahrheit unserer Behauptungen nicht durch die unmittelbare wissenschaftliche „Erfahrung" überzeugen können. Sollte alledem gegenüber die Vorbestimmung, die Zielstrebigkeit im planmäßigen Aufbau des Kosmos überhaupt nicht erst recht ihre Gültigkeit haben? Warum sollte das Leben im ganzen nicht vorbestimmt sein, wenn seine einzelnen, einander zeitlich folgenden Erscheinungen, wie z. B. in der Ontogenese des Individuums, vorbestimmt sind, wenn sogar winzige Insekten um diese Vorbestimmung wissen?

* * *

Dieses Bewußtsein vertieft sich noch, wenn wir uns den Werdegang des allgemeinen anorganischen Funktionssystems kurz vergegenwärtigen, das dem Leben als technisches Mittel seiner Existenz dient. Allein diese Bildung der anorganischen

---

[1]) Man denke nur an die Metamorphose der Insekten, die sich in den 4 Entwicklungsstufen: Ei, Larve, Puppe, Imago ausprägt. So konstruiert z. B. die in der Erbsenschote hausende Larve des Erbsenkäfers in der äußeren Erbsenhaut einen Ausführungsgang mit Verschlußstück, dessen sich erst der Käfer, der einmal aus ihrer Puppe hervorgehen wird, bedienen soll. Näheres über solches planmäßig vorausschauendes Wirken der Insekten bei *Fabre*: *Souvenirs entomologiques*.

Natur zum technischen Mittel wird uns als solche nur dann klar bewußt, wenn wir das Resultat dieses Werdeganges schon kennen. Wir müssen also wenigstens ungefähr wissen, wie beschaffen das anorganische Funktionssystem ist, sein muß, das dem Leben als technisches Mittel dienen soll. Sein Charakter muß also vom *Leben* her bestimmt werden können, da eine innere Gesetzmäßigkeit in den Beziehungen zwischen Mittel und Zweck bestehen muß. Hierin unterscheidet sich eben die Natur von zahlreichen Erscheinungen des menschlichen Kulturlebens, in denen wir eine gewisse Willkür in der Wahl der Mittel zu bestimmten Zwecken feststellen, die keine innere Gesetzmäßigkeit in den Beziehungen zwischen Mittel und Zweck zum Ausdruck bringen, vielmehr sehr häufig Versuche mit untauglichen Mitteln offenbaren.

Wir werden also aus dem allgemeinen Charakter der Lebenserscheinungen heraus auch den allgemeinen Charakter des anorganischen Funktionssystems, von den Naturzwecken aus — und das sind die Lebensformen — die Naturmittel zur Erreichung dieser Zwecke bestimmen können. Und zwar brauchen wir die Lebensformen nur im Hinblick auf solche Erscheinungen anzusehen, in denen anorganische Gesetzmäßigkeiten eine existenzbedingende Rolle spielen. Alle Lebensformen stellen nun energetisch-materielle Systeme von vorwiegend kolloidaler Struktur dar, die den Bau- und Betriebsstoff ihrer Umwelt entnehmen. Allein nur die Pflanzenwelt ist hinsichtlich ihrer materiellen Baustoffe unmittelbar auf das anorganische Funktionssystem als technisches Mittel angewiesen. Daher wird die Pflanze als Naturzweck den Charakter des notwendigen technischen Mittels deutlicher auszuprägen vermögen als die auf organische Nahrung angewiesene Tierwelt. Es lassen sich nun von den Naturzwecken aus folgende allgemeine Gesichtspunkte für die Charakterisierung der ihnen als technische Mittel dienenden anorganischen Faktoren aufstellen:

1. Alle Lebensformen sind sich selbst planmäßig aufbauende und erhaltende energetisch-stoffliche Gebilde von „organischer" (kohlenstoffreicher) kolloidaler Grundstruktur (mit $^{3}/_{4}$ bis $^{5}/_{6}$ ihres Gesamtgewichtes Wassergehalt), die ihre

Bau- und Betriebsmittel unmittelbar (Pflanzen) oder mittelbar (Tiere) dem anorganischen Funktionssystem entnehmen.

2. Alle Lebensformen benötigen für ihre materielle Existenz die folgenden neun Elemente: Kohlenstoff, Sauerstoff, Wasserstoff, Stickstoff, Schwefel, Phosphor, Kalium, Magnesium, Eisen. Ein sehr großer Teil der Pflanzen und Tiere benötigt darüber hinaus Natrium, Kalzium, Chlor. Außerdem werden verschiedene Elemente für Sonderfunktionen benötigt, so das Silizium in Verbindung mit Sauerstoff als Stützmaterial für Gräser, Körner, Schachtelhalme, Kieselalgen usw., das Jod für die Schilddrüse höherer Tiere und des Menschen, das Kupfer für den Blutfarbstoff der Tintenschnecke usw. Der Funktionscharakter der anscheinend in allen Pflanzen und Tieren anzutreffenden Elemente Zink, Mangan und Aluminium ist noch nicht sicher bekannt, das gleiche gilt von einzelnen Elementen, deren Vorkommen auf bestimmte Lebensformen beschränkt ist. Von den genannten Elementen wird ein großer Teil nur in Form chemischer Verbindungen, als Wasser, Kohlensäure, gelöste Salze usw., unmittelbar aus dem anorganischen Funktionssystem aufgenommen.

3. Alle Lebensformen bedürfen zu ihrer Erhaltung der Mitwirkung der Sonnenenergie (Licht oder Wärme oder beides). Die verschiedenen Arten der Lebensformen sind im allgemeinen spezifischen Temperaturgebieten angepaßt, denen um so engere Grenzen gezogen sind, je komplizierter und damit auch labiler sich die kolloidale Grundstruktur der Lebensformen zeigt, die schließlich eine konstante Eigentemperatur benötigt (Warmblüter).

4. Im Bau- und Betriebsstoffwechsel der Lebensformen gefährdet sowohl ein Zuviel wie ein Zuwenig der lebensnotwendigen Stoff- und Energiemengen die Existenz.

5. Alle Lebewesen bedürfen eines haltgebenden Mediums, dessen physikalisch-chemische Konstitution mit ihrer eigenen morphologischen und physiologischen Konstitution gesetzmäßig im Einklang steht.

Das Bewußtsein dieser Lebensdaten führt uns zunächst zu der allgemeinen Anmerkung, daß ein planmäßiges Wirken der Lebensformen im Sinne ihrer Selbsterhaltung undenkbar ist ohne ein ebenso planmäßiges Vorbereiten dieses Wirkens, das uns eben in der Bildung des anorganischen Funktionssystems entgegentritt. Über diese Vorbereitung hinaus wirkt aber das gebildete anorganische Funktionssystem auch planmäßig mit den Lebensformen zusammen, sei es außerhalb ihrer oder in ihnen selbst als integrierender Bestandteil ihres So-Seins. Bringen doch alle materiellen und energetischen Erscheinungen innerhalb der Lebensformen die gleichen Gesetzmäßigkeiten zum Ausdruck, wie sie das energetisch-materielle anorganische Funktionssystem offenbart. Man denke nur an den kolloidalen Grundcharakter der organischen Materie, der alle physikalischen und chemischen Eigenschaften der auch in der anorganischen Natur anzutreffenden Emulsionskolloide ausprägt. Und wie die lebenden organischen Systeme, so durchläuft auch das anorganische Funktionssystem eine Reihe von Entwicklungsstadien, bis es sich zu einem, im Hinblick auf die Existenz des Lebens zweckmäßigen, Funktionssystem ausgebildet hat. Besäße es den starren statischen Charakter eines ewig ruhenden Seins, das nur als ein passives, vom Leben benutztes Mittel erscheint, so läge die Planmäßigkeit nicht so deutlich zutage. Allein es wirkt ja rastlos auf das Leben ein und hätte in den Jahrmilliarden, in denen schon Leben auf der Erde existiert, dessen Entwicklung zu immer gesteigerterem Gestalten — eine Entwicklung, die zweifellos eine innere Zielstrebigkeit ausprägt — nicht ständig zweckmäßig ermöglicht und gefördert, wenn sein Mechanismus der Planmäßigkeit des organischen Lebens nicht angepaßt, also selbst planmäßig gestaltet wäre und auch funktionierte.

Will man aber dem anorganischen Funktionssystem an Stelle des Begriffs der Planmäßigkeit nur den Begriff der Gesetzmäßigkeit zuerkennen, so ist das im tiefsten Grunde nur ein Streit um Worte. Denn eine Gesetzmäßigkeit, deren Ergründung seit Jahrtausenden die größten Geister unablässig beschäftigt, wird doch wohl zumindest den Geist zum Ausdruck bringen, den unsere Genies auf mathematisch-naturwissenschaftlichem Gebiete zu begreifen vermögen. Und wenn es allein die anorganische Gesetzmäßigkeit der Natur ist, welche es dem Menschengeist ermöglicht, in seinen technischen Gebilden planmäßige Organisationen zu verwirklichen, welche seinen eigenen Geist manifestieren, um wieviel mehr müßte dann nicht gerade diese anorganische Gesetzmäßigkeit als eine planmäßige Organisation anerkannt werden? Offenbar erscheint es widersinnig, dem Menschengeist die Planmäßigkeit zuzuerkennen und sie dem Mutterschoße der Natur, dem doch der Menschengeist seine Existenz verdankt, abzustreifen.

Wir bezeichneten die Lebensformen als energetisch-stoffliche Systeme. Der Formcharakter dieser Systeme ist der von einheitlichen Ganzheiten, von Individualitäten, welche die Mannigfaltigkeit der Teile in ihrer Bauidee sowie in deren energetisch-materiellen Ausprägungen begreifen. Analog wie die kolloidalen Zustände anorganischer Systeme befinden sich die lebenden organischen Systeme in keinem stabilen Gleichgewicht sondern in einem Zustande, der eine Mittelstellung zwischen dem stabilen und labilen Gleichgewicht einnimmt und als metastabil bezeichnet wird. Auch das Charakteristikum des Bau- und Betriebsstoffwechsels beweist diesen metastabilen Zustand. Das System muß sich pausenlos, mit jedem Atemzug zu erhalten suchen, das gestörte Gleichgewicht immer wirder erneuern und strebt auch planmäßig danach, bis Krankheit oder die normalen, nicht wieder rückgängig zu machenden Gleichgewichtsstörungen des Alters den Tod herbeiführen. Auch das anorganische Funktionssystem, das dem lebenden organischen Funktionssystem als Mittel zur Erhaltung des Gleichgewichts dient, muß den Gleichgewichtsbestrebungen des organischen Systems rastlos wirkend entgegenkommen und hierin die Überordnung des dynamisch-energetischen Prinzips über das statisch-materielle zum Ausdruck bringen.

* * *

Im Zusammenwirken der Polaritäten: Ruhe und Bewegung, statisches und dynamisches Prinzip, Materie und Energie, müssen wir überhaupt eine allgemeinste Bauidee anerkennen, die sowohl die anorganische wie die organische Welt charakterisiert. Zu einem Beweger gehört ein Bewegtes, zur Ruhe die Bewegung, und so erscheint die Materie als das Prinzip der Ruhe, als Objekt des Bewegers Energie. Allein das Wunderbare ist hier dieses, daß das in der Urenergie zum Ausdruck kommende schaffende Prinzip sich selbst zum Objekt schafft, sich selbst dadurch als Materie bindet, daß seine freien entgegengesetzten Richtungen, die positiven und negativen elektrischen Elementarquanten sich im Wasserstoffatom freiwillig zur Urform der Materie vermählen. Die Materie, sagt der Physiker, ist nur eine besondere Anordnungsform der Energie von großer Beständigkeit und räumlicher Zusammendrängung. Aber auch das Maß dieser Zusammendrängung der Energie erreicht ein Maximum, und so begegnen wir dem Phänomen des Atomzerfalles radioaktiver Substanzen, der den neuen Kreislauf der Materie einleitet.

Der am Wege liegende Stein, ja alle Körperhaftigkeit der erscheinenden Natur ist Ausdruck der zur relativen Ruhe gekommenen Bewegung oder Energie, des statischen, beharrenden Prinzips. Aber diese Ruhe ist keine kraftlose Ruhe sondern Ausdruck eines harmonischen Zusammenwirkens der Atom- und Molekularkräfte zu einem in sich geschlossenen beharrenden Kräftesystem, das als Energie der Masse einen Druck auf seine Unterlage ausübt oder von den umgebenden Massen mit einer ihnen proportionalen Kraft angezogen wird, wie es selbst diese Umgebung kraft seiner Masse anzieht. So erweist sich die alles durchwirkende Schwerkraft, die sogar die Form der tierischen Organe mitbestimmt, als die allgemeinste Ausdrucksform der räumlich eng zusammengedrängten Urenergie.

Der Energiecharakter des Körperhaften, der im Planetensystem der Atome erstmalig Ausdruck findet, wiederholt sich in gigantischen Ausmaßen im Kreisen der Planeten um die Sonnen. Denn woher entstammte wohl diese rastlose Bewegung ungeheurer Welten, in der sich Fliehkraft und Anziehungskraft das Gleichgewicht halten, wenn nicht ebenfalls der Urenergie, die sich hier in der Planetenbewegung in analoger Form wie in den Atomsystemen zur Materie des Weltsystems anordnet. Und wie die Weltenkörper, z. B. unsere Erde, als Ganzheiten nur besondere Formen der sich sammelnden und sich wieder zerstreuenden Urengerie darstellen, so auch alle in diesen

Ganzheiten begriffenen Teile. Wir unterscheiden demnach auch in dieser Hinsicht das Verhältnis der Teile zueinander von dem Verhältnis der Teile zum Ganzen. Dort bietet sich unseren Sinnen das Grundcharakteristikum einer als unterschiedliche Körperlichkeit zum Ausdruck kommenden relativen Ruhe, einer Überordnung des statischen über das dynamische Prinzip dar. Hingegen befinden sich in der rastlosen Bewegung des Ganzen, wie sie die Drehung der Erde um sich und um die Sonne zeigt, auch die Teile in der gleichen Bewegung, offenbart sich die Vorherrschaft des dynamischen über das statische Prinzip. Hierin besteht kein Unterschied zwischen der lebenden und leblosen Materie. Das allgemeinste Bau- oder Ordnungsprinzip der anorganischen Welt prägt sich auch in der organischen Welt aus, umfaßt beide Welten in der Einheit des Kosmos. Alles Dasein zeigt das planmäßige Wirken der Urenergie in ihren verschiedensten ineinander sich wandelnden Formen der Bewegung (elektrische Energie, Wärme, mechanische Energie usw.) und der Ruhe (anorganische und organische Materie). In ihrer unabschätzbaren Unterteilung und Ordnung zu immer neuen, relativ selbständigen Gestalten bewahrt die Urenergie doch ihre Einheit, die Verbundenheit aller Teile in der Einheit des Weltsystems. Immer wieder erneuert sich der Mutterschoß der Sonne und ihre Mütterlichkeit übt ihren bildenden Einfluß auf die mit ihr durch die Schwerkraft wie mit einer Nabelschnur verbundenen, von ihr erzeugten Welten auch in der Entfernung von Millionen und Abermillionen Meilen bis zu deren Tode aus, bis sie sich wieder dem Mutterschoß einverleiben und so deren Kraft zu neuen Geburten immer rege erhalten.

* * *

Wie die lebenden Systeme, so hat auch das anorganische Funktionssystem, das ihnen als technisches Mittel ihrer Existenzmöglichkeit dient, als solches seine Entwicklungsstufen. Wie hier die Vereinigung der positiven und negativen elektrischen Energie die Urform, die Keimzelle bildet, so dort die Vereinigung des männlichen und weiblichen Prinzips. Hier wie dort offenbart sich das weibliche Prinzip als das Gravitationszentrum, welches das im Grunde zentrifugal gerichtete männliche Prinzip einfängt, zur Vereinigung zwingt. In der Urform des Atoms, der Keimzelle des anorganischen Funktionssystems erweist sich die positive Elektrizität als das Gravitationszentrum, das weibliche Prinzip, welches das männliche Prinzip, die zentrifugal gerichteten negativen Elektronen, zur Vereinigung zwingt. Und wie im kleinen, so kündet analog im großen die Sonne das mütterliche, weibliche Prinzip, das die Erde in ihrem Bann hält und mit ihr zusammen das der Existenz des Lebens dienende anorganische Funktionssystem bildet.

Ewig bewunderungswürdig im Hinblick auf die Existenzmöglichkeit auch der winzigsten mikroskopischen Lebensform erscheint dieses rastlose Zusammenwirken zweier Welten, die der wärmelose dunkle Weltenraum durch Millionen und Abermillionen Meilen voneinander trennt. In der freiwilligen Selbstbindung der Energie schafft die Erde dem Leben den Mutterboden, stellt sie ihm die Materie zum Aufbau seiner Formen zur Verfügung, während das unermeßlich entfernte Zentralgestirn die zu diesem Aufbau notwendige Energie hergibt. Zugleich läßt der Energiecharakter der Materie die Erde in Kugelgestalt rastlos verschiedenartige Bewegungen vollziehen, die im Zusammenwirken mit der freien Sonnenenergie und dem wärmelosen Weltenraum als deren Gegenspieler die energetische Seite der reichen klimatischen Differenzierung auf der Erdoberfläche ausprägen. Die materielle Seite dieser klimatischen Differenzierungen bildet hingegen die Erde allein in der Gestalt und dem Gehalt ihrer Oberfläche einschließlich der Atmosphäre aus. Energetische und materielle Seite schaffen zusammen die örtlich und zeitlich wechselnde Gestalt des Klimas, das besonders in der Wechselwirkung der Faktoren Wärme, Niederschlag, Verdunstung, Luftbewegung zum Ausdruck kommt. Diese klimatischen Differenzierungen sind aber zugleich technische Mittel der organischen Differenzierungen, wie sie die verschiedenen Pflanzen- und Tierformen entwicklungsgeschichtlich in den verschiedenen Klimaperioden, reinräumlich betrachtet, in der Gegenwart zum Ausdruck bringen.

Sonne und Erde, sagten wir, bilden in ihrem einheitlichen Zusammenwirken die zweckmäßige technische Funktionsform, welche als notwendiges Mittel zur möglichen Existenz und fortschreitenden Entfaltung des Lebens dient. Und wie wir in der Verwirklichung der vom Menschen geschaffenen technischen Funktionsformen die drei Grundfaktoren: Material, technisches Verfahren und Zweck unterscheiden, so werden wir diese Faktoren auch in dem als technisches Mittel dienenden anorganischen Funktionssystem feststellen können. Gleichsam das „Ausgangsmaterial" bildet die polar entzweite Urenergie, während das technische Verfahren in ihrer freiwilligen zielstrebigen Selbstbindung zu den Stufen der Materie, des anorganischen Weltwerdens zum Ausdruck kommt. So erscheint hier das „Material" selbst als der Techniker, der das Wesen des technischen Verfahrens planmäßig bestimmt, offenbart sich mit anderen Worten der schöpferische Geist der Natur bereits im Wirken ihrer Urelemente, die von Ewigkeit füreinander vorbestimmt sind. Die planmäßig bildende Kraft, die sich dann im energetischen Mechanismus der organischen Natur ausprägt, fehlt den Maschinen, die der menschliche Technikergeist planmäßig konstruiert. Diese besitzen deswegen nur eine bewegende, keine bildende Kraft, weil der bildende Geist immer nur ein Ausdruck des Lebens ist, das wohl im Geiste des Technikers wirkt, das dieser aber nicht in der Maschine zu erzeugen oder als Maschine fortzupflanzen vermag. Ist aber die bildende Kraft immer nur ein Ausdruck des Lebens, so werden wir auch die bildende Kraft, die sich im anorganischen Mechanismus offenbart, in einem weiteren Sinne als Ausdruck des Lebens verehren müssen.

Suchen wir uns nun die Hauptcharakterzüge des technischen Funktionssystems zu vergegenwärtigen, das der Existenz des Lebens auf unserer Erde als notwendiges Mittel dient. Dieses energetisch-materielle Funktionssystem muß offenbar alle diejenigen Wirkungen offenbaren, welche der Entfaltung und Erhaltung des materiellen und energetischen Charakters der Lebensformen dienen. Denn gerade die Tatsache, daß das Leben die anorganische, physikalische und chemische Gesetzmäßigkeit als Mittel zu seiner Manifestation benutzt, fordert ein Funktionssystem, in dem dieses Mittel zum Ausdruck kommt, fordert die Wechselwirkung und das Zusammenwirken zwischen diesem Funktionssystem und der planmäßigen Tätigkeit des der eigenen Erhaltung und Entfaltung dienenden Lebens.

Unserer unmittelbaren sinnlichen Anschauung offenbart sich dieses Funktionssystem als die planmäßige Wechselwirkung zwischen den materiellen und energetischen Faktoren. Die materielle Seite stellen die Elemente der Erdoberfläche einschließlich ihrer Atmosphäre und ihre Verbindungen untereinander in ihren verschiedenen möglichen Aggregatzuständen dar. Die energetische Seite beschränkt sich jedoch nicht auf die tellurischen Kräfte, wie sie sich namentlich in der Schwerkraft und der Eigenwärme des Erdinnern ausprägen (Auftrieb des Magmas). Als ihre zweite Hauptkomponente erscheinen die solaren Kräfte (Licht und Wärme), mit denen der wärmelose Weltenraum als Gegenspieler ebenso in ständiger Wechselwirkung steht wie mit der Eigenwärme des Erdinnern (z. B. Gebirgsbildung infolge Abkühlung des Erdkerns). Als dritte Hauptkomponente der energetischen Seite offenbart sich uns schließlich das Zusammenwirken von Erde und Sonne in den verschiedenartigen Erdbewegungen.

Das rastlose, planmäßige Zusammenwirken all dieser Faktoren im Funktionssystem läßt es — auch im Hinblick auf den energetischen Charakter der Materie — ohne weiteres verständlich erscheinen, wenn wir mit den Geologen von einer energetischen Grundstruktur der Erdoberfläche sprechen. So sind z. B. alle als technische Mittel zum Leben notwendigen anorganischen Kreisläufe auf der Erdoberfläche, wie der des Wassers, des Stickstoffes, der Kohlensäure, des Sauerstoffes usw. — ganz abgesehen von dem energetischen Charakter der Erdbildung als solcher (geologische Formationen) — Ausdruck ihres energetischen Charakters und vollziehen sich zum Teil mit Hilfe der Aktivität der Lebensformen. Dieser energetische Grundcharakter erscheint schon als solcher ohne nähere Bestimmung seines Wesens, insofern zweckmäßig für die Existenz der Lebensformen, als diese selbst als Zentren der Aktivität die in jedem Augenblicke sich vollziehende Ausgabe von Kraft durch Einnahme von Kraft wieder wettmachen müssen, um sich erhalten zu können.

Suchen wir uns nun an Hand der genannten materiellen und energetischen Faktoren die Technik des anorganischen Funktionssystems durch Beispiele zu verdeutlichen, so müssen wir uns immer bewußt bleiben, daß es sich um ein einheitliches Funktionssystem handelt, die isolierte Erörterung der Auswirkungen einzelner Faktoren also niemals ein klares Bild dieser Technik zu geben vermöchte. Wenn wir z. B. auch für alle Tier- und Pflanzengattungen die spezifischen Temperaturgrenzen feststellen wollten, so hätten wir damit doch kein Bild von der im Temperaturgebiet des Lebens zum Ausdruck kommenden Technik des anorganischen Funktionssystems. Ja, wir können hinsichtlich dieses Temperaturgebietes, das als solches eine rein physikalische Erscheinung ist, auch von einer Technik der organischen Natur sprechen. Anorganische und organische Technik wirken in ihm zusammen, und erst solches Zusammenwirken verlebendigt uns wahrhaft das anorganische Funktionssystem als technisches Mittel zur Existenzfähigkeit des Lebens. So erscheinen die nachfolgenden Erörterungen über das Temperaturgebiet des Lebens als Beispiel der Gleichsinnigkeit in der Technik der anorganischen und organischen Natur zugleich als Verbindungsstück zwischen den allgemeinen Darlegungen zur Technik der anorganischen und organischen Natur.

Das Temperaturgebiet des Lebens als Beispiel der Gleichsinnigkeit in der Technik der anorganischen und organischen Natur.

Wie angedeutet, bestehen mannigfache Beziehungen zwischen dem Temperaturgebiet der Lebensformen und den anderen Faktoren des anorganischen Funktionssystems. Der Komplex dieser Beziehungen läßt sich nun zweckmäßig in die folgenden drei Gruppen gliedern:

1. wärmeerzeugende Faktoren,
2. wärmeregulierende Faktoren,
3. durch die Wärme (Temperaturwechsel) veränderliche Faktoren.

Es versteht sich hierbei von selbst, daß die in diese Gruppierung gehörigen Faktoren des anorganischen Funktionssystem außerdem auch noch andere Funktionen und Funktionsbeziehungen zeigen; hier handelt es sich aber nur darum, die Beziehungen zum Temperaturgebiet des Lebens festzustellen.

Es ist nun für das Mittel-Zweckverhältnis zwischen dem anorganischen Funktionssystem und den energetisch-materiellen organischen Systemen sehr charakteristisch, daß die gleichen Faktoren — wenn auch in anderen, für das Leben spezifischen Formen — den morphologischen und physiologischen Charakter der Lebensformen weitgehend mitbestimmen. Denn auch die Lebensformen erzeugen Wärme und offenbaren sowohl wärmeregulierende wie durch die Temperatur veränderliche Faktoren. Mit anderen Worten: das Leben macht sich die anorganische Bau- und Funktionsgesetzmäßigkeit seiner eigenen Konstitution gemäß dienstbar. Umgekehrt entspricht aber auch der Charakter seiner Konstitution dieser anorganischen Bau- und Funktionsgesetzmäßigkeit. Mittel und Zweck, anorganisches Funktionssystem und Lebenssystem bilden so die Hauptbestandteile einer allumfassenden organischen Einheit, die wir als die einheitliche Ordnung des Weltorganismus überhaupt erleben. Die nachfolgenden Erörterungen mögen diese Entsprechungen an Beispielen kurz veranschaulichen.

Im anorganischen Funktionssystem treten uns die Sonnen- und die Erdwärme als wärmeerzeugende Faktoren entgegen. Ihnen entspricht die Fähigkeit aller Lebensformen, durch den Oxydationsprozeß der Atmung rastlos Wärme zu erzeugen, und eines großen Teiles derselben, mechanische Arbeit (Bewegungsenergie) in Wärme umzusetzen. Auf die regulative Bedeutung der Wärmeerzeugung für Lebensformen ohne eigene Körpertemperatur kommen wir nachher bei der

Erörterung der regulativen Faktoren zu sprechen. Hier sei nur erwähnt, daß die Wärmeerzeugung mancher Pflanzen auf die unmittelbare kältere Umgebung in dem gleichen Sinne zweckmäßig einzuwirken vermag, wie der wärmende Sonnenstrahl, der das Eis des Winters schmilzt. So vermag z. B. das Alpenglöckchen, das schon bei 0° ein lebhaftes Wachstum zeigt, seinen Blütenstengel durch die feste Masse des Firnschnees zu schieben, weil die Veratmung der im vergangenen Sommer in den Blättern und Wurzelstöcken gespeicherten Reservestoffe die für die Schneeschmelze nötige Wärme liefert.

Im Unterschied zu den Lebensformen ohne eigene konstante Körpertemperatur haben die Warmblüter die Fähigkeit, die erzeugte Wärme aufzuspeichern, ihre völlige Ausstrahlung in die Außenwelt durch Bildung von Isolierschichten zu verhindern. Wie nun die Warmblüter ihre Körperwärme — die ohne ständige Erneuerung bald durch mechanische und chemische Arbeitsleistungen und die immer vorhandene Ausstrahlung aufgezehrt würde — durch die aufgenommene Nahrung und deren teilweise Verbrennung konstant erhalten, so deckt auch die Sonne ihren Nahrungsbedarf, den der Energieverlust durch die Strahlung erfordert, durch die 300 Milliarden Tonnen von Meteoren, die jährlich auf sie niedergehen. Der glühende Erdkern vermag zwar seinen Verlust an Wärmeenergie nicht wieder wettzumachen. Dafür besitzt er jedoch in der Erdrinde einen ausgezeichneten Isoliermantel und entspricht hierin den Warmblütern. Sonne und Erde zusammen, als funktionelle Einheit betrachtet, entsprechen also hinsichtlich der Wärmeerzeugung und -bewahrung durchaus den auch in den Warmblütern verwirklichten Funktionsgedanken.

* * *

Die Möglichkeit eines Systems, sich auf einer relativ konstanten Eigentemperatur zu erhalten, führt uns nun zu den wärmeregulierenden Faktoren. Zunächst ist hier der wärmelose dunkle Weltenraum, dieser ewig vorbestimmte Gegenspieler der Urenergie, zu nennen. Seine gleichsam passive Aktivität im anorganischen Funktionssystem ist ungeheuer bedeutsam, ja er erscheint als ein Teil jener Kraft, die stets das Böse will und doch das Gute schafft. Er allein ermöglicht die Bildung der Steinkruste mit ihren Gewässern und der Lebensluft spendenden Atmosphäre, die als Erdoberfläche das Lebensgebiet vor dem glühenden Erdkern schützt. Sobald jedoch diese Bildung so weit fortgeschritten ist, daß hinsichtlich der Erdtemperatur die Existenzbedingungen für das Leben gegeben sind, wandelt sich sein positiver Einfluß zum Teil in einen negativen. Denn sein ungehindertes Weiterwirken würde die Temperaturgrenzen des Lebens augenblicklich nach unten hin überschreiten. Nun tritt jedoch die positive Lebensbedeutung der Sonne in Aktion. Ihre Wärme bildet, zumal auch des Nachts, auch dadurch ein Gegengewicht gegenüber dem kalten Weltenraum, daß sich die Erwärmung der Erdoberfläche auch der Atmosphäre mitteilt, die um so mehr, gleich der Erdoberfläche, als Wärmereservoir fungiert, je mehr Feuchtigkeit sie enthält. Als Gegenspieler dieser Wärmespeicher erscheint die Abkühlung durch Wasserverdunstung und Niederschläge ebenfalls als Wärmeregulator. Hinzu kommt noch, daß die Atmosphäre kraft ihres Zerstreuungsvermögens die Sonnenenergie in einer für die Existenz des Lebens zweckmäßigen Weise zerteilt.

Als äußerst vielseitiger Wärmeregulator erscheinen dann die verschiedenartigen Bewegungsformen der Erdkugel einschließlich der den Jahreszeitenwechsel bedingenden Stellung der Erdachse zur Fläche der Sonnenbahn (Ekliptik). Sie führen im Zusammenwirken mit den genannten wärmespendenden und wärmeregulierenden Faktoren und in Wechselwirkung mit der Gestalt und dem Gehalt der Erdoberfläche (Wärmeregulation durch die Gestalt der Erdoberfläche, Wasserhaushalt usw.) zu den Bedingungen, welche eine überall gleichmäßige Verteilung der Sonnenenergie verhindern, die Bildung unterschiedlicher Wärmezonen ermöglichen. Wir gelangen so zu einer sehr reichen Klimadifferenzierung, die angesichts der Tatsache, daß die primäre Schichtenfolge der Erdrinde überall die gleiche ist, auch als eins der wesentlichsten technischen Mittel zur Mannigfaltigkeit der Lebensformen in geschichtlicher und gegenwärtiger Zeit erscheint.

Im Reiche der Lebensformen kommt nun die Wärmeregulation entweder in einer Veränderung der Wärmeaufnahme oder der Wärmeabgabe oder Wärmeerzeugung zum Ausdruck. Die Pflanzen und wechselwarmen Tiere, also alle Lebensformen ohne konstante, von der jeweiligen Außentemperatur relativ unabhängige Eigentemperatur, sind hierin — cum grano salis genommen — den anorganischen Gebilden der Erdoberfläche vergleichbar, die ja ebenfalls, von radioaktiven Substanzen abgesehen, keine Eigentemperatur besitzen. Zwar erzeugen auch diese Lebensformen Wärme, wenngleich in weit geringerem Maße als die Warmblüter, daher sich auch der Stoffwechsel weit langsamer vollzieht. Allein sie besitzen keine isolierenden Mittel, um die erzeugte Wärme festzuhalten, und so strahlt sie analog in die Umgebung aus wie die Wärme, welche das von der Sonne erhitzte Gestein empfing. In dieser Hinsicht ist es auch bemerkenswert, daß bei den Kaltblütern die rein physikalische Erscheinung der Körpergröße eine wärmespeichernde Rolle spielt. So zeigt z. B. der Thunfisch nur deshalb eine Temperatur, die ungefähr 10° über der seiner Umgebung liegt, weil die Wärme den Körper infolge seiner Größe nicht so schnell verlassen kann. Es ist also im Prinzip dieselbe Erscheinung, welche alle schlechten Wärmeleiter zeigen. Wir begegnen ihr u. a. auch, wenn nach heißen Sommertagen am kühleren Abend die Häuserfront der Straße eine weit höhere Temperatur zeigt als die umgebende Luft.

Bei der Wärmeregulation der Pflanzen kommt im allgemeinen das Prinzip zum Ausdruck, daß die Kälteerzeugung durch Verdunstung — hierfür dienen besondere technische Kühlvorrichtungen — die Wärmeerzeugung durch Atmung überwiegt. Eine Ausnahme hiervon macht der Blütenzustand mancher Palmen, der Victoria regia, des Aronstabes usw., indem die Pflanzen vorübergehend eine Temperatur von 5—25° über die der umgebenden Luft zeigen. Wie die Kühlvorrichtungen der Pflanzen als Reaktion gegen übermäßige Erwärmung in Tätigkeit treten, so besitzt die Pflanze gleich den wechselwarmen Tieren auch Regulationsmittel, welche ein Gegengewicht gegen übermäßige Kälte bilden. Fragt man nun, welche Temperaturen für die Lebensformen ohne konstante Eigentemperatur als übermäßig kalt oder warm zu bezeichnen sind, so wird die Antwort je nach der Konstitution und der ihr entsprechenden Lebensweise sehr verschieden lauten Das vom anorganischen Funktionssystem ausgeprägte Temperaturgebiet des Lebens, dem ja die Lebensformen ohne konstante Eigentemperatur unmittelbar angepaßt sind, zeigt eine sehr beträchtliche Variationsbreite, deren normale Grenzen ungefähr zwischen — 60° und + 75° liegen. Innerhalb dieser Grenzen sind die einzelnen Arten an bestimmte Temperaturgebiete angepaßt, deren untere Grenze vor allem vom Charakter des Wasserhaushaltes der betreffenden Lebensform, deren obere Grenze insbesondere von der Temperatur bestimmt wird, bei der das jeweils spezifische Eiweiß gerinnt. Allgemein gilt, daß sowohl Erniedrigung wie Erhöhung der Temperatur über die jeweiligen Temperaturgrenzen der Lebensformen hinaus den geregelten Ablauf der Lebensvorgänge stört, was ja angesichts des metastabilen Charakters der kolloidalen Grundstruktur der lebenden Materie leicht einleuchtet.

Die Möglichkeit der Überwinterung in unserer Klimazone beruht für die Lebensformen ohne konstante Eigentemperatur nicht selten auf dem notwendigen Zusammenwirken verschiedener Faktoren. So verbündet sich die als unmittelbare Folge der Kälte erscheinende Herabsetzung des Stoffwechsels auf ein Minimum (Kältestarre) mit der Fähigkeit der Lebensformen, sich noch mit der Hälfte ihres normalen Stoffverbrauchs den Winter über zu erhalten. Die niemals unterbundene Wärmeerzeugung durch Atmung sowie die Tatsache, daß das Quellungswasser der kolloidalen lebenden Materie eine Salzlösung darstellt, die den Gefrierpunkt erniedrigt und zumal im Ruhestande der Unterkühlung nur schwer gefriert, sind ebenso positive Faktoren für die Überwinterung. Das gleiche gilt für die Bildung isolierender Schutzschichten bei den Pflanzen (Rinde der Bäume) oder für das Aufsuchen besonders geschützter Stellen zum Überwintern (wechselwarme Tiere). Hier erweist sich auch die Erdwärme als wesentlicher positiver Faktor — man denke nur an den Schutz der empfindlichen Wurzelspitzen der Bäume —, die in ihrer Wirksamkeit durch die isolierenden Schneeschichten unterstützt wird. Erst im Bewußtsein des Zusammenwirkens solcher für die Überwinterung positiver Faktoren ist es z. B. begreiflich, daß der Kältepol der Erde im Nordosten Sibiriens, wo im Winter die Temperatur unter —60° sinkt, ausgedehnte Wälder beherbergt.

Wie schon angedeutet, ist die mechanische Arbeit (Bewegungsenergie) der Kaltblüter ein Mittel der Wärmeregulation, das als vorübergehendes Gegengewicht gegenüber dem Kältereiz übrigens auch vom Warmblüter, wie dem Menschen, angewandt wird. Sinkt z. B. die Temperatur eines Bienenstockes auf den kritischen Punkt von + 13°, so löst dieser Kältereiz eine allgemeine Unruhe aus. Der Schwarm vollführt heftige Bewegungen, bis der sog. Hitzesprung von 25° erreicht ist. Der Anreiz zur Bewegung ist nun verschwunden, und die Bienen drängen sich während der nun folgenden allmählichen Abkühlung dicht zusammen, bis wieder die kritische Temperatur von 13° erreicht ist und das Spiel von neuem beginnt. So hält sich der Stock auch im kalten Winter auf einer Temperatur von 10—24°. Reptilien, wie Eidechsen, Schlangen, Krokodile, vermögen eine Wirkungssteigerung der von außen kommenden Wärme durch Ausbreitung der in der Cuticula gelegenen Pigmentzellen herbeizuführen. Umgekehrt erfolgt bei Übererwärmung eine Zusammenziehung der Farbstoffträger, da ja die helle Haut die Strahlen reflektiert. Im allgemeinen ist hier jedoch, wie gesagt, das Aufsuchen geschützter Stellen das verbreitetste Mittel gegen den übermäßigen Wärme- oder Kältereiz.

Für die spezifischen Wärmeregulationen der Warmblüter ist zunächst bemerkenswert, daß diese umsoweniger entwickelt sind, je unfertiger ein Warmblüter als Ganzes zur Welt kommt. Daher sinkt bei vielen neugeborenen Warmblütern (z. B. Nesthocker) die Körpertemperatur stark, wenn die Außentemperatur unter + 20° herabgeht. Da diese unfertigen Lebewesen der schädlichen Außentemperatur nicht selbst durch erhöhte Wärmeerzeugung begegnen können, so übernimmt die mütterliche Wärme in der Brut- oder Nestpflege diese Funktion. Alle ausgebildeten Warmblüter sind hingegen selbsttätige Wärmespeicher und haben die verschiedensten Formen der Isolationstechnik ausgebildet, die dann vom Menschen in seiner Kleidung künstlich nachgeahmt und gesteigert wird. Analoges gilt von ihren Kühlvorrichtungen, die sich in der Erweiterung der kapillaren Blutgefäße der Haut (einfache Wärmestrahlung, Schweißabsonderung) in der Wärmeabgabe durch Beschleunigung der Atmung und in der Regulation der Innenverbrennung (chemische Wärmeregulation besonders durch die Leber, sie fehlt beim Menschen) ausprägen.

* * *

Die Faktoren der Wärmeerzeugung, der Wärmeregulation und die durch die Wärme veränderlichen Faktoren bringen zusammen eine funktionelle Einheit innerhalb des anorganischen Funktionssystems zum Ausdruck, bedeuten gleichsam ein Organsystem dieses „Organismus". Wie alles Leben rastlose Veränderung, Umgestaltung ist, so muß auch das anorganische Funktionssystem, das dem Leben als technisches Mittel zur Existenz seiner unterschiedlichen Daseinsformen dient, notwendig die dynamische Struktur rastloser Gestaltung und Umgestaltung offenbaren. Prägte sich hingegen im anorganischen Funktionssystem ein starres, in ewiger Ruhe verharrendes, totes Sein aus, so gäbe es auch kein Leben im eigentlichen Sinne. Wie mannigfaltig nun auch die von der Wärme, dem Temperaturwechsel herbeigeführten Veränderungen innerhalb des anorganischen Funktionssystems sind, so lassen sie sich doch alle in die beiden Gruppen der physikalischen Zustandsänderung und der Änderung der chemischen Zusammensetzung einordnen. Das gleiche gilt aber auch für die durch den Temperaturwechsel hervorgerufenen Veränderungen innerhalb der Funktionssysteme, welche die Lebensformen darstellen.

Der für das Leben so bedeutsame Kreislauf des Wassers, den die Sonnenenergie auslöst und erhält, gehört z. B. gleich vielen von ihm unmittelbar verursachten Veränderungen in das Gebiet physikalischer Zustandsänderung. Das gleiche gilt von den Luftbewegungen. Die Atmosphäre, welche von der Schwerkraft in Form einer Kugelschale an die Erdkugel gebannt ist, nimmt das von der Sonnenenergie verdunstete

Wasser auf. Die sich unter Mitwirkung der Erdbewegungen und des wärmelosen Weltenraumes bildenden Temperaturgefälle erzeugen Leben verbreitende Winde und befruchtende Niederschläge. Flüsse und Täler werden gebildet, Material, wie Steine, Sand, Schlamm, wird von Wasser, Eis und Wind verfrachtet, ab- und aufgetragen. Die Einwitterung von Salzen wechselt mit der Auswitterung — Erscheinungen, denen das für den Charakter der Bodenkultur so wichtige Steigen und Fallen des Grundwasserspiegels folgt, — Schnee- und Eisdecken schützen im Winter das darunter befindliche Leben vor der Kälte des Weltenraumes usw. Hier erscheint auch die allbekannte Tatsache bemerkenswert, daß das Wasser, entgegen den allgemeinen Flüssigkeitsgesetzen, bei 4^0 die größte Dichte hat und so ein Zufrieren größerer Wassertiefen an den Aufenthaltsorten des Lebens durch die schützende Eisdecke verhindert. Im gleichen Sinne wirkt die Erniedrigung des Gefrierpunktes des Meerwassers durch darin gelöste Salze sowie die Unterkühlung ruhender Flüssigkeitsschichten.

Mit den physikalischen Zustandsänderungen gehen Änderungen der chemischen Zusammensetzung oft Hand in Hand. Insbesondere finden innerhalb der Steinkruste, in der Lithossphäre, zahlreiche Umsetzungen statt, wie ja auch die ungeheuer verbreitete Erscheinung der Verwitterung der Gesteine zugleich ein chemischer Prozeß ist. Diese chemischen Umsetzungen steigern sich mit der Tiefe, d. h. mit dem Einfluß der Erdwärme. Hinzu kommen die zahlreichen chemischen Veränderungen, an welchen der Auftrieb des feuerflüssigen Magmas, heiße Quellen, eruptose Wasser, Mineralien usw., beteiligt sind. Auch die Welt der Lebensformen prägt rastlos zu diesen chemischen Veränderungen der Erdoberfläche bei. Man denke nur an die stickstoffbildenden Bakterien, an die Pflanze als Kohlebildner, an die Kalk- und Kieselalgen, denen ganze Gebirge ihr Dasein verdanken usw.

Die chemische Zusammensetzung der Salzlösung unserer Weltmeere erweist sich als ziemlich konstant. In diesem Zusammenhang ist die Tatsache sehr bemerkenswert, daß sich die Art der im Meerwasser befindlichen Salzionen (Natrium, Kalium, Kalzium), wie auch ihr gegenseitiges Mengenverhältnis im Organismus der Landtiere genau so erhalten hat.

Darin offenbart sich ein wichtiges Glied in der Beweiskette, daß die Urahnen der Landtiere Meeresbewohner waren, daß das Meer die Urheimat alles Lebens ist. Das Meerwasser stellt ja auch ein Lebensmedium dar, das relativ unbeeinflußt von den oft jähen klimatischen Wechselfällen des Landes ist. Hier findet die assimilierende Kleinlebewelt der Algen, Diatomeen, Radiolarien, Foraminiferen in Tiefen bis zu 50 Meter die für die Existenz des Lebens überhaupt günstigsten Bedingungen. Geringe Temperaturschwankungen, gleichbleibender Druck, Wasserströmungen, welche rein passive Bewegungen ermöglichen und aktive begünstigen, die ständige Bereitschaft gelöster Nährsalze, des im Wasser gelösten Sauerstoffs zur Atmung, des Stickstoffs zum Aufbau der Eiweißkörper, des Sonnenlichtes sowie der Kohlensäure bei Gegenwart von Wasser zwecks Aufbaus des Zuckers und der übrigen Assimilationsprodukte, sind einige der wesentlichsten Charakteristika dieses günstigen Mediums. In den assimilierenden einzelligen Algen usw. ist aber zugleich die organische Grundbedingung für die Existenzmöglichkeit alles weiteren Lebens gegeben, das der organischen Substanz als Nahrung bedarf.

Wie sich das Leben nur im rastlosen Wechsel erhält — auch der Tod ist darum auch ein unbedingt notwendiges Mittel zum Leben —, so werden hier die Beziehungen zwischen den Faktoren der Wärmeerzeugung und Wärmeregulierung und den durch die Wärme, den Temperaturwechsel veränderlichen Faktoren gleichwie im anorganischen Funktionssystem, sehr innige sein. Dieses ergibt sich schon aus der Tatsache, daß die Lebensformen auf ganz bestimmte Temperaturgebiete angewiesen sind. Und da die Lebensformen immer individuelle Einheiten in der Mannigfaltigkeit ihrer Teile zum Ausdruck bringen, so wird auch die Veränderung ihrer Ganzheit durch den Temperaturwechsel, also die Frage ihrer Existenzmöglichkeit überhaupt hier im Vordergrund stehen müssen. Ergibt es sich doch schon gleichsam a priori, daß Temperaturen, an welche die Lebensformen nicht angepaßt sind, Veränderungen im Gefüge des Ganzen hervorrufen müssen, welche die Existenz bedrohen oder vernichten. Einige Beispiele mögen diese Beziehungen verdeutlichen.

Wir kennen sog. Urtierchen, ferner Rädertierchen, Beerentierchen, Fadenwürmer, die auch gegenüber großen Temperaturschwankungen ziemlich unempfindlich sind. So vermögen sie einen Polarwinter von 40° anstandslos zu ertragen, ja sie sind sogar noch bei der Temperatur des flüssigen Heliums (—269°) stundenlang lebensfähig. Die Sporen des Heubazillus vertragen ein tagelanges Erhitzen auf 70—80°, viele Samen höherer Pflanzen lassen sich vorübergehend auf weit über 100° erhitzen, ferner gibt es thermophile Bakterien, welche erst bei ca. 50° gedeihen und die bekannte Selbsterhitzung des Stalldüngers usw. hervorrufen. Manche Fische, Schmetterlinge und Blumen können auch die Eisbildung ihrer Körperflüssigkeit ruhig ertragen. Friert jedoch das von der kolloidalen Materie eingeschlossene Quellungswasser, so wird infolge der starken Ausdehnung des gefrierenden Wassers der kunstreiche Bau der Lebensformen zertrümmert. Hieraus ergibt sich, daß die Lebensformen im allgemeinen bei um so tieferen Temperaturen in ihrer Existenz bedroht werden, je ärmer sie — wie z. B. eingetrocknete Beerentierchen, trockene Samen oder Sporen von Pilzen — an Quellungswasser sind.

Wie das Gefrieren des Quellungswassers die Lebensformen bei tiefen Temperaturen vernichtet, so bei hohen Temperaturen das Gerinnen der für die verschiedenen Lebensformen spezifischen Eiweißkörper. Das Eiweiß des Salamanders oder der Eidechse gerinnt z. B. schon bei 35°, weswegen sich diese wechselwarmen Tiere derartig hohen Temperaturen, die ja an sich keine Seltenheit sind, nicht freiwillig aussetzen werden. Die Steinkorallen der tropischen Meere können im allgemeinen eine Temperatur unter 20° nicht vertragen, werden daher gleich den tropischen Pflanzen in unserem Klima nur bei künstlicher Wärme gedeihen.

Wie die chemischen Prozesse innerhalb des anorganischen Funktionssystems ganz allgemein durch Temperatursteigerung beschleunigt oder gar erst ausgelöst, durch Temperaturminderung verlangsamt werden, so gilt dasselbe Gesetz auch für die Stoffwechselvorgänge innerhalb der Lebensformen. So entspricht z. B. die Geschwindigkeit der Protoplasmaströmung in den Pflanzenzellen genau der Außentemperatur; Analoges gilt von der Teilung befruchteter Eier. Die Entwicklung des Froscheies z. B. folgt in ihren einzelnen Stadien so genau der Temperatur, daß sie analog als Maß der Temperatur gelten kann, wie der Quecksilberthermometer und so als biologischer Thermometer verwendbar wäre. Da sich der normale, sowohl räumlich wie zeitlich genau geregelte Stoffwechsel besonders bei den vom Wechsel der Außentemperatur relativ unabhängigen Warmblütern nur innerhalb bestimmter Temperaturgrenzen vollzieht, so werden Körpertemperaturen oberhalb oder unterhalb dieser Grenzen den Stoffwechsel desorganisieren müssen. Diese Störungen, die zum Tode führen können, treten bei Warmblütern keineswegs erst als Gefrieren des Quellungswassers oder als Koagulation der Eiweißkörper sondern schon weit früher auf. So erfriert das Kaninchen schon bei einer Körpertemperatur von 21°, der Mensch bereits bei 24°. Dieses Erfrieren ist nichts anderes als eine Selbstvergiftung mit den eigenen Stoffwechselprodukten infolge abnormer Verlangsamung des Stoffwechsels. Die Kälte verlangsamt die Tätigkeit des im verlängerten Mark gelegenen Atemzentrums derart, daß der Körper nicht mehr genug Sauerstoff für die notwendigen Verbrennungen zugeführt erhalten kann und der Mensch deshalb erstickt. Während spezifische Kälteveränderungen der kolloidalen lebenden Materie meist wieder rückgängig zu machen sind — sofern es sich nicht um ein Gefrieren des Quellungswassers handelt —, verursachen abnorme Wärmezustände des Körpers schon vor dem Gerinnen der Eiweißkörper häufig dauernde Schädigung der kolloidalen Grundstruktur. Starke Verbrennungen der Außenhaut können infolge Unterbindung der Hauttätigkeit zum Tode führen. Das hohe Fieber vermag ebenfalls den kolloidalen Zustand zu verändern, stört zudem den geregelten Stoffwechselablauf und führt unter Umständen ebenfalls zum Tode, obgleich es eigentlich eine Heilreaktion des Körpers gegen Infektionen darstellt, weil das Bakteriengift das Wärmezentrum des Gehirns zu erhöhter Tätigkeit veranlaßt. Im Grunde führt aber auch nicht diese, die Vernichtung der Bakterien bezweckende außergewöhnliche Wärmeregulation an sich unmittelbar zum Tode. Vielmehr sind hier neben den immer auftretenden Stoffwechselstörungen rein individuelle Faktoren für den letalen Ausgang des Fieberzustandes maßgebend. Sie kommen allgemein darin zum Ausdruck, daß irgendwelche Organe — z. B. das Herz — in ihrer Tätigkeit nicht mehr die normale (gesunde) Anpassungsfähigkeit an die stark erhöhte Körpertemperatur besitzen.

Die vorstehenden Beispiele haben es hinlänglich deutlich gemacht, daß, *wie im anorganischen Funktionssystem, so auch in allen als Lebensformen erscheinenden energetisch-materiellen Systemen wärmeerzeugende, wärmeregulierende und durch Wärme veränderliche Faktoren zusammenwirken.* Sie haben ferner gezeigt, daß *dieses Zusammenwirken im anorganischen Funktionssystem nur als technisches Mittel für ihr Zusammenwirken in den organischen Systemen erscheint* und daß sich zwischen dem anorganischen Funktionssystem und den organischen Systemen eine völlige Übereinstimmung im Hinblick auf die Gesetzmäßigkeit aller Erscheinungen ausprägt, die als physikalische oder chemische anzusprechen sind. Die Wärme, welche die Lebensformen erzeugen, ist ihrem Charakter und ihren Wirkungen nach nicht anders geartet als die Sonnenwärme. Die für Salzlösungen geltenden Gesetze der Diffusion und Osmose entfalten ihre Wirksamkeit genau so im Organismus wie im Erdboden. Chemische Umsetzungen werden hier wie dort durch Temperatursteigerung beschleunigt, durch Temperaturminderung verlangsamt. Die Wasserverdunstung setzt auf der Erboberfläche wie im Organismus aus den gleichen Gründen die Temperatur herab. Die mechanische Energie der Festigkeit, der Spannung (Druck), der Bewegung offenbart die dem Landleben angepaßte Organismenwelt genau so wie die Erdkugel, auf der sie haust. Elektrische Ströme, die den Erdball umkreisen oder sich als Gewitter entladen, werden ebenso bei der Tätigkeit aller Zellen und Organe beobachtet. Auch alle anorganischen Körper können eine kolloidale Struktur annehmen, die ja für die Lebensformen charakteristisch ist. Und alle Gesetzmäßigkeiten, die mit der kolloidalen Struktur verbunden sind, lassen sich im Prinzip auch an der anorganischen Materie demonstrieren. Insbesondere spielt hier ja die Steigerung der Oberflächenkräfte eine große

Rolle, die durch millionenfache Vergrößerung der Oberfläche infolge feinster Zerteilung der Materie bewirkt wird. Im Unterschied zu den anorganischen Systemen zeigen die organischen Systeme schon an sich, infolge ihres Aufbaues aus Milliarden bis Billionen Einzelzellen, eine besondere große Oberfläche, die durch die kolloidale Zerteilung der Materie noch ins Ungeheure gesteigert wird. Hierauf beruht die Leichtigkeit, mit der die Lebensformen schon bei niedriger Temperatur — man denke nur an die Lebensformen ohne eigene konstante Körperwärme — den ungeheuer komplizierten Bau- und Betriebsstoffwechsel vollziehen. Denn gerade die Oberflächenkräfte, welche sich als Absorbtion und Adsorbtion, als Oberflächenspannung, Konzentrationsänderungen an Oberflächen, elektrische Spannungen usw. ausprägen, ermöglichen diese Umsetzungen ohne Anwendung besonderer äußerer Energiemengen bei Temperaturen, mit denen der Chemiker in dieser Hinsicht nichts anzufangen vermag.

Bedient sich also der Bau- und Betriebsstoffwechsel der Lebensformen auch derselben Gesetzmäßigkeiten wie der Chemiker in seinen Analysen und Synthesen, so stehen doch den Lebensformen, kraft ihrer besonderen Organisation, darüber hinaus eine Reihe von Mitteln und Wegen zur Verfügung, die der Chemiker nicht nachzuahmen vermag. Und wenn die Lebensformen in ihrer Gestalt und ihren Funktionsleistungen die materiellen und energetischen Gesetzmäßigkeiten gleichsam begreifen und praktisch anwenden, so ist dieses Begreifen, das die organische Natur als Techniker offenbart, doch ein anderes, als es der Mensch als Techniker oder Chemiker usw. zeigt. Denn dort ist es unmittelbarer, unbewußt vernünftiger Ausdruck des allumfassenden Weltplanes, der das organische Mittel-Zweckverhältnis zwischen Mechanismus und Organismus der Anlage nach schon vor der möglichen Existenz der Erscheinungsformen des metaphysischen Lebens im Werden und Sein des anorganischen Funktionssystems ausprägt. Damit zeigt sich, wie wir später noch näher begründen werden — der Lebenssinn der menschlichen Technik auch vom Lebenssinn der Technik der organischen Natur her bestimmt.

Wir haben in diesem Abschnitt das Temperaturgebiet besonders berücksichtigt und seine Verflechtung mit allen Faktoren des anorganischen Funktionssystems sowie seine Beziehungen zu den Lebensformen an Beispielen zu verdeutlichen gesucht. Dasselbe Verfahren ließe sich auch auf alle anderen energetischen und materiellen Faktoren anwenden. Die ähnliche ausführlichere Beantwortung etwa der Frage: welche Beziehungen zu den anderen Faktoren des anorganischen Funktionssystems und zur Morphologie sowie Physiologie der Lebensformen zeigen etwa das Licht, das Wasser, der Sauerstoff, die Kohlensäure, die Salze, der Wind, die Schwerkraft usw. — würde den Charakter des anorganischen Funktionssystems sowie die Gleichsinnigkeit seiner Technik mit der der Lebensformen schließlich von allen Seiten beleuchten. Da es uns hier jedoch nur auf die prinzipielle Darlegung der Technik der Natur ankommt, so erübrigt sich ein weiteres Eingehen auf diese Beziehungen. Dieses um so mehr, als die prinzipielle Erörterung der schon hier und da berührten Technik der Lebensformen selbst in ihrer unauflöslichen Verflechtung mit dem anorganischen Funktionssystem auch dieses hin und wieder notwendigerweise berücksichtigen läßt.

Zur Technik der organischen Natur.

Allgemeines.

An und für sich betrachtet tragen alle Lebewesen ihren Zweck in sich selbst, sind sie, im Unterschied zu dem ihnen als Mittel dienenden anorganischen Funktionssystem Selbstzweck. Diese Bestimmung gilt jedoch nur für die Lebensformen als isolierte Ganzheiten, als Individuen, nicht aber, sofern sie selbst Glieder überindividueller naturgewachsener Wesenheiten sind. Und sie sind es auf Grund der Fortpflanzung des Keimplasmas durch die Generationen. Dieses Charakteristikum des Lebens schafft die natürlichen Gemeinschaften, die als Familie, Sippe, Stamm, Volk, Unterart und Art das Individuum in ihre immer umfassendere Lebensganzheiten, in immer allgemeinere Individuationen des plasmatischen Lebens konstitutionell einordnen, die es als Exponenten ihrer eigenen Wesenheit ausprägen. Sinnlich ungleich faßbarer erscheint der gliedhafte Charakter der Teile der als Ganzheiten, als Individuen vorgestellten Lebensformen. Die einzelnen Glieder, Organe, Organsysteme können als Teile dieser Ganzheiten erst recht ihren Zweck nicht in sich selbst tragen, sondern nur unter der Bedingung der Existenz des Lebensganzen einen Zweck haben. Sie sind einerseits Mittel zur Existenzfähigkeit des Ganzen, anderseits selbst Zweck, sofern sie in der Idee des Lebensganzen einbegriffen sind.

In der menschlichen Technik begegneten wir den planmäßig vom Menschen geschaffenen materiellen Mitteln, welche dazu dienen, den Wirkungsbereich des menschlichen Lebens zu festigen, zu erweitern und nach außen wie innen auszugestalten. Das Leben selbst erscheint als der Zweck des Systems von Mitteln, die wir mit dem Begriff der menschlichen Technik bezeichnen. In der Technik der organischen Natur müßten aber Mittel zum Ausdruck kommen, die sich von den Mitteln, welche wir in der menschlichen Technik begreifen, dem Sinne nach dadurch unterscheiden, daß sie Teilerscheinungen der von den Lebensformen repräsentierten organischen Natur selbst sind. Anderseits werden die technischen Einrichtungen der organischen Natur ebenso dem Mechanismus der Natur angehören müssen, wie die Technik der anorganischen Natur oder des Menschen. *Allein das zielstrebige schöpferische Prinzip, das diese technischen Mittel planmäßig gestaltet, ihre Wirkungsweise dauernd reguliert und etwaige Gleichgewichtsstörungen wieder behebt, Schädigungen ausbessert usw., steht selbst außerhalb dieses Mechanismus der organischen Natur, ist ihm ebenso übergeordnet, wie die planmäßig wirkende menschliche Schöpferkraft den technischen Gebilden, die sie herausstellt, reguliert und repariert.*

Wie überall, so stehen auch hier, auf dem Gebiete der Technik der organischen Natur, Mechanismus und Organismus im Verhältnis vom Mittel zum Zweck, erscheint die kausale Gesetzmäßigkeit mechanischer Vorgänge in ihrer strengen allgemeingültigen Notwendigkeit dem organischen Prinzip der Zweckmäßigkeit ebenso notwendig untergeordnet. Denn andernfalls würde die Lebensform diesen Mechanismus nicht geistig, planmäßig beherrschen und als Mittel, Werkzeug benutzen können.[1]) Die kausal gesetzmäßige Ordnung, der Mechanismus der Natur ist zugleich zweckmäßig als Werkzeug für die Erhaltung des Lebens, ja erhält allererst in dieser Mittelhaftigkeit einen Sinn. Und wir können schlechterdings nicht anders, als in der metaphysischen Wesenheit, die sich in den Phänomenen des Lebens sinnlich wahrnehmbar offenbart, auch den planmäßigen und zielstrebigen Organisator des Mechanismus der Natur zu erblicken. Die zeitliche Priorität des Mittels, nämlich des anorganischen Mechanismus der Natur, existiert so nur für unseren, auf die sinnlichen, von Raum und Zeit begrenzten Erscheinungen gehenden Verstand. In der Idee geht aber wie gesagt der Zweck dem Mittel zur Verwirklichung seiner Existenz notwendig voraus, existiert somit der Mechanismus der anorganischen Natur nur um der Offenbarung des schöpferischen Lebens willen. Der Mechanismus der anorganischen Natur ist somit in seiner Struktur auf die Erscheinungsmöglichkeit des an und für sich metaphysischen Lebens, der „Entelechie" des Aristoteles, abgestimmt, nicht umgekehrt. Und dieser Abstimmung liegen die gleichen übersinnlichen, den metaphysischen Charakter des Lebens offenbarenden Ideen zugrunde, welche die Ursache der Erscheinungsformen des Lebens sind und deren Realität wir wieder aus der sinnlich wahrnehmbaren planmäßigen Gestaltung der Lebensformen erschließen.

Wenn der Ingenieur eine komplizierte Maschine — etwa eine Lokomotive — erbaut, so folgt er einem bestimmten einheitlichen Plan, der den Charakter dieses Funktionssystems in allen Einzelheiten festlegt. Dem Leistungszweck,

---

[1]) Beispielsweise ist das Herz, an und für sich betrachtet, ein automatisch funktionierendes Organ, ein „Mechanismus", der unter geeigneten, gleichen Bedingungen auch vom Körper losgetrennt, stunden- bis tagelang im gleichen Takt weiterschlagen könnte. Anderseits wird der Herzschlag von den jeweiligen Bedürfnissen der Lebensform auf den Bahnen des *Nervus vagus* (Verlangsamung) und des *Nervus accelerans* (Beschleunigung) aufs feinste reguliert. Hier zeigt sich der Unterschied zwischen dem Rhythmus im Ablauf der planmäßig beherrschten Lebensvorgänge und dem gleichen Takt im Gang der Maschinen. Jener Mechanismus bleibt ständig vom Leben beherrscht, dieser ist vom beherrschenden Leben losgelöst.

welchen dieses technische Gebilde erfüllen soll, sind sowohl die Materialien, wie die den Einzelfunktionen entsprechenden Formgebungen dieser Materialien, wie aber auch die Regeln angepaßt, welche das Zusammen- oder Nacheinanderwirken der einzelnen Funktionen zum Funktionssystem des Ganzen ordnen. Der geistige Organisationsplan, welcher der Verwirklichung der Maschine zugrunde liegt, wird so in ihrer Funktionsform und in ihrem Leistungscharakter materialisiert. Die Maschine handelt daher gemäß diesem Plane, der in ihr Gestalt angenommen hat, praktisch geworden ist. Ist der Plan unvollkommen — sei es im Hinblick auf die zu formenden Materialien oder hinsichtlich der einzelnen Leistungen des Funktionssystems oder ihres Zusammenwirkens nach bestimmten Regeln usw. —, so wird die Maschine in ihren Leistungen notwendig diese Unvollkommenheiten zum Ausdruck bringen. Denn sie besitzt als ein Mechanismus, der vom planmäßigen schöpferischen Organisator ihrer Gestalt und ihres Leistungscharakters losgetrennt ist, keinen Freiheitsgrad, keine bildende, organisierende Kraft, sondern folgt allein mechanisch dem Kausalitätsgesetz, demgemäß ein bestimmter Ursachenkomplex genau errechenbare Wirkungen auslöst.[1]) Zwischen der Funktionsform einer Maschine und ihren Leistungen bestehen so prinzipiell die gleichen gesetzmäßigen Beziehungen wie zwischen der Form des anorganischen Funktionssystems der Natur und deren Leistungen. In der Erkenntnis dieser Gesetzmäßigkeiten im Mechanismus der anorganischen Natur gehen wir auch denselben Weg, wie der geistige Urheber des Mechanismus der Maschine, nur in umgekehrter Richtung. Denn in dieser Erkenntnis schließen wir von der sinnlich wahrnehmbaren Funktionsform auf den geistigen Plan, der ihrer Verwirklichung zugrunde liegt, während der Ingenieur umgekehrt von seinem geistigen Plan aus die Funktionsform verwirklicht. Alles Erkennen, Begreifen ist ein geistiger Akt und begreift auch im Mechanismus der anorganischen Natur den Geist, der sich in ihrer Ordnung offenbart. Und so ist alles Erkennen letzten Endes immer ein Begreifen unserer eigenen geistigen Wesenheit.

[1]) Vgl. die letzte Anmerkung.

Wir bezeichnen den Mechanismus der anorganischen Natur gleich dem mechanischen Gang unserer Maschinen trotz des Leben vortäuschenden Charakters der mechanischen Bewegungsenergie deshalb als seelenlos, weil, wie gesagt, den mechanischen Energieformen im Unterschied zur Lebensenergie keine Wahlmöglichkeit, keine schöpferische Initiative, keine bildende, organisierende Kraft innewohnt. Diese Lebenscharakteristik fehlt ihnen im tiefsten Grunde deshalb, weil sie ihren Zweck nicht in sich selbst tragen, weil sie an sich nicht Selbstzweck, sondern nur Mittel, Objekte solcher energetisch-materiellen Gebilde sind, die sich als Selbstzweck offenbaren. Hingegen bezeichnen wir die als Selbstzweck erscheinenden Gebilde mit den Begriffen „Subjekt" oder autonome Träger von Erscheinungen rein objektiven Charakters. Nur die Lebensformen besitzen diesen Subjektcharakter und stehen damit zugleich in einer tiefen innerlichen Beziehung zu der Schöpferkraft, die sich unserem Erleben als übersinnliches Substrat der erscheinenden Welt überhaupt offenbart. Kraft dieser Beziehungen ist denn auch das autonome Leben seinem innersten Wesen nach metaphysisch, jenseits von Zeit, Raum und Kausalität, jenseits der Erscheinungen, die wir mittels unseres Verstandes zu begreifen vermögen, sind wir uns selbst so im tiefsten Grunde ewig unbegreiflich.

Wenn wir also das Wesen, den Sinn der Technik der organischen Natur begreifen wollen, so müssen wir uns zunächst von der falschen mechanistischen Auffassung befreien, die den Menschen oder die Lebensformen überhaupt als Maschinen anspricht. Diese irrtümliche Auffassung hat letzten Endes ihren Grund in der Verwechselung von Subjekt und Objekt. Der Mensch vermag sich in der Maschine zu objektivieren, ja, wie wir sehen werden, nicht nur seinen konstruktiven Verstand, sondern auch die Funktionsgedanken, die in seiner körperlichen Struktur verwirklicht sind. Allein diese Offenbarungen seines eigenen Wesens in den Maschinen und Werkzeugen erfolgen immer nur in der ausschließlich als Objekt, nicht als organisierendes Subjekt erscheinenden Außenwelt, besitzen somit immer nur den an sich seelenlosen typischen Objektcharakter. Wenn daher der Mensch, dessen Charakter als reines Subjekt ihm schon das Selbstbewußtsein offenbart, sich selbst als Maschine hinstellt, so entäußert er sich damit seines Subjektcharakters, wandelt diesen in seiner nie wiederkehrenden Individualität — denn alles Subjekt ist zugleich Individualität — in ein seelenloses Objekt. Nach dieser Auffassung der „Mechanisten", die sich das Leben aus zufälligen energetisch-materiellen Konstellationen entstanden denken, erhält der rein objektive anorganische Mechanismus plötzlich den individuellen Subjektcharakter des Lebens, konstituiert sich der anorganische Mechanismus selbst als Subjekt, das sich durch Verwandlung fremder Stoffe in arteigene Struktur selbst aufbaut, verwaltet und erhält und darin eine beherrschende Gegenstellung zur rein objektiven Welt einnimmt, von der es doch im Grunde nur ein Teil sein soll.

Das metaphysische Wesen des Lebens, sagten wir, ist jenseits von Zeit, Raum, mechanischer Kausalität. Seine physischen Erscheinungsformen sind hingegen raumzeitliche Gebilde in der Form der Individualität. Wie das weiße Licht prismatisch in das bunte Farbenband des Sonnenspektrums zerlegt wird, so zerlegt sich die metaphysische Wesenheit des Lebens mittels Raum und Zeit in ihre sinnlich wahrnehmbaren Wirkungen, in den unendlichen Formenreichtum von Arten, Gattungen, Individuen, die gleich den einzelnen Farben ihre individuelle Form verkünden. Diese individuelle, zeiträumliche Begrenzung der Lebensformen bestimmt nun Charakter und Grad der Freiheit, der schöpferischen Initiative, der Gesetzeskraft dieser Träger und Sinngeber des objektiven Mechanismus derjenigen Erscheinungen, die wir als die spezifische Technik der organischen Natur zu begreifen vermögen. Die planmäßige und zielstrebige Wirkungskraft der als Subjekt waltenden Lebensformen ist also durch den Charakter derjenigen Bauidee beschränkt, die sich uns in ihrer sinnlichen Erscheinungsform, in ihrer morphologischen und physiologischen Gestalt offenbart. Hier zeigt sich das Gesetz der Lebensform, ihre Lebensgesetzlichkeit und ihre rastlose Tätigkeit zielt darauf hin, diese Lebensgesetzlichkeit zu erfüllen, ihre Wirksamkeit zu erhalten. Jede Lebensform „weiß" um das Gesetz ihrer Existenz, denn sonst könnte sie dasselbe nicht zielstrebig erfüllen. Dieses Gesetz umfaßt die Ganzheit der Lebensform als einheitliches Funktionssystem und in ihr alle Teilfunktionen als Einzelgesetze, welche die Mannigfaltigkeit in der Einheit des Lebensgesetzes verkünden. Jede Lebensform weiß nicht nur um das Gesetz ihrer eigenen Existenz, sondern auch um die — mechanische oder organische — Gesetzmäßigkeit der für die Lebensform immer objektiven Außenwelt, soweit diese dem Gesetz der Lebensform notwendig untersteht, d. h. soweit sie der Erfüllung des Gesetzes der Lebensform notwendig als Mittel dient.

* * *

Wir wiesen schon darauf hin, daß sich die mechanische Gesetzmäßigkeit der objektiven Außenwelt auch innerhalb der Lebensform selbst als deren Mechanismus ausprägt. Die Technik der Lebensformen, der organischen Natur, wird nun in alle dem zum Ausdruck kommen, wo der Mechanismus der objekthaften Welt der Erfüllung des Gesetzes der Lebensform als Mittel dient, wo er für die Existenz der Lebensform zweckmäßig ist. Da nun der Mechanismus der anorganischen Natur, ja, alles, was für das Subjekt reinen Objektcharakter besitzt, gleich dem Mechanismus, welchen die menschliche Technik verwirklicht, an sich keinen Zweck, keinen Sinn besitzt, sondern erst vom Subjektcharakter des Lebens Sinn und Zweck erhält, so wird er von eben diesem Leben gleichsam gedeutet und gewertet. Der Charakter dieser Deutung und Wertung hängt selbstverständlich von dem Charakter der als Selbstzweck, als Subjekt auftretenden Lebensform ab.

Die Deutung kommt schon in den Empfindungen zum Ausdruck, welche die Reize der Außenwelt in den Lebensformen auslösen. Denn die Empfindung, etwa der Farbe rot oder grün, ist ein rein subjektives, seelisches Phänomen und Ausdruck der spezifischen Organisation der Lebensform, während die Ursachen der Empfindungen, in unserem Beispiel elektromagnetische Schwingungen bestimmter Frequenz, welche die Sehzellen als Reiz treffen, dem an und für sich zwecklosen Mechanismus der objektiven Welt angehören. Wie die Deutung der Zeichen der Außenwelt, so ist auch die ihr folgende Wertung der subjektiven Wahrnehmung Ausdruck des individuellen Charakters der Lebensform. Die objektive Wissenschaft kennt keine Werte, sie überschreitet ihre Kompetenz, sobald sie in das Reich der Werte einzudringen sucht. Das Werten zeigt die Lebensbedeutung des Wahrgenommenen für das wertende Subjekt an. Was für dasselbe zweckmäßig ist, besitzt eine positive Lebensbedeutung und umgekehrt. So ist für den Aufbau arteigener Struktur auch die fremde Lebensform nur Objekt, nur Material, das für das sich selbst aufbauende und erhaltende Subjekt als Mittel zu sich selbst einen positiven Lebenssinn erhält. Diese Wandlung des objektiven Stoffes — mag er nun als Kohlensäure oder als Pflanzen- oder Tierstoff auftreten — in einen integrierenden Teil der individuellen Struktur des Subjekts, besitzt zweifellos keine Analogie im Mechanismus der anorganischen Natur und würde allein schon die Auffassung widerlegen, die in den Lebensformen nur eine besonders komplizierte Technik der anorganischen Natur erblickt.

Wohl aber benutzt das Subjekt — speziell das Protoplasma als oberste, sinnlich wahrnehmbare Ursache aller Organisationsprodukte des Lebens — die anorganische, physikalisch-chemische Gesetzmäßigkeit als Mittel nicht nur zum Aufbau und zur Erhaltung der arteigenen Struktur sondern auch für den regelmäßigen Ablauf aller sonstigen spezifischen Lebensvorgänge. Sehr instruktiv läßt sich diese Technik in mancher Hinsicht an den sog. Lebensmodellen zeigen, welche physiologische Einzelvorgänge mit den Mitteln physikalisch-chemischer Gesetzmäßigkeiten nachahmen. Die Möglichkeit hierfür läßt sich ja schon von vorneherein aus der Tatsache ableiten, daß sich jede Lebensform dem Verstande als ein energetisch-materielles System darstellt, das in den Mechanismus der anorganischen Natur „hineingestellt" ist und mit ihm notwendig in Übereinstimmung sein muß, um sich erhalten zu können. Soweit also die Lebensform Materie und Energie zum Ausdruck bringt, werden die für diese geltenden Gesetzmäßigkeiten auch bei den Lebensformen anzutreffen sein. Der lebende Körper unterliegt als Masse genau so dem Gesetze der Schwerkraft, wie der leblose Stein oder wie der selbe Körper, wenn ihn das Leben verlassen hat. In der Lebensform sind alle drei Aggregatzustände, der feste, flüssige und der gasförmige „zu Hause". Notwendigerweise werden wir also auch hier die physikalischen Gesetze beobachten, welche für feste Körper, Flüssigkeiten, Gase und deren Lösungen in Flüssigkeiten und festen Körpern gelten, wie letztere Erscheinungen z. B. auch in der Adsorption von Gasen an festen Körpern mit großer Oberfläche oder in der Absorption von Luft durch Wasser usw. zum Ausdruck kommen.

So wird z. B. die Erscheinung der Oberflächenspannung, d. h. die allgemeine Eigenschaft der Flüssigkeiten, ihre Oberfläche möglichst zu verkleinern und sie der optimalen Kugelform anzunähern, von den Lebensformen in der verschiedensten Weise zweckmäßig benutzt. Die Fortbewegung der Amöben — auch die farblosen Blutzellen bewegen sich amöbengleich — tritt uns als ein Wechsel der Oberflächenspannung am lebenden Protoplasmaklümpchen entgegen, das feine Ausläufer abwechselnd ausstreckt und einzieht. Diese Bewegungen lassen sich durch Flüssigkeitsgemische nachahmen, in denen kleine Tropfen tagelang analoge Bewegungen zeigen.[1]) Während jedoch die Änderung der Oberflächenspannung hier rein mechanisch, durch chemische Reaktionen ausgelöst wird, die sich zwischen der Oberfläche des Tropfens und der ihn umgebenden, anders gearteten Flüssigkeit abspielen, veranlaßt dort die autonome Wirkungsform des Lebens die Veränderung der Oberfläche und damit der Oberflächenspannung an bestimmten Stellen.

Was wir von den verschiedenen Aggregatzuständen sagten, das gilt auch von den Energieformen, welche

[1]) Hierher gehört auch der morphologische Parallelismus zwischen den von O. Lehmann entdeckten scheinbar lebenden, flüssigen Kristallen und den Spermien, plasmatischen Gebilden von „festflüssiger" Konsistenz. Auch in chemischer wie optischer Hinsicht zeigen sich hier manche mechanische Analogien. Die Spermien verhalten sich wie Kristalle gelflüssiger Art.

innerhalb der Lebensform oder im Zusammenwirken von Lebensform und anorganischem Funktionssystem in Erscheinung treten. Mag es sich um mechanische Energie handeln, welche in Form von Bewegung, Festigkeit und Spannung auftritt, um Molekularerscheinungen in Gestalt von Wärme, um elektrische Spannungen und Aktionsströme oder um chemische Spannkräfte usw. oder um die gesetzmäßigen Beziehungen der Energieformen zueinander (z. B. Umwandlung mechanischer Arbeit in Wärme) und zu den Aggregatzuständen der lebenden Materie. Sowohl die Morphologie wie die Physiologie der Lebensformen zeigen uns die physikalische Erscheinung des osmotischen Druckes, die darauf beruht, daß die Molekularwanderung gelöster Stoffe den Gasgesetzen folgt. Wird z. B. eine mit Zuckerlösung gefüllte, allseitig geschlossene Blase, die wohl für das Wasser, aber nicht für den Zucker durchlässig ist (halbdurchlässige Membran) in Wasser getaucht, dann wandert letzteres in die Membran, die sich bis zum Platzen füllt und hierbei bestrebt ist, die optimale Kugelform anzunehmen. Nun haben die Zellhäute, welche die kolloidale Lösung des Protoplasmas, dieses Urquells aller pflanzlichen und tierischen Organisationsprodukte, umschließen, die Eigenschaften der halbdurchlässigen Membran. Die durch Osmose aufrechterhaltene Spannung, unter der das Innere der Zelle steht, der sog. „Turgor", bewirkt die Festigkeit der Weichteile der Lebensformen. Dieser, die Gewebsspannung aufrechterhaltende Druck, der den Ausgleich der Lösungsdifferenz erstrebt, spielt im gesamten Zelleben eine ungeheure Rolle und erreicht nicht selten eine Stärke von 9 Atmosphären.

Der Turgor ist wiederum nur eine Seite aus dem Kapitel der mechanischen Festigkeitslehre, die von den Lebewesen in den verschiedensten Formen als technisches Mittel zur Selbsterhaltung angewandt wird. Man denke nur an die innere Architektur der Knochen, auf die Wolff schon 1870 in Virchows Archiv hingewiesen hat. Damals erhielten Ingenieurschüler den Auftrag, in ein Kranmodell vom Umriß des oberen Endes des menschlichen Oberschenkelknochens die mathematisch berechneten Zug- und Drucklinien einzuzeichnen, und es stellte sich heraus, daß die Spongiosenbälkchen im Oberschenkelknochen im Hinblick auf Zug und Druck prinzipiell genau in der gleichen Weise angeordnet sind. Die ungeheuren Anforderungen, welche das Klima an die Zug- und Tragfestigkeit der Landpflanzen stellt, hat hier, hinsichtlich der mechanischen Festigkeit der Zellen, durchweg die besonders leistungsfähige Technik der Röhrenform mit verholzter Wandung hervorgerufen, die besonders in den Bastfasern ein Tragvermögen schafft, das dasjenige von Kupfer- oder Messingdraht weit übersteigt. Die Tragleistung der Säule bzw. der ökonomischen Röhre als einer hohlen Säule, geht aber auf das bekannte Ingenieurprinzip der T-Träger zurück, demgemäß die Säule — wie etwa im Gefäßbündelring eines Grashalmes — als ein System in die Runde gestellter T-Träger angesehen werden kann. Auch die mehr oder weniger stark ausgeprägten Horngebilde der Epidermis zahlreicher Tierformen, die funktionsmäßig den verholzten Wandungen der Pflanzenzellen entsprechen — auch das Haarkleid und die Nägel rechnen zu ihnen — gehören als technische Schutzmittel zum Kapitel der mechanischen Festigkeit. Dasselbe gilt von dem Schalenpanzer der Kiesel- oder Kalkalgen, der gleich den Pflanzenzellen, dem Ökonomieprinzip entsprechend, nur entlang den Zug- und Drucklinien Verfestigungen zeigt. Seine Verspannungen entsprechen in konstruktiver Hinsicht durchaus den modernen Eisenkonstruktionen.

Wie auf statischem Gebiet die Festigkeit, der mechanische Halt der Lebensformen, so stellt auf dynamischem Gebiet die in der kolloidalen Grundstruktur der lebenden Materie physikalisch-chemisch gegründete Reaktionsfähigkeit derselben eine ganz allgemeine Erscheinung der Technik der organischen Natur dar. Ja, man kann direkt sagen, daß der Charakter aller physiologischen Vorgänge unmittelbar oder mittelbar von der kolloidalen Grundstruktur der lebenden Materie mitbestimmt ist. Mag es sich um die Leistungsfähigkeit der chemischen Laboratorien, wie sie die Verdauungsorgane, Leber, Niere, darstellen und um deren Regelung handeln oder um die verschiedensten Transporteinrichtungen, wie die Blutbahn mit dem idealen, unstarren Röhrensystem, die Darmperistaltik, die Kapillarität usw., um die Hormone, die, ähnlich wie das Nervensystem, als

Ordnungsorgane die Koordination der einzelnen Körperteile aufrechterhalten — immer bildet die kolloidale und damit auch elastisch poröse Grundstruktur der organischen Materie das allgemeinste technische Mittel zu den für die Lebewesen charakteristischen Funktionsformen und Funktionsweisen. So ist insbesondere auch das Wachstum der Lebensformen an den Charakter des Protoplasmas als einer kolloidalen Lösung oder Sols und seiner Produkte als ausgefällter Kolloide oder Gele gebunden.

Angesichts der Tatsache, daß der Organismus schon an und für sich, infolge seines Aufbaues aus Milliarden oder gar Billionen von Zellen, eine sehr große Oberfläche besitzt, werden in ihm die rein physikalischen Oberflächenkräfte durch die für den kolloidalen Zustand charakteristische feinste Verteilung der Materie noch millionenfach gesteigert. Infolgedessen beeinflussen alle Oberflächenkräfte, wie die Absorption, die Adsorption, die Oberflächenspannung, Konzentrationsänderungen an der Oberfläche und elektrische Spannungen (die einzelnen kolloidalen Teilchen sind gleichsinnig elektrisch geladen und stoßen sich daher ab), die chemischen Reaktionen, wie den Abbau der Nahrungsstoffe und den folgenden Aufbau der arteigenen Struktur derart, daß bereits bei gewöhnlicher Körpertemperatur und normalem Druck zahlreiche chemische Reaktionen ermöglicht werden, die der Chemiker in seinem Laboratorium unter den gleichen Temperatur- und Druckbedingungen nicht bewerkstelligen kann. Das gleiche gilt — sofern es sich hierbei um rein physikalische Strömungserscheinungen, wie Diffusion und Osmose, handelt — von dem Abtransport entstehender Reaktionsprodukte, deren Anwesenheit die weiter notwendigen Prozesse hemmen würden. Anderseits beherrscht hier nicht selten die auf die spezifischen Triebkräfte der lebenden Materie zurückzuführende Erscheinung der Resorption — wie sie sich z. B. als Aufnahme der abgebauten und verflüssigten Nahrungsstoffe durch die Darmzellen äußert — die rein physikalischen Transporterscheinungen der Diffusion und Osmose. Diese Resorption erweist sich als die ganz allgemeine Fähigkeit der lebenden Zellen, aus dem sie umgebenden Säftestrom die notwendigen Bau- und Betriebsstoffe zu entnehmen.

In allen Erscheinungen aber, die nur den kolloidalen Grundcharakter der organischen Materie betreffen, unterscheidet sich der Organismus prinzipiell nicht vom kolloidalen Zustand der anorganischen Materie, wie etwa des Eisens, Platins, Palladiums, der Tierkohle usw. So wird z. B. Wasserstoffsuperoxyd ebenso durch Platinsol wie durch das Blut in Wasser und Sauerstoff zersetzt. Auch werden sowohl anorganische Katalysatoren wie organische Fermente, d. h. Stoffe, welche den Ablauf der chemischen Reaktionen beschleunigen oder hemmen, ohne selbst dabei verändert zu werden, durch Spuren von Giften, wie etwa Blausäure, unwirksam gemacht. Die Vermehrung der Oberflächenspannung im metastabilen kolloidalen Zustande führt zu der entgegengesetzten Bestrebung, die Oberfläche wieder zu verkleinern, die getrennten Teilchen zu vereinigen, den stabilen, festen (kristallinischen) Zustand herzustellen. Hierauf beruht, wie schon kurz erwähnt, das „Altern" der kolloidalen organischen Materie. Denn der kolloidale Zustand ist — wie wir ja auch schon in seinen Beziehungen zu den Temperaturgebieten des Lebens sahen — nur ein Übergangszustand zu stabilen Aggregatzuständen. Daher vermag das Leben die organische Materie als für sich isolierte Einzelform immer nur eine bestimmte Zeit zu beherrschen. Diese scheinbare Ohnmacht des Lebens gegenüber den anorganischen Gewalten ist aber in Wahrheit, im Hinblick auf das planmäßige und zielstrebige *Ganze des plasmatischen Lebens, eine In-Dienststellung der anorganischen Mächte als Werkzeug zur immer weiter fortschreitenden Steigerung des Lebensganzen.* Denn der Tod, das endgültig Gewordene, ist die negative Bedingung der im Wege der Fortpflanzung als der positiven Bedingung ermöglichten Steigerung des Lebens. Der ewige Sinn des „Stirb und werde" liegt nicht in ihrem scheinbaren Gegensatz: dort Verneinung, hier Bejahung des Lebens, dort das Alte, hier das Neue, sondern in ihrem *organischen Mittel-Zweckverhältnis.* Der Tod ist verschlungen in den Sieg des Lebens.

Wir bezeichnen die fortschreitende Steigerung (Differenzierung und Integration der Lebensfunktionen) der Individuationen des plasmatischen Lebens vom Einzeller bis zum

Menschen als eine aktive Anpassung des Plasmas an neue, immer kompliziertere Lebensbedingungen. Diese Anpassung ist nun nicht so zu verstehen, daß sich das Leben dem Unleben hierin etwa unterordnete. Vielmehr spielt in ihr die Umwelt, insbesondere auch das anorganische Funktionssystem die Rolle des anregenden, anreizenden Mediums, das die latenten Fähigkeiten des Plasmas zu offener Wirksamkeit entfalten läßt. Was zunächst nur potentiell, gleichsam in der Idee des zielstrebigen plasmatischen Lebens liegt, wird so in der fortschreitenden Differenzierung der morphologischen und physiologischen Struktur, der Lebensfunktionen in das Reich der Wirklichkeitserfahrung erhoben, erscheint als praktisch wirksam.

Zur Analogie der Funktionsgedanken in der Technik der Natur und des Menschen.

Das dynamische — anthropomorphistisch ausgedrückt energetische — Weltbild hat mit Recht die zentrale Bedeutung des Begriffs der mechanischen Arbeitsleistung hervorgehoben, und wir können dem nur beipflichten, wenn ein Erkenntniskritiker der Gegenwart den Sinn des Satzes von der Erhaltung der Energie in der „Bestimmung möglicher Arbeitsleistung" erblickt[1]). Auch das anorganische Funktionssystem leistet im Hinblick auf das Leben zweckmäßige Arbeit, daher wir eben von einer Technik der anorganischen Natur sprechen können. Und da die Arbeitsleistungen des anorganischen Funktionssystems in ihrer Gesetzmäßigkeit dem Leben als technische Mittel zur Gestaltung und Erhaltung seiner mannigfaltigen Formen dienen, so gelangen wir — wie vom Mechanismus der anorganischen Natur — sinngemäß auch von der Technik der organischen Natur zur menschlichen Technik. Wie die menschliche Technik die Technik der anorganischen Natur unmittelbar fortsetzt, weiter ausgestaltet oder den im Mechanismus der anorganischen Natur liegenden gesetzmäßigen Anlagen zur menschlichen Technik Gestalt gibt, sie ins Reich der Wirklichkeit hebt, so benutzen unsere technischen Einrichtungen oft auch dieselben

[1]) Ernst Wasmuth: Kritik des mechanisierten Weltbildes. (Verlag Hegner, Hellerau 1929.)

Funktionsgedanken, deren sich die Technik der organischen Natur bedient. Geschieht dieses auch ohne bewußte Absicht, so kommt doch in dieser tatsächlichen Anwendung der Bau- und Funktionsgedanken der Natur innerhalb der Ebene menschlicher Kultur eine die Natur und Kultur umfassende Weltgesetzlichkeit zum Ausdruck, die ich in meinem Werk „Das organische Weltbild" auf allen Hauptlebensgebieten des Menschen nachzuweisen versucht habe.[1]) Es liegt daher auch in der Richtung einer Erörterung der Technik der organischen Natur und der ihren Gebilden zugrunde liegenden Funktionsgedanken, auf die Analogien hinzuweisen, welche wir diesbezüglich in der menschlichen Technik antreffen. Das Bewußtsein solcher Analogien war schon Mitte des vorigen Jahrhunderts lebendig. Wies doch Ernst Kapp bereits 1870 in seinen „Grundlinien einer Philosophie der Technik" auf die von ihm so genannte „Organprojektion" hin, während neuerdings Francé „Die technischen Leistungen der Pflanzen" besonders eingehend studierte. Und nimmt man die menschliche Technik in dem erörterten weiteren Sinne, der auch die Technik aller sozialen Organisationen in sich begreift, so wird man — ganz abgesehen von den Neueren — das Bewußtsein solcher Analogien schon bei Plato lebendig finden, der bekanntlich den Staat als Mensch im Großen ansah.

Die anthropomorphistische Auffassung des Begriffs der Energie als der Fähigkeit, Arbeit zu leisten, fordert zugleich seine notwendige Verbindung mit den Begriffen der Planmäßigkeit und Zielstrebigkeit. Denn die Arbeitsleistung gehört als solche lediglich der Exekutive an, die an sich sinnlos ist ohne die dahinter stehende Legislative, die ihr Richtung gibt, den Sinn, den Zweck der Arbeitsleistung bestimmt. Fordert also die in den Leistungen der „Energie" erscheinende Exekutive notwendig ihren Gesetzgeber, so ist es auch „sinnlos" die Energie gleichsam als das Ding an sich hinzustellen, wie das Ostwald tut. Prinzipiell dasselbe ist es, wenn man anthropomorphistisch statt Energie den

[1]) Paul Krannhals: „Das organische Weltbild, Grundlagen einer neuentstehenden deutschen Kultur." Verlag F. Bruckmann, München 1928.

Willen setzt und diesen Willen mit Schopenhauer und neuerdings mit Hugo Dingler als das Absolute erklärt.

Die gesetzgebende Gewalt, die Planmäßigkeit und Zielstrebigkeit des schöpferischen Prinzips der Natur, manifestiert sich unmittelbar allein im Leben, dessen sinnlich wahrnehmbare Formen wir als die erscheinenden Symbole dieser metaphysischen Wesenheit erleben. Nur hier zeigt sich die Natur unmittelbar als der „sichtbare Geist", wie Schelling sie nennt, während wir den Geist in der Gesetzmäßigkeit der anorganischen Natur nur mittelbar, eben über uns selbst als Lebensform, als einer unmittelbar erscheinenden Geistigkeit, erfassen. Diese übersinnliche geistige Instanz ist es, die der mechanischen Energie planmäßig ihr Wirkungsfeld sowohl in der anorganischen wie organischen Natur anweist. Das allgemeine Prinzip dieser Planmäßigkeit ist aber nichts anderes als die Selbstverkündung dieser metaphysischen Wesenheit mittels der Erscheinungsformen des Lebens, welche, geistig immer weiter gesteigert, schließlich zu Wesen mit vernünftigem Selbstbewußtsein führen, die allein fähig sind, diese Selbstverkündung der metaphysischen Wesenheit zu erahnen, sich selbst als Manifestation ihres Wesens zu erleben.

Es ist der Geist, der sich den Körper baut. Wenn sich das Protoplasmaklümpchen, das die einzellige Amöbe darstellt, nacheinander Mund, Magen, Darm und After als Werkzeuge der Selbsterhaltung schafft, um sie nach Gebrauch ebenso nacheinander als funktionelle Gebilde wieder aufzuheben, so gewahren wir in dieser Funktionsregel, welche den Charakter und das Nacheinander der Organe bestimmt, die geistige gesetzgebende Gewalt unmittelbar am Werke. Diese oberste Ursache der geschaffenen und wieder vernichteten technischen Gebilde oder Werkzeuge ist weder materieller noch räumlicher noch zeitlicher Art. vielmehr beherrscht sie Materie, Raum und Zeit. Die erscheinenden Gebilde sind hier ebensowenig im lebenden Protoplasma vorgebildet wie im Seeigelei, das nach Driesch, auf die Hälfte geteilt, keine zwei halben Seeigel, sondern zwei vollständige Seeigelgestalten, nur von kleinerem Format, entstehen läßt. Hier liegt eben das metaphysische Geheimnis des Lebens als eines planmäßigen Gesetzgebers, dem analysierenden Verstande ewig unfaßbar, verborgen. Wir erleben es aber, daß unser eigener planmäßig-schöpferischer Geist — mag er technische oder sonstige Ideen fassen und verwirklichen — Teil des Geistes ist, der sich z. B. in jener Funktionsregel der Amöbe offenbart, der in der planmäßigen Organisation aller Lebensformen wirksam ist. Denn alle Erscheinungen sind Manifestationen ein und derselben Wesenheit (Goethe).

* * *

Wir können nun das einheitliche, eine bestimmte Bauidee verkündende Funktionssystem, das jede Lebensform ausprägt, zweifellos nur in seinen Teilen, nicht aber in seinem ganzheitlichen Charakter mit den Gebilden der menschlichen Technik im engeren Sinne vergleichen. Denn diese verkörpern immer nur *einzelne* Funktionsgedanken und sind nur Mittel, die ihren *Zweck außer sich* haben. Der Organismus ist aber in seinem Ganzheitscharakter Selbstzweck, könnte daher nur mit solchen menschlichen Gebilden in Analogie gesetzt werden, die ebenfalls ihren Zweck in sich selbst haben. Da aber kein Mechanismus seinen Zweck in sich selbst hat, so kann ein menschliches Gebilde nur dann mit der Lebensform in Analogie gesetzt werden, wenn es den Charakter eines lebenden Organismus zeigt oder wenigstens der Richtung auf die Idee desselben Ausdruck gibt. Hierzu taugt aber vorderhand einzig die Organisationsform eines Volkes, die wir Staatswesen nennen. Darüber hinaus wäre zwar in fernster Zukunft auch eine dem Organismus analoge soziale Organisationsform der ganzen Menschheit denkbar. Eine solche würde aber die Aufhebung der Organisationsformen der Völker, der in sich geschlossenen Staatswesen bestimmter Individualität zur notwendigen Vorbedingung haben.

Die Analogie zwischen den technischen Einzelgebilden, den Organen, Werkzeugen des Organismus und den Gebilden der menschlichen Technik im engeren Sinne wird sich weniger auf die sinnlich wahrnehmbaren Funktionsformen als in erster Linie auf die ihnen zugrunde liegenden *Funktionsgedanken* beziehen. Denn einmal benutzt die menschliche Technik ganz anderes Ausgangsmaterial für ihre Gebilde als die Technik der organischen Natur, und wir sahen, daß das Material ebenfalls einen großen Einfluß auf den Charakter der sinnlich wahrnehmbaren Funktionsform besitzt. Zum anderen sind die einzelnen, mit den Gebilden der menschlichen Technik etwa vergleichbaren technischen Funktionsformen der anorganischen Natur immer integrierende Teile eines Gesamtleistungsplanes und so auch in ihrer sinnlich wahrnehmbaren statischen und dynamischen Einzelgestalt dem Plan des Ganzen eingepaßt. Die Gebilde der menschlichen Technik in engeren Sinne verkörpern hingegen einseitig bestimmte Funktionsgedanken, die, ganz unabhängig von einem Gesamtleistungsplan der menschlichen Technik, isoliert für sich dastehen und funktionieren. Erst wenn man sämtliche Erscheinungen der menschlichen Technik im engeren wie im weiteren Sinne einheitlich zusammenfassen würde, könnte der Versuch unternommen werden, auch hier so etwas wie einen Gesamtleistungsplan festzustellen und diesen mit dem Gesamtleistungsplan, welchen die Technik der organischen Natur im Organismus des Menschen verwirklicht hat, zu vergleichen.

Wie schon angedeutet, begegnet sich die Technik der organischen Natur mit der menschlichen Technik im engeren Sinne ganz allgemein im Phänomen der mechanischen Arbeitsleistung. Soweit die Lebensformen physikalisch-chemisch beschreibbar sind, stellen sie eben auch energetisch-materielle Systeme dar, die mechanische Arbeit leisten. Von den Gebilden der menschlichen Technik gilt dieses nur, sofern sie maschinellen Charakter haben, während das typische Werkzeug mit außerhalb seiner liegenden Energiequellen, wie z. B. den Lebensformen selbst, zu einem energetisch-materiellen System erst verbunden werden muß, um Arbeit leisten zu können.

Wie mannigfaltig nun auch die Formen der Arbeitsleistungen der Lebewesen erscheinen, so dienen sie doch alle unmittelbar oder mittelbar entweder der Erhaltung der individuellen Lebensform oder der Erhaltung der Gattung durch die Formen der Fortpflanzung. In der Erhaltung der individuellen Lebensform unterschieden wir die Nahrungssicherung als die positive Seite der Auseinandersetzung mit der Umwelt von dem Schutz vor den negativen Einflüssen derselben. Alle technischen Einrichtungen, welche die organische Natur als Mittel für die Nahrungssicherung planmäßig schafft, beziehen sich nun wieder entweder auf den Baustoff- oder Betriebsstoffwechsel. Die Gebilde der menschlichen Technik im engeren Sinne kennen keinen Baustoffwechsel sondern nur den Betriebsstoffwechsel, weil sie nur das immer objekthafte, gewordene Sein nicht aber das Werden verkörpern. Die Lebensform hingegen kündet die zielstrebige organische Einheit von Sein und Werden, das Beharren der lebendigen Gestalt im rastlosen Wechsel der sie bildenden Bausteine.

Der Sinn des Betriebsstoffwechsels liegt bekanntlich in der Verwandlung der den Betriebsstoffen Fett, Kohlehydrate, Eiweiß innewohnenden potentiellen Energie in nutzbare Energie, die als Wärme, Bewegungsenergie, chemische Energie, osmotischer Druck usw. die mannigfachen Arbeitsleistungen des Organismus, wie Verdauung, Wachstum, Zellteilung, Muskeltätigkeit usw., ermöglicht. Die Mittel hierzu liefern einmal die Oxydationsprozesse, welche durch die technischen Einrichtungen der Atemmechanik ermöglicht werden, zum andern die anoxydativen Spaltungen durch fermentative Gärungsprozesse. In der Atemmechanik unterscheiden wir wieder die Zellatmung von der äußeren Atmung. Die Zellatmung vollzieht sich als Oxydation absorbierter Substanzen katalytisch an den eisenhaltigen Oberflächen der festen Zellbestandteile. Derartige Kontaktprozesse, bei denen kolloidal verteiltes Eisen, Platin, Tierkohle usw. als die die Verbrennung ermöglichenden Kontaktsubstanzen fungieren, vermag auch der Chemiker bei Zimmertemperatur zu vollziehen. So werden z. B. die Aminosäuren durch Adsorption an Blutkohle zu denselben Endprodukten verbrannt wie in den lebenden Zellen. Die äußere Atmung ist, physikalisch gesehen, ein der Oberfläche der Atmungsorgane proportionaler Diffusionsvorgang. Die Atemgase, Sauerstoff oder Kohlensäure, strömen von den Stellen höheren zu den Stellen niederen Drucks. Die Atemmechanik führt hier zu den verschiedensten technischen Einrichtungen, welche die Versorgung des Mechanismus mit Sauerstoff ermöglichen und deren Funktionsgedanken auch in Gebilden der menschlichen Technik wiederkehren. Man denke nur an den Vergleich unserer Lunge mit dem Prinzip des Blasebalgs, dem alle auf dem Luftdruck basierende technische Einrichtungen folgen, an die technischen Kanalsysteme aller Art mit Klappenventilen zur Regelung der Ventilationsströme, die der Tracheenatmung der Insekten und der Kiemenatmung der Fische dienen, an das Prinzip der Saugpumpe, das wasserstrudelnde Würmer zwecks Sauerstoffaufnahme verwirklichen, an das Turbinenprinzip, demgemäß sich z. B. der Tintenfisch durch den Rückstoß des herausgeschleuderten Atemwassers in der entgegengesetzten Richtung fortbewegt, usw. Das Nervensystem vermag sogar als technischer Gasanzeiger zu wirken, der den Gehalt an Atemgasen im Wirbeltierkörper angibt. Die Technik besteht hier darin, daß die Blutgefäße, welche das Zentralnervensystem versorgen, dem nervösen Atemzentrum den Gehalt an Atemgasen unmittelbar anzeigen. Das Atemzentrum vermag so durch motorische Impulse, die den Atmungsorganen zugesandt werden, die Atembewegungen zu regulieren.

Wenngleich der Organismus mittels der Atemtechnik rastlos Wärmeenergie erzeugt, besitzt er doch zugleich das Bestreben, sich durch die Aufspeicherung von potentieller Energie weniger abhängig von der Außenwelt zu machen wie insbesondere auch die notwendige Betriebsenergie jederzeit in unmittelbarer Nähe der Verbrauchsstellen zur Verfügung zu halten. So spielt z. B. im Energiestoffwechsel jedes Muskels der aufgespeicherte Betriebsstoff (Glykogen) eine ungeheure Rolle. Bei jeder Muskelkontraktion wird dieser Betriebsstoff chemisch umgesetzt, um sich in der Erholungspause mittels des eingeatmeten Sauerstoffes allmählich wieder zu erneuern. So gleicht der Muskel in jeder Kontraktionsphase einem geladenen Akkumulator, der jederzeit zur Arbeitsleistung bereit ist. In der Erholungsphase bringt er hingegen das Prinzip der Dynamomaschine zum Ausdruck, die dem entladenen Akkumulator allmählich wieder neue Energie zuführt. Der gleiche Funktionsgedanke des Akkumulators kommt in der Speicherung der Nervenenergie zum Ausdruck, die dem nervösen Energiezentrum von den sensiblen Nerven her zuströmt und in bestimmten, hierdurch physikalisch-chemisch veränderten Ganglienzellen aufgespeichert wird. Das Energiezentrum teilt so dem Reflexzentrum je nach Bedarf die notwendige Energiemenge zu. Und wie die brennende Zündschnur die Explosion des Pulvers bewirkt, so löst wieder das motorische Neuron des Reflexzentrums die Tätigkeit des Muskels aus.

Der Baustoffwechsel, diese eigentliche „Ernährung", ist, wie gesagt, für die organische Natur besonders charakteristisch und besitzt in der menschlichen Technik im engeren Sinne keine Analogie. Wohl ist es gerade das Arbeitsfeld des Chemikers, Stoffe voneinander zu trennen und miteinander zu verbinden, die getrennten und verbundenen Stoffe in ihrer Wesenheit zu charakterisieren und praktisch anzuwenden. Allein seine Analysen und Synthesen verwandeln den Charakter der Stoffe nicht in lebende Materie, in arteigene Struktur, bauen niemals planmäßig einen Organismus auf. Wohl aber zeigen, rein chemisch-physikalisch gesehen, die einzelnen Vorgänge in den chemischen Laboratorien des Organismus und des Chemikers zahlreiche Analogien, wie ja auch der Weg von der erstmaligen Synthese eines Produktes des tierischen Organismus, des Harnstoffes durch Wöhler, bis zum künstlichen Aufbau von Eiweißkörpern aus Aminosäuren durch Fischer die prinzipielle Möglichkeit einer Nachahmung der rein chemisch-physikalischen Seite des Stoffwechsels erwiesen hat. Anderseits vermeidet die lebende Substanz bei ihren Analysen und Synthesen, die sie zerstörenden hohen Temperaturen und Drucke, mit denen der Chemiker arbeiten muß, und sie erreicht gleichsam auf kaltem Wege dasselbe und unendlich viel mehr mit Hilfe der zahlreichen von ihr erzeugten spezifischen Fermente. Es ist hier nicht der Raum, auf diese komplizierte Laboratoriumstätigkeit näher einzugehen, bei der viele Sonderlaboratorien mit zahlreichen spezifischen Arbeitern planmäßig zusammenwirken, um den Stoffwechsel der Lebensformen zu ermöglichen. Diese Tätigkeit ist ebensowenig rein mechanisch zu fassen wie die planmäßige und zugleich die individuellen Umstände berücksichtigende Tätigkeit des Chemikers. Auch dort wird nach den individuellen Bedürfnissen vorgegangen, werden die einzelnen Prozesse und ihr zeit-räumliches Ineinandergreifen je nach den Umständen reguliert, gegebenenfalls abgeändert, beschleunigt oder gehemmt. So wird z. B. der normale Zuckergehalt des Blutes durch die antagonistische Wirkung der Nebenniere und der Bauchspeicheldrüse sichergestellt. Das Hormon der Nebenniere, Adrenalin, verstärkt den Abbau des in der Leber gespeicherten Glykogens, befördert also die Zuckerbildung, das Hormon der Bauchspeicheldrüse, Insulin, verringert den Gehalt an Blutzucker.

* * *

Der Abbau der Nahrungsstoffe, der Aufbau der arteigenen Struktur, die Ausscheidung schädlicher Stoffwechselprodukte und die Erzeugung der für die Arbeitsleistungen notwendigen Energie bilden zusammen die physikalisch-chemischen Vorgänge, welche der physischen Erhaltung der Lebensform unmittelbar dienen. Allein, um diesen Stoffwechsel zu ermöglichen, bedarf die Lebensform einer ganzen Reihe unmittelbarer technischer Einrichtungen, analog wie der Chemiker zu seinen Analysen und Synthesen die verschiedenen Apparate benötigt. So muß die Lebensform fähig sein, die ihr gemäßen Stoffe und Energieformen zu ergreifen, sie muß Einrichtungen besitzen, welche den Stoffwechsel zweckdienlich vorbereiten und solche, welche die Stoffe und Energien den Umwandlungs- und Verbrauchsstellen zuführen. So wird sich sowohl die Art der Nahrung wie der Nahrungssicherung im ganzen Grundcharakter des Organismus ausprägen müssen. Dieses um so mehr, als ja auch die Ortsveränderung ein Grundmittel der Nahrungssicherung ist. Auf einige dieser mittelbaren technischen Einrichtungen zur Sicherung des Stoffwechsels wollen wir kurz eingehen.

In der Reizbarkeit der Lebensformen müssen wir bekanntlich den allgemeinsten Ausdruck für die Möglichkeit aller Lebensvorgänge und so auch der Nahrungssicherung sehen. Denn sie allein gibt der Lebensform die Kenntnis von einem außer ihr befindlichen Sein, von einer Umwelt, die ihr notwendig als Mittel zur Erhaltung und Entfaltung ihrer eigenen Existenz dient. Die Reizbarkeit ist daher gleichsam auch die allgemeine Anlage der lebenden Materie zur

Ausbildung von Sinneszellen und -organen, mit deren Hilfe sie sich in der Außenwelt orientiert. In der Technik der Sinnesorgane begegnen wir wieder zahlreichen Gebilden, die ihre Analogien auch in der menschlichen Technik haben. Allbekannt ist z. B. der Vergleich des Linsenauges als eines physikalischen Apparates mit der photographischen Kamera und des linsenlosen Grubenauges von Würmern und Mollusken mit der physikalischen Lochkamera. Die optische Linse erweist sich als unbewußtes Nachbild der Kristallinse des Auges, die Blende als das der Iris und auf die sinnreiche Beseitigung der Farbenzerstreuung durch den Glaskörper des Auges wies schon der bekannte Naturphilosoph Carus in bewundernden Aussprüchen hin.

Ohr und Stimmorgan haben naturgemäß zahlreiche Beziehungen zur Technik unserer Musikinstrumente. Unsere Ohrmuschel fungiert als Schalltrichter und der eigentliche Hörapparat, das Cortische Organ, gleicht mit seinen Tausenden von Fädchen und Stäbchen von ungleicher Länge und Spannung einem Miniaturklavier. Der aus Hammer, Amboß und Steigbügel gebildete Hebelapparat überträgt die Schallwelle auf die Lymphe des inneren Ohres und wirkt hierbei analog unseren Hochspannungstransformatoren insofern als Transformator, als er diese ausgiebigen aber schwachen Bewegungen des Trommelfelles in solche von geringerer Schwingungsweite, aber größerer Intensität umwandelt. Hinsichtlich des Geruchssinnes sei auf die bei den Insekten weit verbreiteten Antennenanlagen als Empfänger hingewiesen. Die statischen Sinnesorgane, die von den Würmern bis zu den Säugetieren einen prinzipiell gleichen Bauplan zeigen, folgen dem allgemeinen Funktionsgedanken, daß der Reiz immer von einer durch die Schwerkraft bedingten Richtung kommt. Denn der im blasenartigen Statozysten, dem statischen Sinnesorgan innerhalb des Ohres gewöhnlich freibewegliche, feste und verhältnismäßig schwere Körper, der Statolith, ist infolge seiner Schwere bestrebt, den jeweils tiefsten Punkt der Blasenwand zu berühren und erregt so, je nach seiner Lage, verschiedene Sinneszellen, wodurch der Körper bzw. der Statolith, veranlaßt wird, in die Normallage zurückzukehren. Dem gleichen allgemeinen Funktionsgedanken folgen bekanntlich alle auf Standfestigkeit, überhaupt auf ein stabiles Gleichgewicht zielende menschliche Konstruktionen in ihrer Berücksichtigung der Schwerpunktslage der Körper.

Gleich den Sinnesorganen zeigt auch das Nervensystem, das als Ordnungsorgan die Rezeptoren mit den Effektoren verbindet, sowohl in morphologischer wie in physiologischer Hinsicht Analogie mit Funktionsformen der menschlichen Technik, insbesondere dem Telegraphen- und Fernsprechwesen. So wies schon Virchow in einem Vortrag über das Rückenmark darauf hin, daß die einzelnen Nerven wie die Drähte eines elektrischen Kabels gegeneinander isoliert sind. „Die Nerven sind die Kabeleinrichtungen des tierischen Körpers, wie wir die Telegraphenkabel Nerven der Menschheit nennen können." Neuerliche Untersuchungen von Paul Weiß[1]) wiesen nun nach, daß das Nervensystem nicht durch gesonderte, gleichsam geometrisch zugeordnete Bahnen, sondern durch spezifische Formen der Erregung mit dem Muskel schaltet. Der Muskel verhält sich also wie ein auf einen bestimmten Ton, eine bestimmte Welle abgestimmter Resonator. Damit verwirklicht die Schaltung zwischen Nervensystem und Muskeln Funktionsgedanken, wie sie neuerdings in der Radiotechnik, im drahtlosen Wellenempfang dem Nachrichtenverkehr dienen.

Wie das Nervensystem als Vermittler zwischen den Rezeptoren (Sinnesorganen) und den arbeitleistenden Effektoren (Muskeln) auftritt, so zeigen übrigens auch viele Maschinenanlagen keineswegs zufällig diese Dreigliedrigkeit. Als Rezeptor dient der Teil, auf den die bewegende Naturkraft unmittelbar wirkt, dem Nervensystem entsprechen die verschiedenen Formen der Bewegungsvermittlung oder Transmission, während das arbeitleistende Werkzeug den Muskeln als Erfolgsorganen entspricht.

Es ist naheliegend, daß die Analogie zwischen den Funktionsgedanken der Technik der organischen Natur und speziell der menschlichen Werkzeug-

[1]) Paul Weiß: „Erregungsspezifizität und Erregungsresonnanz" (Ergebnisse der Biologie, Bd. 3, Verlag Springer).

technik besonders deutlich bei den die Nahrung sichernden Erfolgsorganen zutage tritt. Schon Aristoteles nannte die Hand das Werkzeug der Werkzeuge, und in der Tat lassen sich die meisten Handwerkzeuge von den Funktionsmöglichkeiten der Hand allein oder einschließlich des gestreckten oder gebeugten Unterarmes ableiten. „In ihrer Gliederung als Handfläche", sagt Ernst Kapp[1]), „Daumen und Gefinger ist die offene, hohle, fingergespreizte, drehende, fassende und geballte Hand für sich allein oder zugleich mit gestrecktem oder gebogenem ganzen Unterarm die gemeinsame Mutter des nach ihr benannten Handwerkszeuges." Die geballte Faust als Urbild des Hammers, die hohle Hand als das erste wasserschöpfende Gefäß, der gesteifte Zeigefinder als Bohrer, der gekrümmte Finger als Haken, der verlängerte als Griffel, die Vorbilder schneidender Werkzeuge in den Fingernägeln, die greifende Hand als Vorbild der Zange, die Kraft des Armes, sich zu heben als Urbild mechanischer Hebelvorrichtungen, die Verlängerung des gestreckten Armes als Wurfspeer oder Ruder, die Gliedmaßen als erste Meßinstrumente usw. sind zweifellos alles einleuchtende Beispiele einer im Handwerkzeug zutage tretenden „Organprojektion". Ebenso die allgemeine Tatsache, daß unsere Handwerkzeuge um so „handlicher" sind, je mehr in ihnen die Eigenschaften der schöpferischen Hand verkörpert sind.

Wenn die Gegner dieser Lehre von der Organprojektion darauf hinweisen, daß im Unterschiede zu der Handwerkstechnik die Maschinentechnik, insbesondere in den für sie charakteristischen Formen der kreisenden Bewegung, der Rotation, keine Analogie mit der Technik der organischen Natur bezeugt, so würde dieser Einwand zunächst unsere Unterscheidung zwischen organischer Handwerkstechnik und mechanischer Maschinentechnik bestätigen. Denn es ist das Wesen der mechanischen Maschinentechnik, sich von dem unbewußten Vorbilde, das die Technik der organischen Natur der menschlichen Werkzeugtechnik gilt, mehr und mehr in Richtung auf die Technik der anorganischen Natur entfernen

[1]) loc. cit.

Zwar wird sie hierbei niemals ihr ursprüngliches Fundament, die Funktionsgedanken der Werkzeugtechnik bzw. der Technik der organischen Natur, völlig verlieren, allein die Tendenz, sich davon zu entfernen, bleibt für sie charakteristisch. Übrigens hat auch die organische Natur — was den Gegnern der Organprojektion entgangen ist — die Rotation verwirklicht. Wir meinen hier den von Geißelschlägen bewegten sog. Kritallstil der niederen Muscheln, z. B. der Auster, der frei im Mitteldarm liegt und ungefähr 60 Umdrehungen in der Minute im Sinne des Uhrzeigers vollzieht. Seine physiologische Bedeutung ist, nach Buddenbrock[1]), noch nicht genügend erklärt, doch stellt er zweifellos eine Anpassungserscheinung an das Fehlen der Darmmuskulatur und an die mehr und mehr aufkommende Bedeutung des Magens als Stätte der Verdauung dar. Im allgemeinen handelt es sich jedoch bei der Rotation um einen speziell den reinen Mechanismus charakterisierenden Funktionsgedanken. Und so finden wir ihn auch im anorganischen Funktionssystem, und zwar in großartigster Form in der Erdrotation verwirklicht. So bestätigt sich auch hier der schöne Ausspruch von Ulrich Wendt[2]): „Der Mensch kann nur nachdenken, was die Natur in anderer Form schon vorgedacht hat."

* * *

Angesichts der ungeheuren Bedeutung, welche der den Stoffwechsel gleichsam erst verbürgende Vorgang der Nahrungsaufnahme für die Existenz der Lebensformen besitzt, erscheint der Umstand sehr bemerkenswert, daß sich im allgemeinen die Mechanik der Nahrungsaufnahme um so komplizierter gestaltet, je geringer die geistigen Fähigkeiten der Lebensform sind. Wir gewahren hier eine sehr tiefliegende Analogie mit dem komplizierten Charakter vieler unserer Maschinen. Die Leistungen, welche die Maschinen vollbringen, erscheinen dem geistig hochstehenden Menschen als

[1]) W. v. Buddenbrock: Grundriß der vergleichenden Physiologie (Verlag Gebr. Bornträger, Berlin 1924).

[2]) Ulrich Wendt: Die Technik als Kulturmacht (Georg Reimer, Berlin 1906).

relativ sehr einfache, trotz der Kompliziertheit des Apparates, der hierzu aufgewandt wird. Dieses anscheinende Mißverhältnis zwischen dem Charakter der Ursachen und der Wirkungen ist eben darin gegründet, daß die Maschine keine geistigen Fähigkeiten besitzt wie der Mensch, der ihre Leistungen vom Standpunkte der ungeheuren Variationsmöglichkeit seiner eigenen Leistungen aus beurteilt. Einen analogen Standpunkt nimmt aber auch das planmäßig schöpferische Prinzip, das uns im Leben begegnet, gegenüber den niederen Lebensformen ein, welche noch nicht zur aktiven Nahrungssuche befähigt sind. Angesichts ihrer geringfügigen geistigen Fähigkeiten müßten diese bei lebensnotwendigen Funktionen, wie der Nahrungsaufnahme, versagen, wenn ihnen hierfür nicht ein Mechanismus dargeboten wird der die mangelnde eigene Aktivität vollauf ersetzte. Bei den zur Gruppe der Metazoen gehörigen Spongien wird z. B. das nahrungführende Wasser durch die Hauptporen in den Körper eingeführt und durch ein System von Kanälen in die Geißelkammern transportiert. Ein anderes Kanalsystem führt den Wasserstrom in ein großes Sammelgefäß, von wo das Wasser durch das sog. Oskulum abströmt. Die bei vielen Parasiten und auch bei den Embryonen der Säugetiere angewandte Technik der Nahrungsaufnahme durch die Haut findet bekanntlich neuerdings auch in der medizinischen Technik bei solchen erkrankten Personen Anwendung, welche aus eigener Initiative zur Nahrungsaufnahme nicht fähig sind. Manche Manteltiere, die im offenen Meere leben und sich von den kleinsten Lebewesen, dem Nannoplankton, nähren, besitzen nach Buddenbrock[1]) komplizierte Fangvorrichtungen. Sie umgeben sich mit einem Gehäuse, das ein Sekretionsprodukt bestimmte Epidermiszellen darstellt und mehrmals so groß ist wie das ganze Tier. Dieses Gehäuse wird durch Schwanzbewegungen durch das Wasser getrieben, und die in den Hohlraum einströmenden Wassermassen müssen eine äußerst feinmaschige Reuse passieren, die das Nannoplankton dicht vor dem Munde absetzt. Durch ein kurzes Gallertrohr, das diesen Sammelraum des Planktons mit dem

[1]) loc. cit.

Munde verbindet, schlürft das Tier die Nahrung ein. An diesem Beispiel sehen wir deutlich, wie die der Lebensform selbst ganz unbewußte Planmäßigkeit der metaphysischen Wesenheit des Lebens ihre Gestaltungen im Organismus verwirklicht, die Nahrungsaufnahme leitet, die bei höheren Tieren schon der bewußt überlegenen Initiative überlassen wird. Diese unbewußte Vernünftigkeit, die in der Verwirklichung des Bauplanes der Lebensformen zutage tritt, beherrscht denn auch bei allen Lebewesen einschließlich des Menschen das ganze System verwickelter, ineinandergeschachtelter Vorgänge, die als der Stoffwechsel die Existenz des Individuums unmittelbar gewährleisten. Die Lebensform hat nur, entsprechend dem Grad ihrer Bewußtheit, ihrer geistigen Fähigkeiten, die wieder im Einklang stehen mit dem spezifischen Charakter ihrer unbewußt vernünftigen körperlichen Organisation, dafür zu sorgen, daß die Nahrung aufgenommen wird. Das Übrige besorgt die ihr unbewußte Vernunft, die ihren Leib planmäßig gestaltet hat.

Da wir auf den Stoffwechsel als solchen, der sich in den zahllosen chemischen Analysen und Synthesen und der hierzu notwendigen Energieerzeugung ausprägt, schon hinwiesen, so seien hier nur noch solche technische Einrichtungen angedeutet, die entweder der mechanischen Vorbereitung des Stoffwechsels oder der Verteilung der Stoffe und Energien im Organismus dienen. Zur ersteren Gruppe gehören z. B. alle Einrichtungen, welche der mechanischen Mischung und Zerkleinerung der Nachtungsstoffe dienen. So zeigt z. B. der Pansen der Wiederkäuer in der abwechselnden Kontraktion seiner beiden Hälften die ausgesprochene Funktion einer Mischtrommel. Der Muskelmagen des Haushuhnes, insbesondere des Truthahnes, übt die technische Funktion einer Presse, eines Schraubstockes aus und besitzt die Fähigkeit, kleine Glaskugeln zu Pulver zu zerreiben oder gar Röhren aus Eisenblech mit einer Belastungsprobe von über 400 Pfd. innerhalb 24 Stunden plattzudrücken.

Das Transportwesen umfaßt alle technischen Einrichtungen, welche der regelmäßigen Verteilung der für die Erhaltung des Organismus notwendigen Materie und Energie dienen. Als umfassendste Transporteinrichtung tritt uns das von einem muskulösen Blutmotor betriebene System des Blutkreislaufs entgegen, dessen Analogie mit dem technischen Verkehrsstraßensystem eines Staatskörpers offenkundig ist. In der Technik des Blutkreislaufs der Wirbeltiere erscheint das auch in der menschlichen Technik verbreitete Prinzip der mehrfachen Sicherung, das hier im Hinblick auf die Rhythmik des Herzschlages angewandt wird, besonders auch hinsichtlich der notwendigen Anwesenheit von Natrium, Kalium und Kalzium von Interesse. Denn, wie schon erwähnt, befinden sich die gleichen Metallionen in denselben Mengenverhältnissen auch im Meerwasser. So wird der Mensch gleichsam mit jedem Herzschlag an das Meer als seine Urheimat erinnert. Gleich genannten Salzen wirken — abgesehen von der notwendigen Energiezufuhr durch die Betriebsstoffe und die Atmung — auch das Zentralnervensystem, die Anwesenheit von Wasserstoffionen und anscheinend auch radioaktiver Substanzen im Sinne der Sicherung und Regulierung der Rhythmik des Blutmotors.

* * *

Es ist einleuchtend, daß in unserer Bewunderung der Technik der organischen Natur der Blutkreislauf in seiner zentralen Bedeutung ähnlich im Vordergrund steht wie die gleichfalls zentrale Bedeutung der im Nervensystem verwirklichten Technik. Denn beide gehen auf die Totalität der Lebensform, repräsentieren die übergeordnete Einheit der ungeheuer komplizierten Mannigfaltigkeit der Teile. Ihre zentrale Bedeutung ist auch dem Volksmunde instinktiv bewußt, wenn er von Kopf und Herz als dem Sitz des Geistes und der Seele spricht. Und wenn man beide technische Systeme hinsichtlich ihrer allgemeinsten Funktionsform miteinander vergleicht, so läßt sich auch eine weitgehend morphologische Entsprechung unschwer feststellen. Der allgemeinste Funktionsgedanke sowohl des Zentralnervensystems wie des Blutkreislaufsystems ist ja der: in einem Zellenstaate, in dem Milliarden von Zellen ihre spezifischen Aufgaben erfüllen und doch zugleich zur Einheit des Lebensganzen zusammenwirken sollen, eine geregelte Verbindung zwischen den einzelnen Körperteilen mit ihren verschiedenen Aufgaben herzustellen. Eine solche geregelte Verbindung des Mannigfaltigen der Teile zur Einheit kann nur von Zentralinstanzen aus ermöglicht werden, welche die Regeln angeben, nach welchen das Mannigfaltige zugleich Ausdruck der Einheit des Ganzen ist. Diese Zentralinstanzen — das Herz und das Zentralnervensystem — stehen daher in notwendiger Verbindung mit der Mannigfaltigkeit der Teile, die durch die Nerven- und Blutbahnen gekennzeichnet ist. Diese müssen sich ihrer gleichlautenden allgemeinsten Aufgabe gemäß auch in den Formen ihrer Verzweigungen notwendig entsprechen. Besonders anschaulich tritt die Analogie zwischen den feinsten Verzweigungen der Blutbahn, dem Kapillarsystem, und den Verzweigungen der Nervenfasern zutage, deren Ausläufer jedes einzelne Muskelelement innervieren. Und wie die Polarität ein Grundcharakteristikum der kosmischen Struktur im allgemeinen, der Struktur der Lebensformen im besonderen ist, so entspricht auch der Polarität zwischen den zentrifugalen Arterien und den zentripetalen Venen die Polarität zwischen den zentrifugalen motorischen und den zentripetalen sensiblen Nerven. Wie sich die Venen von den ersten kapillaren Ansätzen aus sammeln, um in immer größeren Ästen zum Herzen zu ziehen, so sammeln sich die einzelnen Nervenfasern von ihren Endigungen in den Muskelelementen aus und nehmen die Richtung auf das Rückenmark. Dasselbe gilt von der Aufsplitterung in immer feinere Verzweigungen der in umgekehrter Richtung von den Zentralorganen ausgehenden zentrifugalen Nerven und Arterien. Auch entwicklungsgeschichtlich läßt sich hinsichtlich des allgemeinsten Baugedankens eine klare Analogie zwischen Blutkreislaufsystem und Nervensystem schon insofern feststellen, als bei den niederen Tieren beide keine zentrale Instanz besitzen, die einzelnen Teile einander gleichgeordnet sind.

Suchen wir nach entsprechenden Erscheinungen, so begegnen wir ihnen zunächst auf einem anderen Gebiete der organischen Natur, nämlich in der Gestalt des Baumes mit seinen zahlreichen Verästelungen und Verzweigungen wie im Adernetz des einzelnen Blattes. Aber auch das anorganische Funktionssystem wie die menschliche Technik weisen analoge

Erscheinungen auf. So begegnet uns das Nervennetz oder das Blutgefäßsystem ohne zentrale Instanz in allen Stromnetzen der Erdoberfläche mit ihren Hauptstämmen, Ästen, Zweigen und kapillaren Endigungen in Gestalt der zahlreichen Bäche und Rinnsale. Der Zweckmäßigkeit solcher Stromnetze für die die Erdkruste bewohnenden Lebensformen liegt der gleiche allgemeine Funktionsgedanke zugrunde wie den Stromnetzen der Blutbahn usw. Und wenn der Mensch die natürlichen Stromnetze für seinen Staatskörper planmäßig weiter ausbaut, so verwirklicht er damit keinen neuen Funktionsgedanken. Vielmehr bemüht er sich vergeblich, mit seinen künstlichen Kanälen und Flußregulierungen den technischen Idealzustand zu erreichen, den der unstarre, den Blutdruck regelnde Charakter der Blutadern oder die Fähigkeit der zu Tausenden auf einem Quadratmillimeter befindlichen Kapillaren zeigt, sich einzeln oder in Gruppen je nach den Umständen der Blutzufuhr, zu öffnen oder zu verschließen. Analoges gilt von unserem künstlichen Verkehrsnetz, dem Bau der Straßen und Eisenbahnen oder den Telegraphen- und Telephonanlagen, den „Nerven der Menschheit".

* * *

So begegnen wir in der Technik der organischen Natur auf Schritt und Tritt Funktionsgedanken, die unbewußt von der menschlichen Technik benutzt oder nachgeahmt werden, ohne daß diese im allgemeinen die optimalen Wirkungsformen zu erreichen vermag, welche die organische Technik kennzeichnen.

Die Technik der Ortsveränderung des Lebensganzen relativ zur Umwelt — auch das Transportwesen innerhalb des Organismus, offenbart die Ortsveränderung als die Grundbedingung der Lebensbehauptung — zeigt besonders mannigfaltige Formen in der Beherrschung der Medien Luft und Wasser. So ist die Flugtechnik nicht erst eine Errungenschaft der Insekten bzw. Vögel, die ja von unserem Flugwesen in mancher Hinsicht nachgeahmt wird, sondern z. B. als Segelflug und Fallschirm schon bei den Pflanzen zu Hause, wo sie der

Verbreitung der Samen zwecks Fortpflanzung dient. Analoges gilt von den technischen Schwebe- und Schwimmeinrichtungen der Kleinlebewelt des Meeres, von der Anwendung des Schraubenprinzips bei der Fortbewegung gewisser Bakterien, des Rotorprinzips bei der der Flagellaten, von den Schwimmfrüchten der Kapuzinerkresse, die nach Francé[1]), gleichsam mit einem Rettungsgürtel aus Kork ausgestattet sind. Tauchapparate sind nicht nur in den Schwimmblasen der Fische verwirklicht, die als hydrostatische Apparate der Regelung des spezifischen Gewichtes dienen. Auch manche Insektenlarven steigen mit Hilfe von Gasblasen an die Oberfläche, wie denn auch die Röhrenquallen in ihrem wissenschaftlichen Namen (Siphonophoren) ihren Apparat zur Gasabscheidung andeuten.

Die galvanische Elektrotechnik ist in der Technik der organischen Natur als Aktionsstrom tätiger Muskeln und Nerven ganz allgemein verbreitet. Das galvanische Element zeigt sich in vorbildlicher Weise in den elektrischen Organen mancher Fische ausgeprägt. So bildet es beim Zitteraal viele nebeneinanderliegende Säulen mit einer Spannung von ca. 300 Volt, die sich aus ungefähr 6000 übereinander geschichteten Platten als den elektrischen Einheiten zusammensetzen und sich in weniger als ein Tausendstel Sekunde entladen. Die Lichtproduktion findet sich von den Protozoen an bis zu den im Wasser lebenden Wirbeltieren. Während aber unsere künstlichen Lichtquellen nur 4% der zugeführten elektrischen Energie in Lichtenergie verwandeln und 96% in meist ungenutzte Wärme umgesetzt werden, verfährt die organische Technik nach dem ökonomischen Prinzip und erzeugt nur kaltes Licht.

In unserer Kriegstechnik sind die spezifisch chemischen Waffen erst jüngst aufgekommen, die organische Technik verwendet sie in der mannigfaltigen Drüsentätigkeit in ausgedehntem Maße. So erzeugt z. B. die javanische Raubwanze ein Sekret, das Ameisen in einen Lähmungszustand versetzt, in dem sie von den Wanzen überwältigt werden.

---

[1]) R. H. Francé, „Die technischen Leistungen der Pflanzen" (Berlin 1919).

Bekannt sind die verschiedenen Wirkungsweisen der Schlangengifte, wie denn außer den Vögeln und Säugetieren fast alle Tiergattungen mit Giftdrüsen ausgestattet sind. In der Tintenschnecke begegnen wir dem ersten erfolgreichen Vernebelungstechniker, der sich durch Entleerung seines Tintenbeutels den Blicken seiner Feinde entzieht. Die Gesetze der Ballistik werden sowohl von den Pflanzen — z. B. im Schleudermechanismus der Staubfäden des Sauerdorns oder in den Schwimmformen der Flagellaten als Gegenstück der Projektile — wie auch von Tieren angewandt. Hier sind z. B. die als Schleuderapparate dienenden vergifteten Nesselkapseln der Coelenteraten zu nennen, welche nicht mechanisch auf jeden Reiz hin, sondern nur nach Bedarf funktionieren und die Chitindecke der Beutetiere durchschlagen, um letztere dann durch das anhaftende Gift zu töten. Interessant ist hierbei, daß eine Schneckengattung (Aeolis), die speziell zur Aufnahme dieser Nesselkapseln eingerichtet ist, dieselben frißt, um sie dann ihrerseits als Waffe gegen ihre Feinde zu benutzen. Zum Kapitel Kriegstechnik gehörte auch die erfolgreiche Anwendung von Schutzkleidung im Weltkriege, ein Funktionsgedanke, der bekanntlich in der Mimikry vieler Tiere und Pflanzen weit verbreitet ist.

Zum Schluß sei noch auf die Technik des Wohnungsbaues hingewiesen, der nicht nur durch Erscheinungen wie die Verwendung des Zementbaues seitens der Würmer und Schnecken, der kunstvollen Bienenzellen, der mannigfachen Nestformen der Vögel usw. das Interesse des Bautechnikers erregt, sondern auch klar ausgeprägte Fälle der technischen Anwendung der höheren Mathematik offenbart. So baut sich nach Uexküll[1]) der deshalb auch Trichterwickler genannte Rüsselkäfer in der Weise die Behausung für seine Eier, daß er zunächst in ein Birkenblatt eine der schwierigsten mathematischen Linien schneidet, die zugleich die genaue Kenntnis der Anatomie und Physiologie des Blattes voraussetzt. Dieser Linie entlang wird das Blatt zur Tüte gewickelt und durch Einstülpen der Blattspitze verschlossen. Die hier

[1]) „Bausteine zu einer biologischen Weltanschauung" (Verlag F. Bruckmann, München 1917).

zugleich zutage tretende „instinktive“ Beherrschung der Anatomie und Physiologie des Blattes steht nicht vereinzelt da, vielmehr sind eine Reihe von Fällen bekannt, welche die erstaunliche chirurgische Technik vieler Insekten belegen. So berichtet Fabre[1]) eine ganze Reihe von Fällen, in denen Hymenopteren durch künstliche chirurgische Eingriffe, die eine genaue „Kenntnis“ der Anatomie und Physiologie voraussetzen, ihre Opfer (Spinnen, Käfer, Raupen) lähmen, um sie als lebende Nahrung der eigenen Larven zu benutzen.

Wenn wir bewundernd vor solchen Erscheinungen stehen, so drängt sich uns der Gedanke auf, daß die Lebensformen ihre für sie immer objekthafte Umwelt wie ein komplizierter Geheimschlüssel das ebenso komplizierte Geheimschloß aufschließen, wobei der variierbare Grundcharakter des Schlüssels in der planmäßig aktiven Anpassung auch die Variationsmöglichkeit des Schlosses beherrscht. Wie jede Art Lebensform ihre spezifische Umwelt (Merk- und Wirkwelt) besitzt, so daß von der Struktur der letzteren auf die der ersteren geschlossen werden könnte und umgekehrt, so sind beide als Schloß und Schlüssel ineinander gepaßt und das Geheimnis dieser planmäßigen Einheit von Lebensform und Umwelt vermöchte nur der Schöpfer dieser Planmäßigkeit restlos in sich zu begreifen.

„Wo ein Fuß ist, da ist auch ein Weg“, sagt Uexküll treffend, und nicht selten ist diese Einheit von planetarischer Weite, die uns letzten Endes die ideelle Einheit alles Seins offenbart. So wenn die Pflanzen Vorgänge in dem viele Millionen Meilen entfernten Zentralgestirn zum Aufbau ihrer arteigenen Struktur benutzen oder wenn wandernde Ameisen und andere Insekten die parallelen Sonnenstrahlen immer im gleichen Winkel schneiden und sie so als Lichtkompaß verwenden. Oder wenn Fabre[2]) berichtet, daß der Platz, auf dem das Weibchen des Nachtpfauenauges in der Paarungszeit saß und an dem wir auch mit den feinsten physikalischen oder chemischen Hilfsmitteln nichts zu entdecken vermögen, eine Wirkung ausstrahlt, welche das Männchen auf viele

---

[1]) „Souvenirs entomologiques.“

[2]) loc. cit.

Meilen im Umkreis herbeilocken kann, während das Weibchen selbst unbeachtet bleibt. Hier winken ähnliche Geheimnisse, wie sie die Gedankenübertragung und das Fernsehen künden, oder der Kontakt, den die Zugvögel schon bei Beginn ihrer Reise zu den Tausende von Meilen entfernten nordischen Sommerquartieren mit diesen haben müssen, um die Richtung auf sie schnurstracks und unbeirrt verfolgen zu können.

Der Weltsinn der Technik.

Das Vorbild unserer bewußten Sinngebung.

Im Verlaufe dieser Untersuchungen haben wir nacheinander auf das Wesen der menschlichen Technik im engeren und weiteren Sinne, der Technik der anorganischen und organischen Natur hingewiesen. Der Begriff vom Weltsinn der Technik müßte nun zweifellos die menschliche Technik im engeren und weiteren Sinne sowie die Technik der anorganischen und organischen Natur auf sich vereinigen. Diese im Begriff des Weltsinnes liegende notwendige gegenständliche Vereinigung kann wieder nur Ausdruck einer bestimmten Weltanschauung sein. Denn der Begriff der Welt geht nicht entweder auf die Natur oder auf die menschliche Kultur (im weitesten Sinne), sondern umfaßt notwendig beides. Alle Weltanschauung, deren Blickwinkel nur eines von beiden umfaßt, ist ebenfalls nur eine Teilwelt-Anschauung.

Allein der Begriff der Weltanschauung erschöpft sich keineswegs in der einheitlich gegenständlichen Zusammenfassung von Natur und Kultur, vielmehr ist es gerade ihr Wesen, über die erkenntnismäßige Synthese dadurch hinauszugehen, daß sie der erkannten Welt in ihrer Totalität einen einheitlichen Sinn zu geben sucht. Die einheitliche Weltanschauung erweist sich so als der allgemeinste Gegenstand der wertenden Philosophie. In ihr tritt der schöpferische Menschengeist als der Sinngeber der Welt auf, während die Erkenntnis der Welt nur die Voraussetzungen ihrer Sinngebung schafft. Das Erkennen und Werten sind so zwei verschiedene Funktionen des menschlichen Gemütes und bilden die beiden ersten Stufen des dreistufigen typischen seelischen Prozesses, dessen dritte Stufe sich im Wollen, Streben, in der aus dem Werten sich ergebenden „Willenshandlung" bekundet.

Das Bewußtsein des typischen, seelischen Prozesses ist nun von wesentlicher Bedeutung für eine organische Weltanschauung. Denn allein in diesem Bewußtsein erleben wir die seelische Totalität des wertenden Subjekts als die zentrale Instanz, die oberste Ursache der Möglichkeit und Notwendigkeit eines organischen Weltbildes[1]) in seinem Gegensatze zu einem mechanischen oder mechanisierten Weltbilde. Letzteres stellt sich nämlich gleichsam vor das wertende Subjekt, ist an der ersten Stufe des seelischen Prozesses, an der objektiven Erkenntniswelt der exakt mathematischen Naturwissenschaft orientiert und käme z. B. auch in allen Versuchen zum Ausdruck, aus der Technik selbst deren Kulturmöglichkeit zu erschließen. Die auf der zweiten Stufe des seelischen Prozesses sich kündende Erlebniswelt betrachtet hingegen, mathematisch gesprochen, die objektive Erkenntniswelt, welche sich in der ersten Stufe des seelischen Prozesses ausprägt, nur als logische wie psychologische Voraussetzung der im Werten zutage tretenden Behauptung des Subjekts, die nichts anderes ist als Ausdruck seiner Selbstbehauptung. Gleichsam der Beweis dieser Selbstbehauptung vollzieht sich dann auf der dritten Stufe des seelischen Prozesses, welche die vom wertenden Subjekt bestimmte Willenshandlung offenbart. Die Merkwelt der ersten Stufe und die Wirkwelt der dritten Stufe des seelischen Prozesses finden so ihre zentrale, sie miteinander verbindende Instanz in dem rein subjektiven Charakter der die zweite Stufe repräsentierenden wertenden Erlebniswelt.

Als Ausdruck der Selbstbehauptung des Subjekts geht die Wertung notwendig von einer Instanz aus, die nicht nur einen Teil der Lebensform, sondern das Lebensganze repräsentiert. Diese Instanz ist nun ihrem innersten Wesen nach nichts anderes als die für unser Bewußtsein unbewußt vernünftige seelische Totalität, die sich in der ungeheuer komplizierten und dennoch einheitlichen Planmäßigkeit der körperlichen Struktur ihre sinnlich wahrnehmbare Erscheinungsform geschaffen hat. So verkündet die seelische Totalität ihr Wesen auch im Körper, in der „Vernunft des Leibes“

[1]) Vgl. mein gleichnamiges Hauptwerk (Verlag F. Bruckmann, München 1928).

(Nietzsche). Zum andern erscheint aber der Körper gleich der sonstigen Außenwelt als die in Merk- und Wirkwelt gegliederte Umwelt der Seele.

Diese Beziehungen begegneten uns ja schon in dem übersinnlichen Plan, der die Funktionsregel, das Nacheinander der körperlichen Organe der Amöbe bestimmt. Diese Funktionsregel ist unmittelbar Ausdruck des wertenden Subjekts, der für unser Bewußtsein unbewußt vernünftigen seelischen Totalität. Solche uns unbewußt und dennoch vernünftig erscheinende Wertungen prägen sich in der ganzen Morphologie und Physiologie der Organismen aus. Wir wissen z. B., daß sich alle Funktionen unseres körperlichen Stoffwechsels ohne das Eingreifen unserer bewußten Wertung vollziehen. Wir wissen aber auch, daß ihnen ebenso ein sinnvoller Plan zugrunde liegt, wie den körperlichen technischen Einrichtungen, welche diesen komplizierten Stoffwechsel morphologisch und physiologisch ermöglichen. Wir wissen, daß ein planvoll und zielstrebig vorgehendes „Etwas" das Ineinandergreifen der zahlreichen physiologischen Prozesse raum-zeitlich reguliert und beherrscht, daß es etwaige Schäden ausbessert, mechanische Vorgänge zeitweilig unterbindet oder ihre Richtung ändert, daß es ganz allgemein den kausalen Mechanismus der unorganischen (physikalischen und chemischen) Gesetzmäßigkeit im Sinne der Erhaltung der selbstgeschaffenen individuellen Lebensform wertet und verwertet. Und wir verehren in diesem Etwas zugleich das all-eine schöpferische Prinzip, das alles Leben als solches charakterisiert, das uns aber nur in der individuellen Lebensform anschaulich bewußt werden kann.

Wenn es das unbewußt vernünftig wertende Subjekt ist, das sich in jeder Lebensform offenbart, das die tiefdurchdachte Struktur, die Vernunft unseres Leibes, ganz allgemein den Charakter unserer Organisation verwirklicht, die ihrerseits wieder die unerläßliche Bedingung der Möglichkeit eines bewußten Wertens zum Ausdruck bringt, so kann das bewußt wertende Subjekt nur wahrhaft sinnvoll werten, wenn es den in seiner Organisation gegebenen Bedingungen der bewußten

Wertungsmöglichkeit nicht widerspricht. Steht doch auch die bewußte Wertungsmöglichkeit — die wieder einen bestimmten Charakter der bewußten Unterscheidungsmöglichkeit, der erkennenden Fähigkeiten, voraussetzt — in ihrer Tragweite und in ihren möglichen Differenzierungen wie Integrationen in gesetzmäßiger Beziehung zu dem Charakter des Organismus, der Lebensform.

Nun ist aber ferner die Planmäßigkeit der körperlichen Organisation der Lebensform nur ein Teil der sich in Merkwelt und Wirkwelt gliedernden Umwelt der unbewußt vernünftig wertenden seelischen Totalität, die wir hier als Vorbild unseres bewußten Wertens hinstellen. Und wir sahen, daß die Umwelt oder der Merk- und Wirkungsbereich der wertenden seelischen Totalität schon bei den niedersten Lebensformen, wie etwa den einzelligen grünen Algen, die in lebensnotwendiger Verbindung mit dem viele Millionen Meilen entfernten Zentralgestirn stehen, einen gleichsam überplanetarischen Umfang besitzt. Aber gegenüber dieser Tragweite der Umwelt beschränkt sich hier die Fähigkeit, die in ihr beschlossene Mannigfaltigkeit als Merkwelt zu erfassen und zu werten, auf ein Minimum. Anders beim Menschen, dessen Seele den Kosmos nicht nur in seiner ungeheuren Weite, sondern auch in seiner unendlich differenzierten Mannigfaltigkeit als ihre Umwelt erfaßt.

Die einzelnen Teile der Umwelt einschließlich der körperlichen Organisation offenbaren in ihrer Mannigfaltigkeit doch zugleich ihre organische Einheit für das seine Umwelt wertende Subjekt. „Wo ein Fuß ist, da ist auch ein Weg." Sie offenbaren diese Einheit schon dem unbewußt vernünftig wertenden Subjekt, das — wie wir darlegten — gleichsam als der spezifische Schlüssel fungiert, der das ebenfalls spezifische Schloß der Umwelt aufschließt. Allein auch das bewußt wertende Subjekt des Menschen muß den einheitlichen Plan des Kosmos, soweit ihm dieser als Umwelt bewußt wird, zur allgemeinsten Leitidee seiner Wertungen nehmen, wenn anders es sich nicht in Widerspruch setzen will zu der unerläßlichen Voraussetzung einer dem Sinne seiner Existenz gemäßen bewußten Wertungsweise. Diese Voraussetzung ist so letzten Endes nichts anderes als seine eigene unbewußt vernünftige seelische Totalität, die sich in der Vernunft seines Leibes, in seiner individuellen Organisation sinnlich manifestiert. So gelangt der bewußt wertende Mensch schon von der gleichsam logischen Erkenntnis aus, daß seine Wertungen auf falschem Fundamente ruhen, wenn er in ihnen sich selbst widerspricht, notwendig zu der Idee eines einheitlichen Weltbildes.

Wir sehen in dem menschlichen Streben nach einem einheitlichen Weltbilde ein notwendiges Bedürfnis unserer bewußten Vernunft. Aber die ursprüngliche Idee einer notwendigen Verknüpfung des Mannigfaltigen zur Einheit liegt nicht in unserer bewußten Vernunft, sondern in dem für uns unbewußt vernünftig wertenden Subjekt, das als die unmittelbare Ursache unserer eigenen planmäßig vernünftigen Organisation zugleich dauernd in uns im Sinne der Erhaltung dieser Organisation fortwirkt. Was es unserem bewußten Denken möglich macht, das erkannte Mannigfaltige im bewußten Ich zur sinnvoll organischen Einheit zu verknüpfen, ist nichts anderes als der Ausdruck des Bewußtwerdens des ursprünglich für uns unbewußt vernünftigen Prinzips der morphologischen wie physiologischen Einheit des ungeheuer Mannigfaltigen, der Milliarden und Abermilliarden Zellen oder Bausteine im Lebensganzen des Organismus. So erscheint uns unser bewußt vernünftig wertendes Subjekt als das allmähliche Erwachen unseres unbewußt vernünftig wertenden Subjekts, das unsere Organisation gestaltete, zum Bewußtsein seiner selbst. Aber diese unsere unbewußt vernünftige seelische Totalität ist zugleich Ausdruck der all-einen metaphysischen Wesenheit, der Göttlichkeit des Lebens selbst, die wir wohl zu tiefst erleben, aber nur im Gleichnis ihrer sinnlichen Offenbarung in den individuellen Lebensformen und deren Ausdruckscharakter zu erfassen vermögen. Denn die individuelle Lebensform ist allein die unmittelbare Voraussetzung unseres bewußten Seins, während das innerste Wesen unserer unbewußt vernünftigen seelischen Totalität, die sich im Körper manifestiert, jenseits von Zeit, Raum und Individualität ist.[1]) So ist zwar auch unser vernünftiges Selbst-

[1]) Unterschiedliche Mannigfaltigkeit (Individualität) und Einheit des Mannigfaltigen (Organisation) sind zwar die

bewußtsein Ausdruck des Göttlichen und führt zum Erlebnis des Göttlichen. Allein nur soweit sich die metaphysische Wesenheit des Lebens sinnlich, in ihren Werken offenbart, erscheint sie auch als praktisches Vorbild für die Wertungen unserer Vernunft, insonderheit hinsichtlich des Aufbaues der menschlichen Kultur. Die Schöpferkraft unseres bewußten Seins vermag so zwar kein Leben im eigentlichen Sinne, d. h. keine metaphysische Wesenheit, die sich sinnlich in Form der Individualität offenbart, zu erzeugen, allein sie vermag in ihren Gestaltungen den Sinn der metaphysischen Wesenheit des Lebens zu offenbaren, und hierin erweist sich auch der Lebenssinn aller menschlichen Kultur.

Eine Weltanschauung, die in ihrer Sinngebung der Welt das Erlebnis unserer unbewußt vernünftigen seelischen Totalität und ihrer sinnlichen Manifestation in der planmäßigen Vernunft des Organismus zum Vorbilde hat, besitzt organischen Charakter, offenbart die Richtung auf die Idee des organischen Weltbildes. Im Gegensatz zu ihr steht eine Weltanschauung, die ihren Ausgang nicht vom schaffenden Prinzip, sondern vom Geschaffenen, Gewordenen nimmt, die ihren Sinn nicht aus dem Subjektcharakter des Lebens, sondern aus dem Objektcharakter des Unlebens erhält und so notwendig zu einem mechanischen oder mechanisierten Weltbilde führt. Dieses beruht allein auf der Erkenntnis des Mechanismus der Natur, wurzelt demnach in der ersten Stufe des seelischen Prozesses und stellt sich so, wie gesagt, vor den metaphysischen Charakter des vernünftig wertenden Subjekts. Da diese eigentliche Instanz hinsichtlich der Sinngebung der Welt derart gar nicht zu Worte kommt, der Verstand vielmehr umgekehrt ihre Wesenheit vom Mechanismus der rein objekthaften Außenwelt aus zu erklären sucht, kommt hierin eine der natürlichen Weltordnung entgegengesetzte Umwertung der Werte zum Aus-

allgemeinsten Bauideen der Weltexistenz überhaupt, aber im metaphysischen Erlebnis unserer seelischen Totalität liegt die Voraussetzung dieser einander wechselseitig fordernden Bauideen in dem zeiträumlich noch nicht Unterschiedenen und Zusammengefaßten, in der absoluten Substanz des Göttlichen vor seiner Selbstbestimmung zur Welt, vor seiner Objektivierung.

druck. Denn es ist zweifellos widersinnig, den Sinn des Lebens vom Unleben her fassen zu wollen, die erste Stufe des seelischen Prozesses zu dem zu ermächtigen, wozu nur die zweite Stufe befugt ist, dem objektiven mechanischen, immer nur auf die Teile gehenden Werkzeugcharakter des Verstandes[1]) das nur dem Subjektcharakter des Lebens zustehende Reich der Wertungen zu überlassen.

Alle Sinngebung der Welt kann in nichts anderem zum Ausdruck kommen als in dem Charakter der Beziehungen, die das allein sinngebende Subjekt des Lebens zwischen sich und der erkannten Umwelt herstellt. Es liegt nun im Begriff des wertenden, sinngebenden Subjekts, daß es vernünftigerweise nur sich selbst als den eigentlichen Sinn betrachtet, von dem aus seine Umwelt einschließlich seiner körperlichen Organisation ihren Sinn empfängt. Die Umwelt besitzt daher immer nur den Charakter eines Mittels der Seele zu sich selbst, zu ihrer Selbstverkündigung. Als für uns unbewußt vernünftig wertendes Subjekt bestimmt sie sich so selbst als den Sinn ihrer jeweiligen sinnfälligen Lebensform und deren objekthaften Umwelt. Als bewußt vernünftig wertendes Subjekt tritt sie aber als der spezifisch menschliche Sinngeber auf, der sich im Gefühl und Instinkt gleichsam noch seines unbewußt vernünftigen Zustandes erinnert. Hier wie dort ist es aber letzten Endes dieselbe einheitliche Weltseele, die sich in der Erscheinungswelt das Medium, das System der Mittel zu sich selbst als dem alleinigen Zweck schafft, der selbst nicht auch Mittel sein kann. Nur der Subjektcharakter des Lebens trägt als Ausdruck der sinngebenden seelischen Totalität den Zweck in sich selbst, und alle Zweckmäßigkeit der Welt erhält von hier aus ihren Sinn. So vermögen wir denn auch nur von hier aus den richtigen Standpunkt zur Erörterung des Weltsinnes der Technik zu gewinnen. Wenn jedoch der objektive, analysie-

[1]) Der Verstand (Intellekt) ist seinem eigentlichen entwicklungsgeschichtlich belegbaren Wesen nach nicht ein „Widersacher" (Ludwig Klages) der seelischen Totaliiät, sondern ihr Erzeugnis und dient ihr, wie das von ihm mechanisch-kausal Faßbare, als Mittel, Werkzeug ihrer Selbstbehauptung, Selbstverkündigung.

rende Verstand in seiner zentrifugalen Gerichtetheit das Reich der Mittel zum Selbstzweck erhebt, so wendet er sich zugleich selbst, als das Werkzeug der Seele, gegen den Werkzeugschaffenden, gegen die seelische Totalität. Nur in dieser Loslösung von dem seelischen Muttergrund, nur in dieser Umkehrung der natürlichen Welt- und Wertordnung erscheint „der Geist als Widersacher der Seele" (Klages). Hier offenbart sich eben auch die Beherrschung des Menschen durch die Maschine, durch den „Maschinengeist" oder ganz allgemein des Organischen durch das Mechanische.

Die Sinngebung.

In der Erörterung der menschlichen Technik im engeren und weiteren Sinne sowie der Technik der anorganischen und organischen Natur sind uns die mannigfaltigsten Erscheinungen der Technik begegnet. Es fragt sich nun zunächst, worin kommt denn das allgemeinste Wesen der Technik zum Ausdruck, das sich in all den erörterten Formen der Technik offenbaren müßte. Auf den ersten Blick erscheint es völlig ungereimt, etwa die Technik eines Dramas mit einem technischen Gebilde wie es der Kraftwagen darstellt, oder das Herz als Blutmotor mit der in der staatlichen Gesetzgebung zum Ausdruck kommenden Geistestechnik vergleichen zu wollen. Allein, woher nehmen wir dann das Recht, den gleichen Begriff der Technik auf so verschiedenartige Gebiete anzuwenden? Vielleicht daß wir doch ganz dunkel irgend etwas Gemeinsames fühlen, ohne es im allgemeinen klar aussprechen zu können.

Im einleitenden Abschnitt zur Technik der Natur betonten wir, daß wir von einer Technik der anorganischen Natur nur im Hinblick auf ihre planmäßige und zielstrebige Mittelhaftigkeit für die Zwecke des Lebens sprechen können. In diesem Dienst am Leben zeigt sich schon eine Andeutung des allgemeinsten Wesens der Technik. Das Staatsgesetz dient der Aufrechterhaltung des sozialen Lebens ebenso wie das Herz als Blutmotor, der Kraftwagen dient als Mittel der Ortsveränderung, der ökonomischen Ausgestaltung der Lebensmöglichkeiten, und die Technik des Dramas dient der einheitlichen Sinnerfassung der in ihm dargestellten individuellen Mannigfaltigkeit des Lebens. Allein den Dienst am Leben teilt die Technik auch mit anderen Erscheinungen, wie z. B. der Wirtschaft; sie muß somit eine besondere Art dieses Dienstes repräsentieren, die sie von anderen, in die gleiche Richtung weisenden Wesenheiten unterscheidet.

Alles Leben offenbart sich uns allein im Bilde der irrationalen Individualität, welche zugleich die organische Einheit der individuellen Mannigfaltigkeit verkündet, und wir wenden den Begriff des Zellenstaates mit seinen individuell verschiedenen Funktionen der einzelnen Zellen mit Recht auch auf das soziale menschliche Leben an. Der Dienst am am Leben, den spezifisch die Technik leistet, besteht nun ganz allgemein in einer lebensnotwendigen Mittel-Zweckverbindung zwischen dem reinen Objektcharakter des Typischen und dem Subjektcharakter des Individuellen, zwischen dem logisch-mathematisch faßbaren kausalen Mechanismus und der irrationalen Teleologie des Lebens. Das Individuelle bedarf der mechanischen Regel eines Typischen als Mittel zur Selbsterhaltung. Es bedarf der individualitätslosen kausalen Gesetzmäßigkeit als Mittel zur Offenbarung seiner Einheit des individuell Mannigfaltigen, es bedarf des Mechanismus, um das Einzelwirken und Zusammenwirken der unendlich mannigfaltigen Zellfunktionen in der Beherrschung dieses Mechanismus zu regeln und regelmäßig zu kontrollieren. So dient z. B. die mechanische Gesetzmäßigkeit des vom Herzen als Blutmotor betriebenen Blutkreislaufes der spezifischen Individualität der Milliarden von Zellen als gemeinsames Mittel ihrer Lebenstätigkeit. Analog stellt etwa das die Großstadt beleuchtende Elektrizitätswerk eine gemeinsame mechanische Bedingung für die ganz individuelle Betätigung von Millionen von Großstadtmenschen dar. Oder ganz allgemein gefaßt: Erst solche voraus bestimmbare, kausal-gesetzmäßige, mechanische Wiederkehr des Gleichen schafft jene verläßliche und zugleich allgemeinverbindliche Ordnung in Natur und Kultur, welche, gleichsam als Kompaß wirkend, dem Rhytmus der Lebensvorgänge ihre allgemeine Gerichtetheit verleiht. Der Kompaß ist aber niemals der Steuermann selbst, der sich immer nur im zwecksetzenden Subjektcharakter des Lebens ausprägt.

Das Leben ist hier, in der Technik, dem Unleben notwendig polar verbunden, es fordert das Unleben als Mittel zu seiner Selbstoffenbarung. In dieser Lebensnotwendigkeit der Verbindung des Typischen mit dem Individuellen, des Mechanismus mit dem Organismus ist zugleich die Lebensnotwendigkeit des individuellen Todes beschlossen. Bedürfte der Organismus nicht des Mechanismus zu seiner Erhaltung, offenbarte er nicht das anorganische Funktionssystem als lebensnotwendigen Bestandteil, so gäbe es keinen Tod als Mittel zu neuem Werden, zu immer gesteigerteren Gestalten. Im Tode begibt sich das Leben der Herrschaft über den Mechanismus; es bleibt das Typische als Mittel zur Erhaltung anderer individueller Lebensformen. So in der Natur, so im menschlichen Kulturleben, wenn die kulturschöpfende Kraft die Herrschaft über den Mechanismus der Zivilisation verliert. Wenn der Anwalt dieses Mechanismus, der rationale Verstand, sein mechanisches Teilweltbild aufstellt, um von ihm aus die absolutistische Herrschaft der Zivilisation zu verkünden.

Technik ist also das überaus mannigfaltige Reich der rational faßbaren konstruktiven Formen, in denen das irrationale individuelle Leben die typische kausale Gesetzmäßigkeit als mechanisches Mittel zu seiner Erhaltung und Entfaltung benutzt. Diese Formen können materieller Art oder reiner Ausdruck des konstruktiven rationalen Verstandes sein und werden vom individuellen Leben seinen Zwecken gemäß zu Mitteln, Werkzeugen bestimmt. Das Gesetz, das dem Staatsbürger auferlegt wird, gehört zu den Typen der Geistestechnik und soll die Individualität des Staatswesens vor der individuellen Willkür seiner einzelnen Zellen durch mechanische Regeln des Verhaltens schützen. Diese Einschränkung des individuellen Lebens des Staatsbürgers durch den mechanischen Typus des Gesetzes ist im Sinne des Staatsganzen als Lebensform ebensowenig eine Einschränkung, sondern im Gegenteil notwendiges Mittel zu seiner Erhaltung, wie die mechanisch geregelte Tätigkeit der Zellen des Organismus. Jede Arbeitsmethode vereinigt die verschiedenen Individualitäten auf das Typische, da nur so ein ganz bestimmter Zweck ohne Umwege, individuelle Irrtümer usw. erreicht werden kann. Das als Technik zum Ausdruck kommende Mittel-Zweckverhältnis zwischen dem mechanisch Typischen und dem organisch Individuellen ist so zugleich die planmäßige Befolgung des Ökonomieprinzips, das ja die Lebensformen in einer für die menschliche Technik vorbildlichen Weise in ihren Funktionsformen verwirklichen. So hat erstmalig nicht der Mensch nach den mannigfaltigsten Richtungen hin den Weg zur Beherrschung, In-Dienststellung der anorganischen Natur beschritten, sondern das als plasmatisches Leben planmäßig und zielstrebig wirkende schöpferische Prinzip ging ihm als Techniker im weitesten Sinne vorbildlich voraus und schuf schließlich den Menschen selbst, um dann in seiner Zivilisation und Kultur auf der Grundlage immer weiter fortschreitender Individiation und Differenzierung des individuellen Bewußtseins ebenso planmäßig, zielstrebig fortzuwirken.

Das in der Sprache menschlicher Technik Unökonomische, wie Material- oder Energieverschwendung, unzweckmäßige oder unvollkommene technische Verfahren und Vorrichtungen, widerspräche direkt der strengen inneren Notwendigkeit der Idee des Lebensplanes, würde seine Verwirklichung und Erhaltung durch zahllose Generationen hindurch nicht als notwendig, sondern als zufällig erscheinen lassen. Dann wären aber auch die Beziehungen zwischen dem anorganischen Funktionssystem und den Lebensformen rein zufällige, besäße die anorganische Welt nicht im Sinne des organischen Mittel-Zweckverhältnisses die Richtung auf das Leben hin. Und doch tritt dieses Mittel-Zweckverhältnis gerade in der stetigen Steigerung der Lebensgestalten im „Kampf ums Dasein" mehr und mehr zutage. Hier erobert sich das Leben in der Ausbildung neuer Funktionsformen Schritt für Schritt neue Daseinsmöglichkeiten, neue Mittel seiner Existenzfähigkeit, analog wie es der Mensch in seiner Technik tut. Mit der Mannigfaltigkeit der Lebenszwecke vermehren sich auch die im anorganischen Funktionssystem der

Anlage nach gegebenem Mittel zur Verwirklichung dieser Lebenszwecke. Was bedeutet denn in dieser Hinsicht der Kampf ums Dasein anderes, als daß die Aktivität des planmäßig schöpferischen Lebens geradezu nach immer neuen Wegen seiner Selbstverkündigung strebt.[1]) Was ist die sog. „Anpassung" des Lebens an die Wirkungsweise des anorganischen Funktionssystems anderes als die praktische Verwirklichung des in der Idee, im Plan des plasmatischen Lebens schon vorbestimmten Mittel-Zweckverhältnisses zwischen Mechanismus und Organismus. Diese praktische Verwirklichung vollzieht sich in der Ausbildung immer neuer Funktionsformen, welche diese und jene, vom plasmatischen Leben noch nicht eroberten Seiten seiner Umwelt wie der Schlüssel das ihm gemäße Schloß aufschließen. Ja, im Sinne der Lebenshaltung einer bestimmten Art ist diese Umwelt — mag sie anorganische oder organische Struktur besitzen — immer nur Mittel, wird sie von der Erhaltungsweise der betreffenden Art immer nur als rein objekthafte, also „anorganische" Erscheinung gewertet.

Wir müssen uns aber immer bewußt sein, daß das überaus mannigfaltig ausgeprägte Mittel-Zweckverhältnis zwischen Mechanismus und Organismus allein von der Aktivität des planmäßig schöpferischen Lebensprinzips seinen Ausgang nimmt und das vernünftige Selbstbewußtsein, das Erlebnis der Göttlichlichkeit des Lebens zum Endziele hat. In dieser zielstrebigen Gerichtetheit erhält die Tendenz des Lebens zur Ausgestaltung immer neuer Daseinsmöglichkeiten überhaupt erst einen Sinn, der eben über die Existenz des physischen Lebens als solches hinaus auf den Endzweck des physischen Daseins überhaupt hinweist. Von hier aus müssen wir das Streben nach immer gesteigerteren Lebensgestalten betrachten. Hier begreifen wir, warum letzten Endes z. B. die Alge den gesicherten Mutterschoß alles Lebens, das Meer, verläßt, um sich auf nacktem Felsenboden im Bunde mit dem

[1]) Auch der „Kampf ums Dasein" zwischen den den einzelnen Individuen verschiedener Arten ist durchaus positiv zu werten, denn er dient der Erhaltung eines dynamischen Lebensgleichgewichts zwischen den verschiedenen Arten als Teilen (Gliedern) des Allebens.

Pilz neue Daseins- und Entwicklungsmöglichkeiten zu schaffen, warum ganz allgemein das Leben vom Wasser aus das Land und die Luft erobert. Von hier aus begreifen wir auch, warum das Wesen des Menschen nur von der Struktur des ganzen Kosmos aus zu erfassen ist.

Nur von der Planmäßigkeit und Zielstrebigkeit des schöpferischen Lebensprinzips aus können wir auch den Lebenssinn der anorganischen Widerstände, insbesondere auch des von ihnen herbeigeführten Todes der Individuen und Arten erfassen. Gemeiniglich verbinden wir gerade mit der Vorstellung dieser Widerstände und des individuellen Todes den Begriff des Zufälligen, dem die Existenz des Lebens ausgesetzt sei. Freilich kommen wir zu solchen Resultaten — zu denen auch die angenommene Sinnlosigkeit des Blühens und Vergehens der menschlichen Kulturen gehört — wenn wir nicht vom sinnvoll gerichteten Ganzen des Lebensstromes aus den individuellen Tod, die anorganischen Widerstände, die scheinbare Feindschaft zwischen Mechanismus und Organismus werten. Diese Feindschaft tritt nur dann auf, wenn das Mittel den Zweck, das Mechanische das Organische wie im individuellen Tode beherrscht. Für das im genannten Sinne zielstrebige Ganze des plasmatischen Lebens bedeutet aber auch der individuelle wie der Artentod keine prinzipielle Feindschaft zwischen der anorganischen und organischen Welt, sondern ebenfalls ein notwendiges Mittel zur Erhaltung und Steigerung des Lebensganzen. In diesem Sinne erscheint z. B. die wechselnde Folge der Arten gemäß dem Wechsel geologisch klimatischer Epochen, gemäß dem planmäßigen Werden des dem Leben als Mittel dienenden anorganischen Funktionssystems, als Phasen der zielstrebigen Entfaltung des Lebensganzen.

Wie erst der Tod des Individuums in uns den Gedanken an das ewige Leben erweckt, wie er der Mutterschoß aller physischen wie metaphysischen (menschlich-religiösen) Lebenssteigerung ist, so haben wir auch alle sonstige Feindschaft der anorganischen Welt gegenüber dem Leben, alle sonstigen anorganischen Widerstände — und für die Lebensform sind alle Widerstände, auch die Feindschaft fremder Lebensformen „anorganisch" — als Mittel zur **Lebenssteigerung** zu erkennen, zu bewerten, zu behandeln. Denn diese Widerstände erregen das schöpferische Prinzip des Lebens, das auch in der menschlichen Technik fortwirkt, zur Entfaltung seiner eigenen Anlagen in Richtung der Überwindung, der **In-Dienststellung** dieser Widerstände an[1]). So erweisen sich diese Widerstände sogar als das **allein mögliche, zweckmäßige Mittel, die potentiellen Möglichkeiten des plasmatischen Lebens zu verwirklichen.** Die Tendenz zu dieser Verwirklichung ist aber wieder ein Charakteristikum der Aktivität des planmäßig schöpferischen Lebensprinzips. Die anorganische Welt, der Tod, alle Widerstände erscheinen so als der planmäßig vorbestimmte Gegenspieler des Lebens, der stets das Böse will und doch das Gute schafft. In dieser vorbestimmten Wechselwirkung der polaren Gewalten — schon die freiwillige Bindung der negativen und positiven Elektrizitätsatome zur Urform zeigt diese Grundtendenz — bilden sich eben die mannigfachsten Formen des organischen Mittel-Zweckverhältnisses, zwischen Mechanismus und Organismus aus. So ist die Feindschaft der anorganischen Natur gegenüber dem Leben eine nicht fortzudenkende Notwendigkeit für die Erhaltung und Steigerung eben dieses Lebens, für die Erfüllung seines Endzweckes, der schon auf dem Wege der Entfaltung aller schöpferischen Anlagen des Lebens wirksam ist, um dann im vernünftigen Selbstbewußtsein des Menschen über alle physische Existenz hinauszuweisen.

* * *

Die materielle Freiheit, auf die wir in den vorhergehenden Abschnitten ausführlich eingegangen sind, ist zwar der allgemeinste unmittelbare Zweck der Technik, keineswegs aber ihr Sinn. Denn an sich geht sie nur darauf, die physische Existenz als solche zu behaupten. Die menschliche Technik unterstreicht in ihrer Festigung der materiellen Freiheit

---

[1]) So ist es auch durchaus kein Zufall, daß gerade die rauhe nordische Natur — eben weil ihre Widerstände den Erfindergeist ganz besonders anregen und entfalten — die Geburtsstätte eines unvergleichlichen technischen Aufschwunges wurde.

gleichsam nur den technischen Charakter der Daseinsbehauptung der Lebensform Mensch im Naturzustande. Den Sinn der physischen Existenz und damit auch der ihr dienenden Technik vermag nur die über sie hinausgehende metaphysische Existenz als Sinngeber zu bestimmen. So stellt unsere vernünftig wertende seelische Totalität gegenüber dem bloßen physischen Dasein ein metaphysisches Sollen auf, ordnet die materielle Freiheit der ideellen sittlichen, die physische Natur der metaphysischen Gottheit unter. Die Existenz der Natur einschließlich der des Menschen verkündet sie nur unter der Bedingung als sinnvoll, als das Sein vom Sollen, die materielle Freiheit von der ideellen geleitet wird. Das derart als Sinngeber der Welt auftretende, bewußt vernünftig wertende Subjekt weiß in der unbewußt vernünftigen seelischen Totalität, die den Körper der Lebensformen planmäßig gestaltet, dasselbe Prinzip sittlichen Sollens wirksam, denn der Zellenstaat des Organismus ist eine sich sinnlich manifestierende sittliche Ordnung.

Die materielle Freiheit kann sich nur auf dem Fundamente einer sittlichen Weltordnung behaupten. So entscheidet auch nicht die menschliche Technik an sich über den Grad der materiellen Freiheit eines Volkes, sondern allein der Charakter ihres Gebrauches. Dieser kann sich, wie in der Technik der organischen Natur, als Dienst am Leben, als zweckmäßiges Mittel zu seiner Sinnerfüllung erweisen und offenbart dann den Weltsinn der Technik. Er kann aber ebenso nicht nur als Zerstörer des physischen Lebens, sondern vor allem auch der seelischen Totalität, des Sinngebers des physischen Daseins auftreten und offenbart dann den Widersinn der Technik.

In aller lebenden Gestalt unterscheiden wir die materiellen Mittel oder das Medium zur Offenbarung des Sinnes vom Sinne oder Sinngeber selbst, die in den technischen Einrichtungen und Vorgängen verkörperte ausübende Gewalt des Leibes von der gesetzgebenden Gewalt der Seele. So sind z. B. die mechanischen Reize der Außenwelt, welche die Bahnen der sensiblen Nerven entlanggehen, an sich so lange sinnlos, bis die Seele als Sinngeber sie als Licht, Farbe, Klang, Gestalt angesprochen hat. Erst die Seele als Sinngeber bestimmt die Hand zum Werkzeuge, und es ist offenbar widersinnig, umgekehrt die Seele als ein Mittel zum Körper, zur physischen Existenz als Zweck zu betrachten, da dieser „Zweck" hinsichtlich der Dauer seiner Existenzfähigkeit weit vollkommener schon in den anorganischen Gebilden erreicht wäre.

Die Idee vom Weltsinn fordert also für das soziale menschliche Leben ein analoges organisches Mittel-Zweckverhältnis zwischen den ausübenden, technisch zivilisatorischen Gewalten und den gesetzgebenden kulturellen Gewalten, wie es das Verhältnis von Leib und Seele im Organismus offenbart. Ja, wenn wir mit Nietzsche den einheitlichen Lebensstil als Kriterium wahrer Kultur bezeichnen, so können wir mit vollem Recht die sinnliche Manifestation der unbewußt vernünftigen seelischen Totalität in der Organisation des Leibes als Vorbild eines einheitlichen Lebensstiles, als Kultur ansprechen. Es ist nun einleuchtend, daß sich diese Forderung des organischen Mittel-Zweckverhältnisses zwischen Zivilisation und Kultur mit der Forderung deckt, das Staatswesen als Lebensform der Volksgemeinschaft zu werten und dieser Wertung gemäß zu gestalten. Und es ist ferner einleuchtend, daß die sinngebende seelische Totalität des einzelnen Volksgenossen zugleich die Volksseele gleichsam als Gattungsseele repräsentieren muß, wie auch auf dem Gebiete der Natur jede individuelle Lebensform Individuum und Gattung zugleich ausprägt.

Suchen wir uns nun den allgemeinsten Lebenssinn dieses geforderten Mittel-Zweckverhältnisses zwischen Zivilisation und Kultur kurz zu verdeutlichen, so begegnet uns zunächst die fundamentale Tatsache, daß alle produktive Leistung erst dann sinnvoll ist, wenn sie vom Subjekt der Leistung als Teil eines vorgestellten oder sinnlich wahrgenommenen planvollen Ganzen erlebt wird. Nun ist es offensichtlich, daß im Mittel-Zwecksystem der für sich isoliert betrachteten technischen Zivilisation der Begriff eines Ganzen immer relativ ist im Hinblick auf ein umfassenderes Ganze, dem es wieder als Teil, als Mittel angehört. So werden wir — je nachdem auf welcher Stufe wir stehen — ein und dieselbe Tätigkeit einmal als Mittel, einmal als Zweck betrachten. Wer z. B. auf irgendeiner Stufe eines komplizierten Fabrikationsprozesses tätig ist, der von der Gewinnung des Rohstoffes bis zum Fertigfabrikat geht, wird um so eher geneigt sein, seine Tätigkeit als Zweck und nicht nur als Mittel zu betrachten, je weniger er den Zusammenhang der ganzen Stufenfolge zu überblicken, als ein notwendiges Ganzes zu erfassen vermag. Er vermag aber daher mit dem ihm bewußten unmittelbaren Zweck seiner Tätigkeit, etwa dem Bohren, Feilen, keinen Sinn zu verknüpfen, da ihm das Ziel seiner, vom Ganzen gesehen, nur rein mittelhaften Tätigkeit in derselben nicht anschaulich bewußt wird und so auch nicht — oder sehr selten — den Willen zu dieser Tätigkeit bestimmt. Denn was ihn zumeist bestimmt, ist heutzutage das Geld als Äquivalent der Arbeit, nicht aber der totale Lebenssinn der Einzelleistung oder -funktion.

Derart stellt auch der ganze technische Zivilisationsmechanismus, der in seinen Teilen das Prinzip der stufenweisen Über- und Unterordnung von Zweck und Mittel offenbart, ein System dar, das in seiner Totalität im Hinblick auf den Sinngeber unseres physischen Daseins selbst nur Mittel bleibt. Die Kulturfähigkeit dieses Systems der Mittel, des technischen Zivilisationsgepräges, erweist sich daran, inwiefern und inwieweit diese technische Zivilisation auch als Mittel zur seelischen Totalität gewertet, gehandhabt wird. Denn nur in dieser positiven Beziehung zur seelischen Totalität als dem alleinigen Endzweck aller Mittelhaftigkeit, der selbst nicht auch als Mittel fungieren kann, nur in dieser unmittelbaren Beziehung zu seinem Sinngeber vermag das auf der Ebene der Zivilisation Geschaffene Kulturwert zu erhalten.

Das kulturnotwendige Verhältnis zwischen dem Schaffenden und Geschaffenen offenbart sich uns am reinsten in der Kunst als dem unmittelbarsten Ausdruck der seelischen

Totalität. Das Kunstwerk erscheint als das sinnlich wahrnehmbare Medium unserer seelischen Totalität. Dieses Kulturcharakteristikum vermöchte nun ein Gebilde der technischen Zivilisation nicht zu offenbaren. Sein Kulturwert kann nur darin zum Ausdruck kommen, daß es mittelbar, im Sinnzusammenhang des Ganzen der Zivilisation, seinen Wert als gliedhaftes Mittel zur Kultur erweist. Wie das System der technischen Einrichtungen, das unser Körper offenbart, seinen Sinn nur in der Manifestation der seelischen Totalität erhält, welche dieses energetisch-materielle System beherrscht, so erhält auch das gesamte technische Zivilisationsgepräge seinen spezifisch menschlichen Lebenssinn in seiner Beherrschung durch die unmittelbar kulturschaffende seelische Totalität. Der allgemeine Charakter dieser Beherrschung zeigt sich darin, daß unser produktiv zivilisatorisches Schaffen vom Subjekt der Leistung, von der seelischen Totalität als Teil eines vorgestellten planvollen Ganzen erlebt wird, dessen Zweck die Erhaltung der physischen Existenz des Volksganzen im Sinne der Offenbarung und Entfaltung seiner seelischen Natur ist.

Im menschlichen Organismus sehen wir, wie die für uns unbewußt vernünftig wirkende seelische Totalität die technische Arbeitsteilung als gliedhaftes Mittel zu der von ihr planmäßig vorbestimmten Arbeitseinheit angelegt hat. Die Arbeitseinheit in der Arbeitsmannigfaltigkeit findet also ihren inneren Grund in der unbewußt vernünftigen seelischen Totalität. Ja, in dieser Arbeiteinheit offenbart sich erst der Charakter der seelischen Totalität, das Charakteristikum des Lebens. Sie bringt die Möglichkeit der Erhaltung eines aus Milliarden von individuell tätigen Zellen zusammengesetzten Zellenstaates zum Ausdruck. Diese Erhaltung der physischen Existenz des Körpers schafft wieder die Existenzmöglichkeit für das spezifisch menschliche Wesen, das sich in der als Kultur anzusprechenden Offenbarung der bewußten seelischen Totalität darstellt.

Die Rolle der Zivilisation ist nun keine andere als die von Natur gegebenen Möglichkeiten der Erhaltung der physischen Existenz zu festigen und zu erweitern. Hieraus folgt, daß die Arbeitseinheit als Ziel der Arbeitsteilung wie im

Zellenstaat so notwendig auch im menschlichen Zivilisationsgepräge wirksam sein muß. Und zwar aus dem Bewußtsein unserer seelischen Totalität, daß die Arbeitseinheit als die alleinige Bürgschaft der Sicherung der physischen Existenz des Volksganzen in dieser Sicherung auch der Sinnverwirklichung der bewußten seelischen Totalität in der Kultur dient. Die technische Zivilisation schafft in ihrem objektiven Charakter an und für sich ebensowenig Kultur, wie die technische Arbeitsteilung und Arbeitseinheit im physischen Organismus. Allein wie hier die fortschreitende Komplizierung, Differenzierung und Integration das vom schöpferischen Prinzip angewandte Mittel zu seinem schließlichen Selbstbewußtsein ist, so haben wir auch die menschliche Zivilisation als ein Mittel zur Klärung, Vertiefung, zum fortschreitenden inneren Ausbau des Selbstbewußtseins der seelischen Totalität zu betrachten. Das Wesen, der Sinn der Zivilisation, der menschlichen Technik ist es, das fortzusetzen, wozu die Natur in ihren technischen Organisationen den Grund gelegt hat. Diese künstliche Erweiterung der schon in der Natur — sei es in der Organisation des Körpers oder seiner Umwelt — zum Ausdruck kommenden technischen Leistungen und Fähigkeiten, darf sich daher auch nur in dem Sinne und in der Richtung vollziehen, den die Natur angibt.

Die Frage der Kulturmöglichkeit der Technik wurzelt in der schon betonten, für unsere Zeit charakteristischen Erscheinung, daß das objektive Wesen des technischen Zivilisationsgepräges unsere sinngebende seelische Totalität beherrscht, vergewaltigt, zerstört, daß es das eigentlich Menschliche mechanisiert und atomisiert. Die „Tendenz" hierzu liegt in allem rein Objekthaften, in allem Gewordenen, mag es nun das Schaffen des Menschen oder der Natur herausgestellt haben. Als Anwalt dieses mechanischen oder mechanisierten, immer objekthaften Gewordenen erscheint der rationale Verstand, der in der Zivilisation „zu Hause" ist und sich kraft seines trennenden Charakters von der wertenden seelischen Totalität praktisch losgelöst hat, um nun als absolutistischer Selbstherrscher sein Reich der Zivilisation gegen das Reich der Kultur mit Erfolg ins Feld zu führen. Wir verstehen die Möglichkeit dieser Tendenz auch daraus, daß wir auf der ersten oder Erkenntnisstufe des seelischen Prozesses die Außenwelt erleiden. Diese Passivität der Erkenntnis vermag nun zeitweise auch die anderen Stufen des seelischen Prozesses dadurch zu beherrschen, daß sie die wertende seelische Totalität ersetzt und damit auch das Handeln unmittelbar, unter Ausschaltung der wertenden seelischen Totalität bestimmt. Im Bewußtsein dieser Umwertung des seelischen Prozesses sprechen wir von einem mechanischen Denken, Werten und Handeln, das den Menschen selbst in Analogie zu den von ihnen geschaffenen mechanischen, objekthaften Bruchstücken setzt.

So sucht die Beantwortung der Frage nach der Kulturmöglichkeit bzw. notwendigen Kulturbeziehung der Technik auch den natürlichen Charakter des typischen seelischen Prozesses wiederherzustellen, die seelische Totalität wieder in ihr natürliches Amt als Sinngeber der rein objekthaften Welt einzusetzen und so das organische Mittel-Zweckverhältnis zwischen Mechanismus und Organismus wiederherzustellen.

Das Problem liegt hier vor allem darin, daß der in das Getriebe des Zivilisationsgepräges eingefügte produktiv Tätige trotz der Bestimmung seiner Leistungen durch den objektiven Charakter der technischen Welt nicht zu einem mechanisierten, atomisierten Bruchstück herabsinkt, daß er trotzdem die sinngebende seelische Totalität in sich bewußt machen und zur Wirksamkeit zu entfalten vermag. Die Möglichkeit hierfür liegt darin, daß der Mensch, im Unterschied zu den Zellen des Organismus, sein Wesen in den spezifischen Leistungen, die sein Beruf zum Ausdruck bringt, nicht erschöpft. Wohl steht seine Berufstätigkeit innerhalb der Organisationsform des Volkes, deren Gepräge die Richtung auf die Idee des Staates als Lebensform besitzt, in Analogie mit den einseitigen Funktionsleistungen der Zellen. Anderseits besitzt aber seine bewußte seelische Totalität die gleiche Aufgabe der Sinngebung wie seine unbewußt vernünftige seelische Totalität, welche die Mannigfaltigkeit der Einzelaufgaben der Zellen oder Zellsysteme (Organe) zur planmäßigen Einheit des Organismus verbindet. Aus diesem Doppelcharakter seines Wesens, notwendig Ganzheit, wie auch integrierender Teil einer ihm übergeordneten überindividuellen Ganzheit — des als Gattung vorgestellten Volksganzen — zu sein, ergibt sich für den Schaffenden die doppelte Aufgabe: sich im Erlebnis seiner sinnvollen gliedhaften Stellung als Teil eines organischen Ganzen seiner seelischen Totalität bewußt zu werden und umgekehrt. Die einzelne Zelle des Organismus handelt nur unbewußt im Sinne des Ganzen, dessen Idee sich auch in ihrer Form und Funktion ausprägt. Sie besitzt nicht die Fähigkeit, das Mannigfaltige zur Einheit des Ganzen planmäßig zu verbinden. Dieses vermag nur der Subjektcharakter der seelischen Totalität, mag diese nun unbewußt vernünftig im sinnvollen Aufbau des Leibes oder bewußt vernünftig im Menschen wirksam sein. Nur aus dem Bewußtsein unserer eigenen seelischen Totalität vermögen wir uns auch als sinnvolles Glied eines sinnvollen Ganzen zu erleben. So vermag der Mensch auch seine ganze Persönlichkeit in sein Schaffen zu legen, wenn er die sinnvolle Gliedstellung seiner Leistung im Schaffen des Gesamtorganismus erlebt.

Doch wie gelangt der Mensch zur Wiederverlebendigung seiner seelischen Totalität, wenn er dieses Bewußtsein infolge der mechanischen Bestimmung seiner Leistung, seines Wesens durch den objektiven Charakter des Zivilisationsgepräges verloren hat? Zweifellos nur auf einem Bildungswege, welcher eine organische Verbindung zwischen der Berufswelt des zu Unterweisenden und seiner seelischen Totalität herzustellen strebt. Inhaltlich würde dieser Weg in einer teils rein erkenntnismäßigen teils erlebnismäßigen Verlebendigung des organischen Mittel-Zweckverhältnisses zwischen den Teilen und dem Ganzen bestehen, das sowohl an der Organisation der Natur wie auch an den Organisationsformen unserer Zivilisation und Kultur (Kunstwerk) dargelegt werden müßte.

Vom Subjekt aus gesehen, fordert diese lebensnotwendige organische Verbindung zwischen Beruf und seelischer Totalität die Heranbildung zur überindividuellen Persönlichkeit und zur Gliedschaft an Volk und Staat als die drei Richtungsziele organischer Bildung. Als Verlebendigung der seelischen Totalität, des Ganzheitsbewußtseins erweist sich die Persönlichkeitsbildung als notwendige

Voraussetzung des in der Idee der Familie als dem Fortpflanzungsorgan des Volkes wurzelnden Erlebnisses der Gliedschaft am Volke. Die Persönlichkeitsentfaltung ist aber auch die Voraussetzung der lebendig-sinnvollen Ausübung der Berufsfunktion als Gliedschaft am Staatswesen, an der Organisationsform der Volksgemeinschaft. Denn hier wie dort begreift das vernünftige Selbstbewußtsein der Persönlichkeit das Ganze der Welt in seinen lebendigen Zusammenhängen in sich, hat das Bewußtsein der Teile, ihrer gliedhaften Stellung im Ganzen, das Erlebnis des Ganzen zur Voraussetzung.

Solche Darlegungen müßten aber gerade auch auf die für unsere Zeit charakteristische Umkehrung des naturgemäßen Mittel-Zweckverhältnisses zwischen den Teilen und dem Ganzen, zwischen dem Mechanischen und dem Organischen, zwischen Zivilisation und Kultur hinweisen. Denn was unser heutiges soziales Leben in Deutschland charakterisiert, ist gerade der Gegensinn der Technik, ist ganz allgemein charakterisiert Desorganisation. Aber leben wir nicht — wird man vielleicht einwenden — gerade eher in einer Zeit der Überorganisation, wo jeder noch so spezialisierte Beruf, jedes irgendwie bedeutsame technische Gebilde — allein die Eisenindustrie weist Hunderte von Kartellen auf — den Kondensationskern von Zweckverbänden bildet? Leben wir nicht in einer Zeit, wo jede kulturelle Bestrebung die Organisation auf den Plan ruft, die wieder von einer „Gesellschaft der Freunde" als dem äußeren Kreis umschlossen wird. Gewiß ist dem so, aber gerade diese sog. Überorganisation erscheint als charakteristisches Merkmal der Desorganisation. Denn in ihr offenbart sich die Verschiebung des Schwerpunktes von der übergeordneten Einheit auf die untergeordnete Mannigfaltigkeit der Teile. Denn wo wir nur den Teil erkennen, sei es bestimmte Handgriffe an der Maschine oder ein einseitiges politisches Parteiprogramm oder das Aufgehen in wirtschaftlichen Kartellen oder in einseitigen kulturellen Geistesrichtungen, können wir auch nur für den isolierten Teil wirken, fehlt uns das Bewußtsein seiner gliedhaften Stellung im Ganzen, fehlt uns die unmittelbare organische Beziehung zur seelischen Totalität, fehlt uns das Bewußtsein des eigentlichen Lebenssinnes unserer Wertungen. Die einzelnen Teile — einerlei auf welchen Lebensgebieten — organisieren sich isoliert für sich, oft ohne Rücksicht auf die anderen Teile wie auf das übergeordnete Ganze und damit in direktem Widerstreit zu ihnen. In diesem Triumph der Mannigfaltigkeit über die Einheit, der mechanischen Massen über die Totalität der Persönlichkeit, der einseitigen Leistung über den Gesamtsinn aller Leistungen, in diesem Mangel einer die mittelhaften, dienenden Teile planmäßig und zielstrebig zur Einheit zusammenfassenden seelischen Totalität verkörpert sich eben die Desorganisation, der Gegensinn zu dem, was wir gemäß dem natürlichen Vorbilde, der Lebensform, als Wesen und Sinn der Organisation bezeichnen müssen.

Solche Unterweisungen setzen naturgemäß die notwendige Organisierung des Mannigfaltigen zur Einheit durch die seelische Totalität des Unterweisenden voraus. Dieser ist also bestrebt, sein Erlebnis der notwendigen organischen Einheit des Mannigfaltigen auf induktivem Wege, von den Teilen zum Ganzen aufsteigend rational zu beschreiben. Solche Unterweisungen vermögen zwar an sich niemals das Erlebnis des irrationalen organischen Ganzen in der eigenen seelischen Totalität zu erreichen. Allein die von der seelischen Totalität bestimmte Art der erkenntnismäßigen Beschreibung zielt auf ein analoges Erleben hin und vermag es auch in dem zu Unterweisenden als spontanen Akt zu erwecken. Diese Absicht lag auch im Fortgange dieser Untersuchungen.

Hinsichtlich der Technik würde sie vor allem dartun müssen, daß deren Wesen immer nur Beziehung ist, nämlich die Mittel-Zweckbeziehung des mechanisch Typischen zum organisch Individuellen. Aus diesem ihren Beziehungscharakter erschließt sich auch ihr allgemeinster Zweck, der selbst wieder in dem Sinne unseres physischen Daseins überhaupt verankert ist, der sich als unmittelbares Erlebnis unserer seelischen Totalität offenbart. Denn der Weltsinn alles zielstrebigen Schaffens, Gestaltens, aller von der Natur und dem Menschen geleisteten Arbeit ist die Verkündigung des Lebens, der Weltsinn des Lebens aber die Offenbarung der in ihm wirkenden Gottheit. So weist auch der Dienst am Leben, den die Technik der organischen Natur wie die des Menschen verkündet, hier wie dort auf die gleiche sittliche Weltordnung hin.

Denn gleich der Ethik schafft die sinngemäß verwandte Technik notwendige Zusammenhänge, allgemein verbindliche Formen. Beide sind Ausdruck ein und derselben Weltgesetzlichkeit, die in der Ethik von innen her, von der vernünftig wertenden seelischen Totalität als allgemein verbindliche Form erfaßt wird, in der Technik von außen her, in der sinnlich wahrnehmbaren einheitlichen Struktur des natürlichen Kosmos begriffen wird. Den lebendigen Sinn aber dieser Beziehungen zwischen Ethik und Technik praktisch zum Ausdruck zu bringen, besteht darin, der von der Technik angewandten und geprägten äußeren Notwendigkeit auch den Charakter einer inneren (sittlichen) Notwendigkeit zu verleihen. Dieses vermag nur die vernünftig wertende seelische Totalität durch die Einstellung auf das Dienstprinzip der Technik, das wiederum den metaphysischen Charakter der seelischen Totalität als den Sinn aller der physischen Existenz unmittelbar dienenden technischen Leistungen verkündet.

Man hat mit Recht den menschlichen Organismus als die eigentliche Universitas literarum bezeichnet. Und ein verwandter Klang tönt uns aus dem bekannten Goethewort entgegen:

„Suchst du das Höchste, das Größte, die Pflanze kann es dich lehren,
was sie willenlos ist, sei du es wollend, das ist's."

Auch Wesen, Zweck und Sinn der Technik können wir am lebenden Organismus in des Wortes tiefster Bedeutung an der Quelle studieren. Und schließlich ist all unser Tun, Gestalten, sei es spezifisch technischer oder künstlerischer oder gar religiöser Art, in irgendeiner Form eine Projektion unserer Leib-Seeletotalität in die Außenwelt, eine Selbstverkündigung. Und alles, was wir wiederum von der Außenwelt erkenntnismäßig in uns aufnehmen, ist nichts anderes als Selbsterkenntnis, wie alle Selbsterkenntnis wieder letzten Endes

Gotteserkenntnis ist. So ist denn auch aller Dienst am Leben, den auch das unverfälschte Wesen der Technik kündet, seinem metaphysischen Sinne nach Gottesdienst.

Im Erleben der wertenden, sinngebenden seelischen Totalität, die sich im lebenden Organismus manifestiert, gelangen wir über die erkenntnismäßig unüberbrückbare Polarität von Naturnotwendigkeit und Freiheit, Materie und Geist, Mechanischem und Organischem, Technik und Ethik hinaus zu ihrer höheren Einheit. Hier künden sich Innenwelt und Außenwelt, Subjekt und Objekt nicht mehr als Gegensätze.

„Nichts ist drinnen, nichts ist draußen,
denn was innen, das ist außen." (Goethe.)

Aus diesem Erlebnis heraus erheben wir die wirkende äußere Naturnotwendigkeit in das Bereich des inneren Sollens, das sich im Weltsinn der Technik ausprägt. Und von hier aus gesehen erscheint auch alle geistige Beherrschung des Mechanismus der anorganischen Natur in der menschlichen Technik nur als ein Werkzeug, ein Mittel zu der vom Weltsinn der Technik geforderten Beherrschung der technischen Zivilisation durch unsere seelische Totalität. Denn alles rein verstandesmäßige Begreifen geht immer nur auf die Teile, zeigt nur das Wissen um die immer einseitigen Funktionsgedanken der technischen Einzelleistungen des Menschen, seiner Werkzeuge und Maschinen. Die unendliche Mannigfaltigkeit, die sich in unserem körperlichen Organismus manifestiert, erscheint hier gleichsam in die Sprache der anorganischen Welt übersetzt und als die Welt der technischen Zivilisation nach außen projiziert. Aber dieser Mannigfaltigkeit unserer technischen Zivilisation fehlt die organische Einheit, wenn sich nur der Verstand, die geistige Beherrschung ihrer bemächtigt. Erst wenn die sinngebende seelische Totalität — wie einst im Mittelalter — diese Mannigfaltigkeit wieder durchdringt, dann gelangen wir in dem „Außen", in der technischen Zivilisation, zu der Analogie mit dem „Innen", mit dem Sinnbild, das unser eigener, von der seelischen Totalität beherrschter Organismus in seiner lebendigen Einheit des Mannigfaltigen offenbart. Dann kehren wir erst das Innen im wahrhaften

Lebenssinne nach außen. Dann organisieren wir das naturnotwendige Müssen, das die Tätigkeit der Maschine, das die vom Mechanismus bestimmte Leistung des Menschen offenbart, im Sinne des inneren Sollens, der sittlichen Freiheit, deren unbewußt vernünftiges Wirken alles Leben charakterisiert und die sich dem vernünftigen Selbstbewußtsein des Menschen als unabweisbare praktische Aufgabe unserer Kultur offenbart.

Printed and bound by CPI Group (UK) Ltd, Croydon, CR0 4YY
18/08/2026
14944368-0001